항만과 도시

항만과 도시

초판 1쇄 발행 2013년 8월 31일
초판 2쇄 발행 2014년 7월 10일

지은이 | 김춘선 · 김성귀 · 이재완 · 이성우 · 박승기 · 이한석 · 임영태 · 류재영
발행인 | 김은희
발행처 | 블루앤노트

편집주간 | 김명기
편   집 | 이경남 · 김지현 · 심상보 · 최진아 · 임현지

등   록 | 제313-2009-201호(2009.9.11)
주   소 | 서울시 마포구 마포동 324-1 곶마루 B/D 1층
전   화 | 02)718-6258   팩스 | 02)718-6253
E-mail | bluenote09@chol.com

ISBN 978-89-967462-8-7   93530

정가 20,000원

저자와의 협의에 의해 인지는 생략합니다.
잘못된 책은 바꿔드립니다.

항만과 도시

김춘선·김성귀·이재완·이성우 외

블루&노트

책머리에

　급변하는 글로벌 경제 환경변화는 세계 교역을 촉진함으로써 항만기능의 확대를 가져왔고 동시에 항만배후도시의 중요성을 부각시키고 있다. 일찍부터 유럽 아시아 주요국들은 항만과 도시의 유기적 성장과 통합적 개발 차원에서 항만배후단지, 친수공간 개발 등의 개념을 도입하고 이를 국토도시계획과 항만계획에 반영해왔다. 반면 우리나라는 2000년대까지만 하더라도 항만과 도시를 별개의 차원에서 논의하는 것이 일반적이었고, 이러한 여건으로 항만과 도시의 통합적인 개발 추진은 미흡할 수밖에 없는 실정이었다.
　특히 도시계획 분야에서는 여러 이슈가 다루어져왔지만 항만과 도시를 연계하여 다양한 측면을 고찰한 연구는 전무하다 해도 과언이 아니었다. 일례로 항만재개발은 도시계획에서 다루어지는 도시재생의 한 부분임에도 지금까지 우리나라에서는 도시계획과는 별개로 다루어졌고, 부분적으로나마 다루어졌더라도 항만의 특성을 충분히 살피지 못했다.
　우리가 주지하고 있는 바와 같이 세계 주요 도시는 대부분 항만을 끼고 있고 바다와 잇닿은 항만을 통해 경제적 부와 문화의 틀을 창조해왔다. 항만도시는 지금까지 그랬듯이 앞으로도 우리 인간 삶의 터전으로 존재하며 경제, 문화, 사회 전반의 일들을 담아낼 것이다. 따라서 항만도시가 더욱 번영하기 위해서는 항만과 도시의 상생이 절실할 수밖에 없다. 이에 본서는 항만과 도시의 중심에 있는 항만도시에 초점을 맞추고 집필하였다.

또한 본서는 항만도시가 향후 미래를 담보할 공간임을 재차 강조하였다. 항만도시는 세계화와 지역화가 첨예하게 대립하고 타협하는 공간이자 최근에 자주 거론되고 있는 글로컬라이제이션(glocalization)이 가장 잘 적용되고 있는 공간으로 상업혁명, 산업혁명, 교통혁명 그리고 정보통신혁명으로 이어지는 세계 경제 환경의 변화 속에서 항만의 배후지와 지향지를 연결하는 기술적·기능적·문화적 공간으로서의 변화를 반복하여 왔다. 그 속에서 항만도시의 핵인 항만은 배후도시와 함께 성장하고, 충돌하고 때로는 분리되며 항만도시의 흥망성쇠를 함께 해왔으며, 앞으로도 미래의 모습을 주도적으로 그려낼 공간적 핵심 역할을 다할 것으로 기대된다.

아울러 항만도시는 과거에 그랬던 것처럼 미래에도 여전히 기능적 요인과 환경적 요인 간의 연계와 협력, 그리고 경쟁을 통해 그 성장과 변화를 거듭해나갈 것이다. 따라서 본서는 미래 세상의 중심이 될 항만도시와 관련된 다양한 주제들을 과거와 현재를 중심으로 논의하고, 글로벌화, 지구온난화 등과 같이 우리를 둘러싸고 있는 여러 요소와 현상들에 기초하여 항만도시의 미래 모습을 일부분이나마 예견하고자 하였다.

이를 위해 세부적으로는 항만도시의 역사와 성장을 여러 이론과 사례를 통해 고찰하였고, 오랜 시간에 걸쳐 항만도시가 우리의 주요한 삶의 공간으로 변모하게 된 요인을 부(富)와 신성장 동력을 창조하는 항만도시의 산업기능에서 찾았다. 또한 최근의 항만도시 산업이 과거 전통적인 항만건설 및 하역서비스업에서 벗어나, 보다 포괄적인 문화·관광·재해 부문으로 범주가 확대되고 있는 경향을 반영하여, 교역과 관련된 물류 및 산업기능을 넘어 관광기능과 함께 항만재개발이나 항만배후단지 그리고 재난방재 등도 관련 주제로 다루었다.

하지만 이 모든 기능은 서로 어우러져 조화를 이룰 때 비로소 제 기능을 발휘할 뿐만 아니라 항만도시의 주인인 인간의 삶도 더욱 윤택해질 수 있다. 결국 항만도시의 미래는 협력과 상생의 차원에서 다루어져야 하며 또한 창조적으로 계획 수립이 이루어져야 한다. 본서는 바로 이러한 메시지를 전하기 위해 일구어 낸 노력의 결실이다.

이제 우리나라에서도 항만도시의 통합 발전에 대한 관심이 조금씩 일고 있다. 특히 도시가 하나의 지역단위로서 글로벌 경쟁력을 갖는 공간으로 성장함에 따라 항만도시를 통한 지속가능한 발전과 이를 통한 삶의 질 향상은 날로 중시되고 있다. 이러한 시점에 항만과 도시를 연계하여 통합적인 관점에서 조명하고자 한 본서의 노력은 다소 미흡한 부분들을 감안하더라도 충분히 의미 있는 시도라 생각하며, 그 흥미로운 여정의 첫 걸음을 독자 여러분과 함께 내딛고자 한다.

마지막으로 이 책이 빛을 보기까지 큰 조언을 해 주신 한국해양수산개발원 홍성걸 박사님께 감사를 드린다. 이외 이 책의 수정, 보완 과정에서 많은 지원을 해 주신 세광기술단 팽재신 부사장, 한국해양수산개발원 송주미 전문연구원, 인천항만공사 오연선 주임에게 진심으로 고마움을 표하며, 이 책의 교정과 출판에 많은 도움을 주신 블루앤노트의 윤관백 사장님과 김명기 주간님에게도 감사의 말씀을 전한다.

저자 대표   김춘선

추천의 글

지구 전체 면적의 71%는 바다로 덮여 있다. 우리가 밟고 있는 이 땅은 바다 위에 떠 있으며, 즉 우리 인간의 삶은 말 그대로 바다 위를 표류하고 있다 해도 과언이 아니다. 최근의 몇 십 년간 글로벌화가 진전되어 왔지만 우리 삶의 터전이 바다 위에 존재하고 있다는 사실을 기억한다면, 글로벌화는 필연적일 수밖에 없는 당연한 결과로 생각된다. 오랜 세월 동안 항만과 그 항만을 둘러싼 도시는 크고 작은 변화를 겪어왔다. 그 당시에는 그러한 변화를 글로벌화로 명명하지 않았지만, 그 변화는 현시대 글로벌화의 초석이 되어 크고 작은 역사의 흔적으로 켜켜이 남겨져 있다.

오랜 역사와 함께한 항만도시는 이제 우리 인간의 삶을 가장 크고 다양하게 담아내는 공간으로 자리 잡았다. 그리고 세계가 하나로 이어지면서 바다와 잇닿아 있는 항만도시의 역할은 더욱 중요해졌다. 아울러 삶이 더욱 진화할수록 우리는 항만도시라는 공간을 더욱 윤택하고 쾌적하게 살아가기 위해 새로이 짚고 넘어가야 할 다양한 고민거리와 직면하게 되었다.

이 책은 우리가 지금 마주하고 있는 수많은 문제들을 보다 슬기롭게 풀기 위해 반드시 알아야 할 항만도시의 다양한 모습들을 조명하였다. 항만도시의 탄생에서부터 시작하여 그 성장 동인과 성장과정 그리고 시대의 변화에 따라 직면하게 되는 항만도시의 문제들과 이를 풀기 위한 미래 항만도시의 과제들을 국내외의 다양한 사례와 이야기를 통해 담아내고 있다.

그간 항만과 도시를 연계하지 않고 개별적 관점에서 분리하여 논의한 책들은 많이 있어왔다. 그렇지만 항만과 도시를 통합적 관점에서 다양한 연계협력의 필요성을 강조하며 '항만도시'를 중심 주제로 다루었던 책은 없었다. 항만도시라는 단어가 갖고 있는 내용의 방대함뿐만 아니라 체계적으로 살펴보기 위한 기초 자료가 많이 부족했기 때문이다. 그러한 여건 속에서도 이 책은 항만도시와 관련된 이론을 비롯하여, 과거와 현재를 아우르는 사료적 내용 그리고 미래의 항만과 도시, 인간의 삶이 더불어 발전하기 위한 논의까지도 함께 다루고자 노력하였다. 내용의 범주뿐만 아니라 내용의 깊이에 있어서도 일반인과 전문가를 두루 만족시킬 수 있는 책이라 하겠다.

또 다른 삶의 공간인 '항만도시'에서 성장하고 또 성장할 우리 모습에 대한 궁금증과 호기심을 지닌 모든 사람들에게 감히 이 책을 추천한다.

대한국토·도시계획학회장   이우종

추천의 글

인류의 4대 문명은 메소포타미아, 나일, 인더스, 황하 등 큰 강 유역에서 발달하였다. 이곳은 농경에 유리할 뿐 아니라 교역이 용이하여 인구가 밀집하고, 이에 따라 도시 인프라 시설을 갖추게 되어 문명의 장으로 발달할 수 있는 여건을 갖추었기 때문이다. 4대 문명의 중심지는 항만과 교역이며, 항만교역을 뒷받침한 것은 교통수단이다. 자동차, 철도, 항공 등이 산업혁명 시대 이후에 발명된 반면, 해운의 기원은 이아손이 아르고 원정대를 조직하여 황금양털을 찾아 나서던 신화시대로까지 역사를 거슬러 올라간다. 항만도시는 21세기에도 여전히 문명을 이끌고 있는 장소로, 항만도시인 미국의 뉴욕, 샌프란시스코, 중국의 상하이, 홍콩, 싱가포르, 일본의 도쿄 등은 물자와 정보와 금융의 허브이기도 하다. 결국 인간 문명의 최전선에 항만도시가 자리하고 있다.

이처럼 역사적으로 항만과 도시는 서로 영향을 주고받으며 발달하고 공존하는, 다시 말해 분리될 수 없는 관계임에도 불구하고, 후기 산업사회에 생성된 국내외 항만과 도시는 별개로 각각 발달해왔다. 항만은 다른 문명, 다른 국가 등과의 교류와 교역에서 최전선에 위치하게 되므로 국가의 통제가 강화되는 특수공간일 수밖에 없었다. 우리나라에서도 항만 구역은 지방자치제의 도입에도 불구하고 중앙정부가 관할하고 있어, 항만과 도시는 유리될 수밖에 없는 행정관리구조에 놓여 있었다. 이에 따라 공존 및 공생관계여야 할 항만과 도시 간에 경쟁관계 또는 상충관계가 형성됨으로써 본서에서 지적하고 있듯이 일반 시민의 접근성 곤란, 환경저해 및 교통체증 등의 불편한 문제가 발생하고 있다.

　현재도 세계문명을 이끄는 힘과 지식은 새로운 바다 길을 따라 이동하고 있으며, 바로 이것이 오대양을 향한 대륙의 관문인 항구도시들이 여전히 주목받는 이유이다.

　문명에 이르는 문은 세 개가 있다고 한다. 하나는 과거로 가는 문이고, 또 하나는 현재로 향한 문이며, 마지막 하나는 미래로 들어가는 문이다. 이 세 가지 문 어느 것이든 스스로 닫아버려서는 안 된다. 항만도시의 역할은 단순히 물건을 싣고 나르는 교역 기능만을 지원하는 것이 아니라 관광과 여가 등의 문화기능은 물론 해양자원 개발 등 신규 창조적 경제기능도 가미되어 복합적인 기능을 수행하게 될 것이다. 이를 위해서는 계획단계에서부터 항만과 도시가 융합된 기능이 고려되어야 할 필요가 있다.

　이 책은 항만과 도시의 관계, 항만도시의 역사와 성장, 항만도시의 기능, 항만도시의 미래 등을 두루 다루고 있다. 이 책을 통해서 항만이 얼마나 인간에게 중요한 공간인지 깨닫는 계기가 되고, 항만과 도시의 적정한 관계설정 및 미래 바람직한 항만도시의 모습에 대한 논의가 촉발되기를 기대해 본다.

덕성여대 총장　홍승용

차례

책머리에

추천의 글 1, 2

제1장 항만도시의 중요성 / 김춘선
1. "세계의 주요 도시들은 항만을 끼고 있다" ················· 19
2. "항만도시는 경제적 富를 가져 온다" ···················· 21
3. "항만도시는 새로운 창조를 꿈꾼다" ···················· 23
4. "항만과 도시는 공존한다" ························· 26

제2장 항만도시의 역사와 성장 / 이성우
1. 항만도시의 개념 ······························ 31
   1) 항만의 정의 ····························· 32
   2) 항만도시의 정의 ··························· 34
   3) 항만도시의 성장 동인 ························ 36
2. 항만성장과 발전 과정 ·························· 42
   1) 항만도시의 공간적 성장 ······················· 42
   2) 항만도시의 기능·기술적 성장 ···················· 46
   3) 항만도시의 경제적 성장 ······················· 52
3. 항만도시 성장 이론 ··························· 55
   1) 일반 항만도시 성장이론 ······················· 55
   2) 서구형 항만도시 성장이론 ······················ 58
   3) 개도국형 항만도시 성장이론 ····················· 60
4. 항만도시의 과제 ····························· 64

제3장 우리나라 항만도시의 공간성장 / 김춘선·이성우

1. 우리나라의 항만도시 현황 ·· 69
2. 우리나라 항만도시의 성장과정 ·· 75
   1) 항만도시의 성장과정 ·· 75
   2) 항만도시의 성장 동인 ·· 79
3. 주요 항만도시의 성장과정과 특성 ···································· 81
   1) 부산시 ·· 81
   2) 인천시 ·· 88
4. 우리나라 항만도시의 성장 방향 ·· 94

제4장 항만도시와 산업 / 김춘선

1. 항만도시의 경제적 번영 ·· 99
2. 항만산업의 개념 및 분류 ·· 101
   1) 항만산업의 개념 ·· 101
   2) 항만산업의 분류 ·· 102
   3) 항만산업 사례 ·· 109
3. 항만도시의 산업현황 ·· 113
   1) 국내 ·· 113
   2) 해외 ·· 115
4. 항만도시와 산업의 경제적 상관관계 ······························ 119
5. 항만도시 산업의 신경향과 미래 ······································ 123

제5장 항만도시와 항만배후단지 / 박승기·이성우

1. 항만도시와 항만배후단지 ·· 129

2. 항만배후단지의 개념과 기능 ················· 132
   1) 항만배후단지의 개념 ···················· 132
   2) 항만배후단지의 기능 ···················· 135
   3) 우리나라 항만배후단지의 개념 ·········· 137
3. 항만배후단지의 중요성 ······················ 142
   1) 항만배후단지의 성장과 변화 ············ 142
   2) 국제분업 심화와 항만배후단지의 성장 ··· 143
4. 항만배후단지의 개발 사례 ··················· 146
   1) 네덜란드 로테르담 ······················ 146
   2) 싱가포르 ································· 148
   3) 중국의 항만배후단지 ···················· 150
   4) 우리나라의 항만배후단지 ··············· 154
5. 항만배후단지의 미래역할 ···················· 160

제6장 항만도시와 해양관광 / 김성귀

1. 해양관광의 중심, 항만도시 ················· 165
2. 항만도시의 해양관광 현황 ··················· 168
   1) 해수욕장 ································· 168
   2) 크루즈 ··································· 172
   3) 마리나와 해양레포츠 ···················· 175
   4) 바다낚시터 ······························ 177
   5) 해양문화 관광 ··························· 178
3. 세계 미항들의 해양관광 자원화 ·············· 184
   1) 이탈리아 나폴리항 ······················ 184
   2) 호주 시드니항 ··························· 187
   3) 브라질 리우데자네이루항 ··············· 190
   4) 홍콩 ····································· 192
   5) 관광 미항의 공통점 ····················· 195
4. 해양관광의 중심, 항만도시의 미래 ··········· 197

제7장 항만의 변화와 항만도시의 재생 / **이한석**

  1. 항만과 도시의 관계 ·· 201
  2. 항만재개발의 의미 ·· 206
    1) 항만재개발의 배경 ·· 206
    2) 항만재개발의 필요성 ··· 212
  3. 항만재개발의 전개 ·· 215
    1) 항만개발 과정 ·· 215
    2) 항만재개발의 전개 ·· 219
  4. 항만재개발의 방향 ·· 223
    1) 친수공간의 개발 ·· 223
    2) 항만재개발의 방향 ·· 232
  5. 항만도시의 미래와 항만재개발 ································ 237

제8장 항만도시의 재난방재 / **이재완**

  1. 항만도시의 재해유형 ·· 243
  2. 기후변화의 영향 및 대응 필요성 ······························ 245
    1) 기후변화의 원인 및 현황 ··································· 245
    2) 기후변화와 자연재해의 관계 ······························ 247
    3) 기후변화 대응 필요성 ······································· 247
  3. 항만도시의 재해 피해 ·· 248
    1) 태풍 피해 ··· 248
    2) 폭풍해일 피해 ··· 251
    3) 지진해일 피해 ··· 255
    4) 인재(人災) 피해 ·· 261
  4. 항만도시의 재난방재 대응방향 ································ 264
    1) 해일 대응방안 ··· 264
    2) 구조적 방안 ·· 265
    3) 비구조적 방안 ··· 272

4) 재해관련 규정 정비 ·· 274

제9장 항만과 도시의 상생방안 / 임영태·류재영

1. 항만과 도시의 상생 필요성 ·· 279
2. 항만과 도시의 상충 문제 ·· 282
   1) 항만정책의 문제점 ·· 282
   2) 항만개발 및 운영상의 문제점 ································ 282
   3) 환경저해의 문제점 ·· 283
3. 항만과 배후도시의 상생가능성과 성공사례 ················· 287
   1) 항만과 도시의 상생 가능성 ··································· 287
   2) 독일 하펜시티 사례 ··· 288
   3) 영국 런던 도크랜드 사례 ······································ 290
   4) 일본 요코하마 미나토미라이21 사례 ····················· 294
4. 항만과 도시의 상생방안 ··· 296
   1) 도시적 맥락주의에 입각한 통합개발 ······················· 296
   2) 항만클러스터를 통한 통합개발 ······························ 300
   3) 복합적·생산적인 통합개발 ··································· 302
5. 항만도시의 앞으로 나아갈 방향 ································· 303

제10장 항만도시의 미래 / 김춘선·김성귀·이성우

1. 항만도시의 성장과 변화 ··· 309
2. 항만도시의 미래상 ·· 315

참고문헌 / 323
찾아보기 / 332

01

제1장
항만도시의 중요성

PORT & CITY

01
항만도시의 중요성

김춘선

1. "세계의 주요도시들은 항만을 끼고 있다"

우리가 살고 있는 지구상 곳곳에 점점이 퍼져 있는 혼잡한 집합체인 도시는 고대 그리스 시대, 플라톤과 소크라테스가 아테네 시장에서 논쟁을 벌이던 때부터 혁신의 엔진 역할을 담당했다.[1] 지금도 여전히 도시는 사회·경제·정치 활동의 중심지로서, 수천·수만 명 이상이 집단 거주하며 가옥이 밀집되고 교통이 집중되는 곳이다.

끊임없는 자본축적의 역사와 함께 한 도시는 상업혁명과 산업혁명, 식민지 개척 등의 과정을 거치면서 오늘날의 모습을 갖추었다. 이미 도시는 제1의 삶의 터전으로 자리 잡았으며, 우리의 상상력과 호기심을 충족시켜 주는 공간으로 건재하다. 인간의 삶을 그릇에 담을 수 있다면, 도시는 삶의 이야기를 가장 크게, 그리고 다양하게 담을 수 있는 그릇이다.

우리에게 잘 알려진 세계 주요 도시들이 과연 어디인가라는 궁금증을 안고 지도를 바라보면 한 가지 흥미로운 점이 발견된다. 인구가 많기로 소문난 세계도시들의 대부분은, 내륙의 몇몇 도시들을 제

---
1) 에드워드 글레이저, 『도시의 승리』, 이진원 옮김, 해냄, 2011, p.13.

외하면 항만, 즉 바다를 끼고 있다. 이른바 우리가 말하는 '항만도시(port city)'이다.

〈그림 1-1〉 2025년 세계 주요도시 인구규모

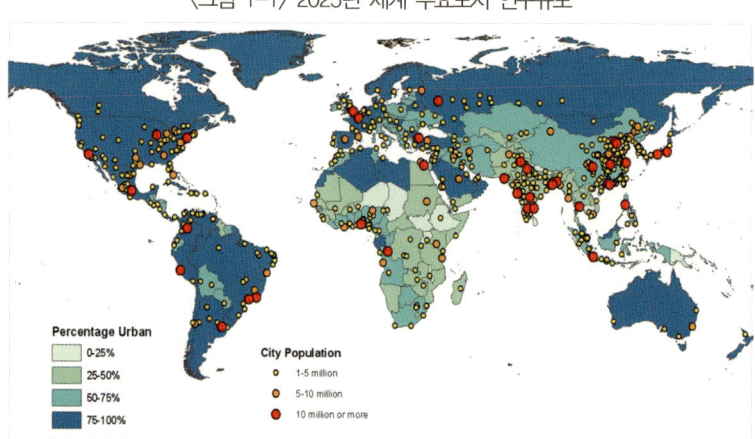

자료 : United Nations, Department of Economic and Social Affairs, Population Division, Population Estimates and Projections Section, World Urbanization Prospects, 2011. (http://esa.un.org/unup/Maps/maps_urban_2011.htm)

항만과 도시는 과연 어떤 연관성이 있는 것일까. 역사적으로 항만은 큰 배후도시를 끼고 발달하는 그 특성으로 말미암아 항만에는 항만과 관련한 다양한 유관 산업이 번창하고, 주요 관공서가 밀집한다. 생산 공장들은 대부분 항만을 끼고 있어서 항만을 통하여 생산 원료를 수입하고 제품을 수출한다. 자연스레 항만에는 관련 산업에 필요한 노동력의 수요가 발생한다. 경제활동의 장으로서 항만의 역할이 커질수록 항만에서 필요한 노동력의 제공처인 도시의 중요성은 더욱 증대된다. 과거, 지금보다 훨씬 인구가 적고 경제규모도 작았던 시대에 이 연계의 파급력은 가히 절대적이었으리라 짐작할 수 있다.

2. "항만도시는 경제적 富를 가져 온다"

최근 항만산업의 범주가 더욱 확대되고 항만산업 서비스에 대한 수요도 증가하면서 항만은 재화와 서비스를 생산하는 장소로서의 기능을 담당하는 것 외에도 인적자원의 집중과 문화적 교류의 장으로 각광받고 있다. 이러한 양상은 항만과 도시 간의 연계를 더욱 공고히 함으로써 이른바 '항만도시'의 성장을 더욱 촉진하고 있다. 그렇다면 항만도시의 중요성이 더욱 증대되고 있는 이유는 무엇일까?

항만은 오래 전부터 국가의 경제성장에 있어 중요한 역할을 담당해 왔다. 기본적으로 항만은 생산지와 소비지 간 화물의 유통을 원활하게 하여, 제조, 운송 등 관련 산업의 생산력을 증대시키는 기능을 한다. 이는 항만 배후의 시장 형성과 그 기능을 강화하는 동시에 확대하는 결과를 낳는다. 즉 항만은 해상과 육상 간 운송을 통한 연계로 물자 유통의 합리화와 무역 증진 등 경제 발전에 기여하는 경제기능을 수행하는 것이다.

이러한 항만의 특징은 항만의 자연스러운 생성과 아울러 때때로 식민지 정책의 일환에 따른 항만도시의 발달을 가져오기도 했다. 세계적으로 가장 이름난 항만도시인 홍콩과 싱가포르가 그 성장의 초기에 서구 열강의 지배를 받았음은 익히 잘 알려져 있다.

홍콩항은 장기간의 영국 관할하에서 중국의 대유럽 협력의 중계지로 기능해 왔으며, 이러한 국제교류의 과정에서 막대한 물류수요가 홍콩을 세계 중심으로 성장시켰다.[2] 싱가포르항 또한 19세기 초, 그 전략적 위치와 상업적 장래성을 예상한 영국에 의해 본격적으로 개발되었다. 수에즈 운하가 개통된 1869년 이후부터는 본격적으로

---

[2] Lee, S. W. et.al. 「A Tale of Asia's global hub port Cities: The Spatial Evolution of Hong Kong and Singapore」, 『Geoforum』 Vol.39, No.1, 2008. 1. p.373.

동서양을 잇는 관문항의 역할을 수행하였다.3) 도시 전체가 항만이자 도시의 기능을 수행하는 공간으로 개발된 홍콩과 싱가포르, 이들 도시는 슬픈 역사 속에서도 항만이 지닌 경제적 기능에 의해 경제적 부를 성공적으로 축적한 대표적인 항만도시이다.

〈그림 1-2〉 홍콩항 전경

항만도시의 이러한 경제적 기능은 오늘날 더욱 중요해지고 있는데, 최근 글로벌화의 진전이 급속도로 이루어짐에 따라 하역업, 보관업, 창고업 등 전통적으로 항만에 국한된 범주의 산업뿐만 아니라 이를 기반으로 하는 물류산업이 날로 광범위해지고 있기 때문이다.

WTO의 출범 이후, 세계적으로 무역자유화가 이루어지면서 국가 간 무역장벽은 점점 낮아지고 이는 글로벌 기업에 있어 생산성 향상의 주요한 원리로 이용되었다. 기업들은 자원의 효율적 공급과 비용 소모를 최적화하기 위해 국제 네트워크 확장을 통한 글로벌 소싱을

---

3) 강영문, 「싱가포르의 물류산업의 발전전략에 관한 연구」, 『관세학회지』 제10권 제3호, 2009, p.333.

경영전략으로 채택하였다. 이에 따라 국가 간 무역은 더욱 증가하고 항만으로의 집중은 촉진되었다. 비용과 시간을 절감하기 위해 물류산업은 항만을 중심으로 모여들었고, 이들 산업을 보다 효율적으로 영위하기 위한 수단으로 항만도시의 역할은 더욱 증대되고 있다.

항만도시는 이제 전통적인 항만산업을 통한 부의 창출뿐만 아니라 다양한 파생 서비스 산업을 통한 폭넓은 부가가치 창출을 이루어낸다. 이러한 과정을 통해 성장한 항만도시는 장기적 관점의 도시 발전을 촉진하며, 해당 도시뿐만 아니라 국가경제에 긍정적인 기여를 한다는 것은 두말 할 나위가 없다. 최근 중국과 주요국들에서 항만의 활성화와 연계한 도시계획을 앞다투어 수립하고 있는 이유도 바로 항만이 지니고 있는 경제적 가치와 그 가능성에 있다고 볼 수 있다.

3. "항만도시는 새로운 창조를 꿈꾼다"

고대로부터 인간의 삶의 터전이자 산업의 중심지로 주역을 담당해 왔던 항만은 최근 큰 변화의 시기를 맞고 있다. 글로벌 산업구조가 변화함에 따라 항만기능이 쇠퇴하고 공동화가 진행되면서 도시의 삶과 점점 단절되고 있는 항만이 생겨나고 있다.

한편, 2000년대에 들어 세계 경제의 글로벌화에 따른 교역 확대와 개도국의 급성장에 의한 지구 온난화, 대기오염 증가 등 산업 전 분야에 걸친 기후변화 대응이 지구적 화두로 등장하였다. 이러한 상황하에 해운항만 분야에서도 항만지역의 오염도 심화와 탄소배출량 증가에 대비한 해운·항만물류 분야의 녹색성장이 시급한 과제로 대두되고 있다.

녹색성장은 경제성장은 하되, 경제성장의 패턴을 환경친화적으로 전환시켜 지속적인 성장을 추구하고자 하는 개념이다. 기존의 경제개발 모델이 경제성장에 초점을 맞춰 환경파괴를 경시한 경향이 있다면 녹색성장은 경제성장과 환경파괴의 연계고리를 끊는 새로운 구조를 형성하는 것이다.

〈그림 1-3〉 녹색성장의 개념

자료 : 녹색성장위원회(www.greengrowth.go.kr) (접속일 2013. 4)

특히 기후변화가 항만도시에 있어 중요한 이슈가 되는 이유는 항만도시와 항만이 해양과 인접하여, 항상 바다로부터 안전을 위협받는 위치에 놓여 있기 때문이다. 특히 최근에는 지구온난화에 따른 기상이변으로 인해 초대형 태풍이나 집중호우가 빈번히 발생하고 있다. 이에 따라 항만도시의 안전에 대한 위협은 더욱 커질 전망이다.

이와 맞물려 소득수준이 점차 향상되면서 과거와는 달리 삶의 질을 향상시키는 정서적 가치가 중요해지고 있다. 더불어 여가활동의 중요성과 쾌적한 환경공간에 대한 욕구도 함께 증대되고 있다. 더욱이 급격한 물류환경의 변화는 항만시설의 생애주기를 단축시킴에 따라 세계적으로 항만을 통한 친수·문화 공간 개발이 활발히 진행되기에 이르렀다.

문화는 단지 예술적 차원에 국한되지 않고 인간의 욕구 차원까지도 포함하는 개념이다. 즉 문화공간은 인간 생활의 질을 높여주고 삶의 터전을 보다 매력적으로 만들어주는 문화, 상업, 위락 및 여가, 교육 등의 여러 기능을 모두 포괄한다.[4]

항만은 도시 발전의 역사와 함께 한 역사의 산물이다. 이러한 역사성, 그리고 누구나가 이용할 수 있다는 공공성은 항만이 문화공간으로 발전할 수 있는 근거이다. 장소성 그 자체가 이미 존재의 의미를 지니고 있지만 도시의 역사적 상황이 배경이 된 장소는 그 도시에 상당한 의미를 부여하며, 도시를 구성하는 다른 요소들과는 또 다른 측면에서 도시의 이미지를 부여하는 중요한 요소가 될 수 있기 때문이다.[5]

오래된 항만시설은 현대 도시 슬럼화의 주요인을 담당하였지만 한편으로 이들의 역사성을 항만도시에 융합하여 재발전시킨다면 항만과 그 항만을 끼고 있는 항만도시는 새로운 도시 문화의 거점을 만드는 창조의 공간이 될 수 있다.

---

[4] 오동훈, 「문화공간 조성을 활용한 선진 도시재생 성공사례 비교 연구」, 한국도시행정학회, 『도시행정학보』 제23집 제1호, 2010. 3, p.182.
[5] 김민제·김경배, 「노후항만 재생을 통한 문화도시 거점 만들기 전략 연구-해외사례 고찰과 국내 10개 항에 대한 항만재개발 계획을 중심으로」, 한국도시설계학회 2011년 추계학술대회 발표논문, 2011, pp.500~501.

4. "항만과 도시는 공존한다"

지금껏 항만도시의 발전은 일반적으로 항만 기능의 확대에 따른 항만 성장에 힘입어 나타난 부차적인 산물이었다. 즉, 항만의 팽창은 결국 항만도시의 팽창을 의미했다. 그러나 사회가 보다 복잡해지고 성장보다 통합과 지속발전의 논리가 중시되면서 항만의 경제적 기능은 새로운 형태로 변모하였으며, 항만의 사회·환경적 기능, 창조적 공간으로서의 역할이 더욱 중시되고 있다. 이제 항만은 새로운 사회적 환경에 대응하여 새로운 공간으로 변모해야 하는 시점에 맞닥뜨리게 되었다.

항만을 포함하며 보다 폭넓은 기능을 수행하는 항만도시는 급변하는 사회환경에 유기적으로 적용할 수 있는 가치를 지니고 있다. 동시에 항만도시는 항만개발과 운영으로 인한 환경오염, 교통정체, 중심지 슬럼화 등 구조적 측면의 다양한 문제점을 안고 있다. 따라서 항만도시의 장점을 충분히 활용하면서 항만도시가 안고 있는 문제점을 효과적으로 해소하기 위해서는 항만과 도시의 통합개발이 절실하다.

바로 이러한 이유로 유럽과 아시아의 주요 항만도시는 일찍부터 항만과 도시의 통합개발 차원에서 도시 및 항만개발, 항만배후단지와 친수공간의 개발계획에 힘썼으며, 이를 통해 인간의 삶과 함께하는 항만의 역할에 대해 고민하여 왔다. 그 결과, 기존의 경제적 부에만 매달리던 항만과 항만도시의 기능은 그 모양새를 조금 달리하게 되었다. 즉 '항만도시'는 재화와 인간의 장소적 이동이라는 효용을 창출하는 경제적 중심지 역할을 여전히 수행하면서도 한편으로 사람과 환경이 어우러진 새로운 문화를 창출하고 이렇게 창조된 항만도시의 문화와 문화를 연결하는 시작점으로서 가능성을 보여줄 기회를 맞이하였다.

  이제 '항만도시'는 먹고사는 문제뿐 아니라 인간의 삶의 질 향상과 직결되는 화두로 우리 앞에 놓였다. 항만도시는 여전히 우리의 삶과 떼려야 뗄 수 없는 삶의 한 무대이다. 바로 이것이 우리가 항만도시에 크게 눈뜨고 집중할 수밖에 없는 필연적인 이유인 것이다.

02

제2장
항만도시의 역사와 성장

PORT & CITY

02
항만도시의 역사와 성장

이성우

1. 항만도시의 개념

고대 그리스의 철학자 탈레스(Thales of Miletos)는 지금으로부터 이천오백 년 전 "태초에 물이 있었다. 모든 것은 물로부터 오고 또 모든 것은 물로 돌아간다"라고 이야기했다. 자연철학과 지구개관론에 기초해서 물의 중요성에 대해 언급한 내용이다. 괴테가 "모든 것은 물결 속에서 창조되어 왔다"고 말했듯이 인류의 역사는 홍해에서 에게해 그리고 지중해로, 지중해에서 북해로, 다시 북해에서 대서양으로 지금은 태평양 시대로 그 중심이 바뀌어 왔다.[1]

이제 태평양에서 인도양, 혹자는 북극해 시대를 예견하면서 향후 세계 역사의 중심이 달라져 가고 있음을 이야기하고 있다. 이 세계적인 중심의 접점이자 연결고리인 항만도시는 이러한 세계적 변화에 발맞추어 성장과 변화를 지금까지 지속하고 있다.

---

1) 손정목, 「우리나라 해안도시형성과 발전과정」, 최상철 외, 『한국도시개발론』, 일지사, 1981, p.353.

1) 항만의 정의

항만도시의 시작을 논의하기 위해서는 최초 항만도시의 시작점이 된 항만의 성장을 살펴봐야 할 것이다. 항만의 사전적 정의는 (1)바다 옆 또는 항구가 있는 강 위에 있는 도시이고 (2)선박이 화물이나 승객을 싣고 내리는 부두 및 저장시설을 지닌 지역으로 되어 있다. 항만의 사전적 의미는 역사로부터 유래한 지리적, 공간적, 기능적 의미의 함의로 보여진다. 이러한 측면에서 비록 항만은 오래 전부터 생활(어업 등), 이주 및 전쟁 등에 있어서 중요한 역할을 하였지만, 현재 항만의 정의는 지리경제적 관점에서 상업혁명(commercial revolution), 산업혁명(industrial revolution)과 더불어 시작되었다고 이야기 할 수 있을 것이다. 상업혁명 이전의 항만은 전쟁과 채취 그리고 제한된 무역의 통로였다. 그러나 15세기 이후 불어닥친 상업혁명으로 인해 유럽 일부 국가에 국한된 무역이 유럽 전역 그리고 식민지화를 통해 글로벌로 확산되기 시작한 것이다. 뒤이어 일어난 산업혁명은 이러한 변화에 불을 지피는 격이 되었고 그 중심에 있던 항만의 성장도 가속화된 것이다.

산업화 시대(industrialization era)로부터 탈산업화 시대(post-industrialization era) 시기로 넘어오는 동안, '항만'이라는 용어에 대한 정의는 상당히 바뀌게 되었다. 초기 항만은 해안선의 형태와 수심으로 선박들을 위한 적당한 정박 장소 역할을 하는 연안지역을 아우르는 말이었다. 선박의 입항 규모는 항구의 깊이에 달려 있었다. 따라서 항만은 선박을 위한 정박의 기능을 하는 공간이었다. 선박들에게 정박 장소를 제공하고 기타 여러 가지의 편의를 제공하기 위해 사용될 연안 부분을 규정하기 위하여 항만이라는 기반시설의 건설을 필요로 하게 되었다. 초기 항만들은 정박 및 편의를 제공하기 위한 기반시설의 중심으로 변모하게 되었고 결국 국가·지역경제와 지향지의 소통 통로의 역할을 하게 된 것이었다.[2]

항만과 도시와의 관계는 항만 배후에 교역을 위한 시장이 들어서고 그 시장은 점차 도심중심화가 되어 상업건물들이 들어서면서 서서히 시작되었다. 항만 주변의 해안선이 점차 항만 종사자, 시장 상인, 일반 도시민들의 주거지가 되고 활동의 구심점이 되어 가면서, 원래부터 존재해 온 장소에서 항만과 도시의 공존이 시작되었고 상호 간의 의존성 및 연계성이 높아져 갔다.[3] 상업혁명 이후 대규모 원료시장과 판매시장을 확보하게 된 유럽 국가들은 산업화를 기반으로 아시아, 아프리카 및 아메리카 대륙 국가들로 진출을 더욱 가속화하게 되었다. 이런 과정에서 항만들은 절대적인 역할을 하였으며 여러 비산업화 국가들의 경우 유럽인들에 의해 식민지화되기도 하였는데, 이 상황하에서 항만은 시장이며 창고, 집 그리고 광장을 지니고 있는 일종의 작은 도시 역할을 수행하면서 공간적 확대를 가져왔다. 많은 사람들이 식민 및 피식민 국가들 모두에서 항만과 관련된 산업에 종사하였다. 이 시기 이후로 항만공간은 이제 유출입 자본흐름을 위한 도시와 지방의 핵심으로 부상하기 시작했다.

그러나 일반적인 항만의 특성이 모두 같은 유형을 보인 것이 아니라 항만 개발의 성격에 따라 전혀 다른 특성을 가지기도 하였다. 특히 식민 국가와 피식민 국가들의 항만은 그 형태가 크게 달랐다.[4] 식민 국가들의 항만은 어업이나 군용 항만 등과 같이 주로 역사적인 장소에 위치하였다. 반면, 피식민 국가들의 항만들은 주로 양호한

---

2) 이성우, 『Interaction between Ports and Cities in Asia』, 서울시립대학교 박사논문, 2005, p.15.
3) Hoyle, B.S. and Pinder, D.A. (eds), 『Cityport Industrialization and Regional Development-Spatial Analysis and Planning Strategies』, Pergamon Press, Oxford, 1981.
4) Charier, J., 「The Benelux seaport system」, 『Tijdschrift voor Economische en Sociale Geografie』 Vol.87, 1996, pp.312~313.

지리적 기능적 장소에 위치하였다. 이것은 바로 식민주의자들이 새로 가공된 상품을 자신들의 식민지에 신속하게 효율적으로 판매할 뿐만 아니라 해당 지역으로부터 많은 천연자원들을 수송, 저장, 가공을 거쳐 해외로 판매하기 위한 적지를 찾은 데서 기인하는 것이었다. 따라서 이들 항만은, 수심이 깊고, 대규모 공간을 보유하고 배후지역과 해안지역 간 연결이 잘 되어 있다. 결과적으로, 주로 아시아 및 아프리카에 위치하고 있고 현재까지 남아 있는 대부분의 피식민 국가 항만들은 식민주의자들의 경제활동을 지원하기 위해 주로 물리적, 기능적으로 좋은 장소에 건설되었다. 그 대표적인 예가 홍콩항, 싱가포르항, 상하이항이며, 아직까지 세계 중심항만의 역할을 하고 있다.

2) 항만도시의 정의

항만도시(port city)란 일반적으로 해안에 위치한 도시로 도시 내 항만 기능에 크게 의존하고 있는 교역 중심의 도시를 의미한다. 사전적 의미로 항만도시는 항만을 보유하고 있는 도시로 이해된다. 그러나 역사적 관점에서 살펴보면 항만으로 인해 형성된 도시라고 이야기 할 수 있다. 또한 공간적 측면에서는 항만의 배후에 존재하고 있는 도시를 지칭하는 것이기도 하다. 일반적으로 항만도시를 배후지(hinterland)라고 이야기하는 경우도 있다. 그러나 이러한 이야기는 절반만 맞는 개념이다. 배후지는 항만을 중심으로 그 영향권에 드는 모든 배후 지역을 지칭하는 것이고 항만도시도 그 속에 포함될 수 있다. 즉 배후지는 항만도시보다 훨씬 큰 개념이고 항만도시는 그 속에 일부인 것이다. 그래서 항만, 항만배후단지, 항만도시, 배

후지 등은 엄격히 구분되어야 할 개념이고 항만과 배후지를 연결하는 개념이기도 하다.5)

일반적으로 항만의 생성이 항만도시 그리고 배후지의 발전을 특징짓고 중요한 영향을 미치는 요인이라고 생각하고 있다. 이러한 이유에서 Hoyle 및 Pinder(1981)는 항만을 중심으로 한 통합운송시스템 내에 건설된 항만이 어떤 방식으로 도시중심, 산업단지, 국가 및 지역발전에 있어 영향요소로 발전하는 지를 설명하였다. 이들은 '도시항만'의 개념을 항만과 항만이 주 구성요소인 도시 사이에서 통상적으로 이루어지는 밀접한 관계로부터 파생하는 것으로 정의하고 있다. Dezert 및 Verlaque(1978)는 항만과 도시의 산업화 분석을 통하여, 항만 성장이 항만 기능 및 도시 과정의 상호작용이라고 언급하고 있다. 이들 상호작용은 내륙지역 내 교통유발지대, 항만 내 효율성 수준, 육상 및 해상운송 시스템, 시장조절 요인, 입법 및 그 외 더 많은 사항들 간의 관계를 포함한다. 이와 함께 Taaffe 외(1963)는 후진국에서의 항만 성장에 대한 설명을 통하여 운송 및 지방경제 발전에 초점을 맞추었다.

선진국을 비롯한 세계의 많은 국가들에서는 대표적인 주요 도시들이 항만과 함께 성장한 경우가 대부분인데 2008년도의 OECD보고서에 따르면 인구가 많은 세계 상위 20대 도시 가운데 13개 도시가 항만도시이다. 이는 한 국가의 중심이 되는 대표 도시로 항만도시는 산업과 상업의 중추적 가교 역할을 함과 동시에 재화와 서비스를 생산하는 장소로서의 기능을 담당하며 인적 자원이 집중하고 문화적 교류가 활발히 일어나기 때문이다.6)

---

5) 이성우, 「Global-Local interaction within hub port cities」, 『해운물류연구』 제53권, 한국해운물류학회, 2007, pp.147~148.
6) 김춘선, 『항만성장에 따른 인천시 항만물류산업 입지 및 도시공간구조 변화에 관한 연구』, 가천대 박사학위논문, 2012, p.20.

3) 항만도시의 성장 동인

항만도시의 성장 동인은 지리적, 공간적, 시간적, 기능적, 사회적, 문화적, 경제적 관점에서 다양한 내용들을 포함하고 있어 단순히 몇 개의 요인을 가지고 그 성장을 설명하기는 어렵다. 그러나 일반적으로 항만도시를 설명하는 공간적, 기능적, 경제적 측면에서 성장 동인을 좁혀서 살펴보면 몇 개의 요인들을 중심으로 항만도시의 성장 동인을 설명할 수 있을 것이다.

우선 공간적 측면에서 집중과 분산이 항만도시의 중요한 성장 동인이라 할 수 있다. 집중의 사전적 의미는 좁은 공간 내 다량 혹은 많은 수의 무언가가 모여 있는 것을 지칭한다. 항만도시 관점에서 이야기 하자면, 항만에 관련된 기능들(시설, 산업, 화물 등)이 제한된 특정 공간(항만)에 모여 있는 것을 의미한다. 이 내용은 지리적인 측면에서 항만, 항만 및 도시와 해안지역 및 내륙지역 간의 갈등과 조화를 나타내 보여 주는 항만도시의 성장에 있어서 중요한 역할을 한다. 한편, 분산은 집중화에 배치되는 말이다. 항만과 그 주변 및 도시지역에서의 집중화로 인하여 환경문제, 교통체증, 지가상승 등의 부작용이 발생하고 이와 관련하여 항만이 도시의 중심에서 밀려나거나 관련된 기능의 이탈 등이 분산의 현상으로 나타난다. 이 두 요인은 세계 항만도시들의 성장과 쇠퇴를 표면적으로 설명해 준다.[7]

두 번째, 항만도시의 성장과 쇠퇴의 과정을 설명해 줄 수 있는 동인은 경쟁과 협력이다. 경쟁의 원래 의미는 둘 또는 그 이상의 사람이나 단체가 모두 다 가질 수는 없는 어떤 것을 가지려는 상황을 설명하는 것이다. 항만도시에서는 항만들, 항만 및 도시, 그리고 해안지역 및 내륙지역 간의 생존을 위한 상호작용을 말하는 것이다. 항

---
7) 이성우, 전게서, 2005, pp.16~17.

만은 화물을 유인함으로써 내륙지역으로부터 부를 창출할 수가 있다. 그 결과로, 항만은 특정 지역 내 집중화를 통하여 '대형항만'이 될 것이다. 지역, 도시 및 항만 간 통합을 통하여 규모의 경제를 창출할 수가 있게 된다. 반면 배후도시는 이러한 현상으로 인한 지역부의 유출과 경제의 위축을 막기 위해 성장을 위한 새로운 노력을 기울이게 된다. 또한 해당 항만의 주변 항만들도 같은 논리로 항만 간 경쟁의 대열에 들어서게 되는 것이다. 반면, 경쟁은 한쪽은 이기고 다른 한쪽은 지는 결과를 초래한다. 이러한 문제를 극복하기 위해 항만 간 경쟁 대신 협력을 선택하는 경우가 많다. 치열한 경쟁을 통한 비용 상승을 막고 협력을 통해 규모의 경제를 실현해서 상호 win-win하고자 하는 원리이다. 그러나 사실 인접 항만들이 동일한 대상을 상대로 더 많은 이익을 추구해야 하기 때문에 협력이라는 순수한 개념은 실현되기 어려운 개념이다. 주로 원거리 항만 간 그리고 대형 항만과 소형 항만, 선진국 항만과 개도국 항만 간의 협력을 통해서 상호 취약한 부분을 보완하는 형태로 항만도시 간의 협력이 이루어진다. 한편 1990년대 후반부터 경영학에서 파생되어 나온 신개념인 코피티션(co-opetition)[8]이 이러한 한계를 극복하기 위해 인접 항만간의 생존 논리로 부상했다. 이 개념에 따르면 인접 항만 간 취약한 부분은 상호 협력을 통해 지원하고 고객 유치 등의 시장 확보에서는 공정한 경쟁을 통해 성장을 추구하는 경쟁과 협력의 보완 개념으로 아직까지 주요 항만들에서 적용되고 있는 개념이다.

세 번째, 공간적 관점에서 항만도시를 설명하기 위해서는 배후지(hiterland)와 지향지(foreland)가 중요한 성장 동인이라 할 수 있다. 배후지는 항만의 육상지역을 지칭하며, 공간적으로 배후도시,

---

[8] 경영학에 도입되었던 개념을 Song, D. W., 「Port Co-opetition in Concept and Practice」, 『Maritime Policy and Management』 Vol.30, No.1, 2003, pp.29~44에서 항만분야에 도입함.

지역, 국가 나아가 대륙을 지칭하는 개념이다. 지리경제적 관점에서는 해당 항만과 물류인프라로 연결되어 있는 지역 전체를 지칭하며, 경우에 따라서는 수천km 배후의 지역도 배후지가 된다. 예를 들면 중국의 상하이항 배후지가 카자흐스탄, 우즈베키스탄 등 중앙아시아 국가들이 되는데 이는 상하이항을 통해 철도가 해당 지역까지 연결되어 있고 이를 통해 수출입 활동을 하고 있기 때문이다. 지향지는 항만과 해상, 즉 항로로 연결되어 있는 지역을 지칭한다. 부산항을 예로 들면 현재 약 300여 개의 국제 항로가 연결되어 있는데 해당 항로를 통해 연결된 지역이 지향지가 되는 것이다. 경우에 따라서 연안항로로 연결된 주변 지역 항만도 지향지가 될 수 있고 항로로 연결된 항만의 배후지도 큰 개념에서는 지향지가 될 수 있다. 해당 개념은 항만도시가 성장을 하는 데 필요한 자양분인 수출입 물동량을 제공해 주는 거점들이다. 이러한 측면에서 중요한 성장 동인이라 할 수 있다.

네 번째는 물류혁명이다. 컨테이너화(containerization), 복합운송체계(multi-modal), 단일적재화(unit load) 등으로 부피는 최소화, 속도는 최대화, 환경오염과 소요비용은 최소화하는 최적의 물류체계 구축이 가능하게 된 개념으로 컨테이너화는 1970년대 후반부터 미국을 시작으로 전 세계에 퍼진 교통물류 분야의 기술혁명이다. 이로 인해 항만과 도시가 대형화 되더라도 공존의 가능성이 높아지게 되었고 항만을 거점으로 보다 다양한 형태의 부가가치를 가능하게 만들어 주었다. 컨테이너화는 이미 전 세계에 안정적으로 정착했으며, 다양한 기술 도입과 발전을 통해 항만을 중심으로 한 최적의 물류시스템을 구축하고자 노력 중이다. 이러한 관점에서 복합운송체계는 항만을 중심으로 해상, 육상, 항공까지 막힘없이 연결하고자 하는 해당 개념의 도입 및 확대가 진행 중에 있다.

다섯 번째는 거시적 관점에서 글로벌화이다. 1980년대 이후부터 불어닥친 글로벌화의 광풍은 세계 경제의 모든 모습을 바꾸었다. 가장 싼 곳에서 생산해서, 가장 구매력이 좋은 시장으로 판매하는 기본적인 교역구조를 기반으로 경제뿐만 아니라 문화, 교육, 기술, 인력 등의 대규모 이동이 이루어졌고 전 세계가 하나의 기준으로 빠르게 통합되어 가고 있는 중이다. 이러한 변화 속에서 항만도시는 배후지와 지향지를 연결하는 게이트웨이(gateway) 역할을 하며 글로벌화의 강력한 힘을 받아들이고 내보내는 역할을 수행하게 되었다. 이러한 움직임의 결과로 항만을 중심으로 하는 세계도시가 등장하기 시작했다. 1980년대에 들어서면서 세계 교역량이 증가하고 금융시장이 확대되면서 금융거래와 서비스업의 거래도 증가하였다. 몇몇 선진국이 주요 자본 수출국으로 성장하였고, 국제적 인수·합병 건수가 급격히 늘어났으며, 서비스 무역의 흐름과 초국적 서비스 기업이 세계 경제의 주요 동인으로 등장하였다. 국제적 투자와 무역, 그와 연관된 금융 및 서비스 활동의 증가는 대부분 주요 대도시에 집중되는 현상을 보였는데 이러한 새로운 현상은 초국적 기업이 세계 경제의 핵심 인자로 역할을 맡은 것과 불가분의 관계에 있으며 세계시장의 제도적 틀을 이해하는 데에 있어서 가장 중요한 점이기도 하다. 이처럼 국제 거래에서의 지리적 특성과 구성의 변화, 제도적 틀은 세계경제의 새로운 전략적 장소인 '세계도시'를 탄생시켰는데 세계도시는 세계경제 활동의 운영과 관리에 필요한 고차원의 서비스 활동과 텔레커뮤니케이션 시설이 집중된 장소이자 세계자본이 집중되고 축적되어 초국적 기업, 금융, 거래활동, 권력 등이 상호결합되는 세계경제의 의사결정지로 설명된다. 정보 기술의 발달로 인해 경제 활동이 확산됨으로써 금융과 전문화된 서비스업의 생산지이자 이러한 상품 및 전문화된 서비스를 구매할 수 있는 초국적

시장 지역으로서 도시의 역할이 부각된 것이다. 그리고 대부분의 세계도시는 항만을 가진 항만도시들(뉴욕, 도쿄, 상하이, 홍콩, 싱가포르, 시드니 등)이다.

마지막은 포스트포디즘(Post-Fordism)의 등장이다. 1980년대 이후 항만을 둘러싼 시장 환경의 급변으로 전후(戰後)의 선진 국가들에서 나타난 규모의 경제, 즉 대량생산-대량소비형의 경제성장 체제인 포디즘(Fordism)은 1980년 이후 규모의 경제와 연관된 생산성 증가가 한계에 도달하게 되었다. 이에 소비자들은 보다 다양한 제품을 요구하게 되면서 새로운 경제체제로 전환되기에 이르렀는데, 이 새로운 경제체제를 포디즘과 대비하여 일컫는 말이 '포스트포디즘'이다. 포스트포디즘은 표준화된 제품을 생산했던 이전의 경직된 대량생산체제에서 벗어나, 시장의 변화에 적절히 대처할 수 있는 범용의 기계와 숙련된 노동자들로 구성되는 생산체제로 대변된다.

포스트포디즘하에서 생산된 제품들은 수명주기가 종전에 비해 단축되었고 최종 소비자까지 인도되는 시간 또한 줄어들어 제품의 선적 주기를 증가시키는 한편 제품의 포장 단위도 소규모화 함으로써 운송시스템에 큰 변화를 야기하였다. 또한, 대부분의 기업들은 포스트포디즘 생산체제에 부응할 수 있도록 글로벌 시장을 기반으로 보다 유연하고 다층적인 네트워크를 구성하는 경향을 보였는데, 이러한 경향은 글로벌 기업이 출현하면서 더욱 가속화되었다.

글로벌 기업들이 채택한 주요 전략 중 하나는 물류 기능을 아웃소싱 하는 것으로, 아웃소싱의 급격한 확산은 공급사슬 상에 물류서비스 제공업자를 대거 투입하는 계기를 마련하였다. 요컨대, '글로벌화(globalization)'와 '아웃소싱(outsourcing)'이라는 두 가지 개념은 선사, 포워더, 터미널 운영업체, 육상 운송업체 등 운송사슬(transport chain)에 참여하고 있는 주체들로 하여금 통합된 형태의 새로운 부가 물류서비스를 제공하도록 자극하는 촉매제가 되었다. 결국 이러한 모든 행위의 중심이나 연결고리에는 항만도시가 존재하고 결국 항만도시의 성장을 촉발한 것이다.

〈표 2-1〉 포디즘과 포스트포디즘 비교

구분		포디즘(Fordism)	포스트 포디즘(Post-Fordism)
생산방식		대량생산	다품종 소량생산
경쟁력 원천		기본 생산요소(토지, 노동, 자본)	고급 생산요소(노하우, 프로시저)
제품성격		범용품(표준화)	다품종(다양화)
시장환경		기존시장, 기존제품 주력	신시장, 신제품 주력
조직측면		통합조직, 자체조달	네트워크, 아웃소싱
전문물류	운송수단간 연계		물류체인 중심 연계
	운송서비스		부가가치 물류 및 종합서비스
	항만 간 운송		door-to-door서비스
	규모의 경제		범위의 경제
해운	해운회사 주도		화주 및 글로벌 물류기업 주도
	대형선, 원가경쟁력		네트워크화, 서비스 차별화
항만	터미널 비용		종합물류서비스 비용
	선사전용 터미널		하이브리드 터미널
	선사위주 정책		화주위주 정책

자료 : 1) Song D. W., 「Port co-opetition in concept and practice」, 『Maritime Policy & Management』 Vol.30, Issue 1, 2003, pp.29~44.
2) KMI, Workshop paper, 2008, p.4 저자 내용 수정 인용

2. 항만성장과 발전 과정

1) 항만도시의 공간적 성장

(1) 항만도시의 변화

산업화 시대부터 탈산업화 시대까지 항만의 개념은 의미적으로 크게 바뀌어 왔다. 기 언급한 것처럼 초기 항만은 수산물 취득, 소규모 생산물 교환, 관련 선박의 정박을 위한 공간이었다. 이후 항만은 수산물, 물물교환품들이 모이는 시장으로 바뀌게 되었다. 시장은 점차 성장하게 되었고, 시장 주변에는 사람들이 모여 살게 되었다. 이러한 이유로 대부분 항만도시의 중심지는 항만 주변에 입지해 있는 것이다. 항만의 성장은 도시의 성장을 촉진하게 되었고 더 많은 사람들이 항만 주변에 모이게 되어 항만 주변은 거대한 도심으로 바뀌게 되었다. 그러나 항만의 성장은 결국 본래 입지에서 항만을 도시 바깥으로 밀어내는 새로운 힘으로 작용하게 되었다. 또한 이러한 힘은 세계화(globalization), 교통혁명(transport revolution: containerization, intermodalism)과 규모의 경제(scale of economies) 실현, 소득수준 증가에 따른 도시환경 개선 욕구 등으로 인하여 항만을 더욱 도시 바깥으로 밀어내는 촉진제가 되고 있다.

1970년대 이후 컨테이너화와 규모의 경제 실현은 대형 선박의 출현을 초래하였고 대형 선박을 수용하지 못하는 항만들(런던항, 보스턴항 등)은 역사의 뒤안길로 사라지게 되었다. 반면에 이러한 환경을 수용할 수 있는 항만들(홍콩항, 싱가포르항, 상하이항, 부산항 등)은 새로운 중심항만으로 성장하기에 이르렀다. 대형 선박의 접안은 많은 화물을 처리하고 지원해야 하는 항만물류산업에 영향을 미치게 되었으며 항만 주변 공간은 하나의 새로운 종합 공간으로 탄생하게 되었다. 이러한 현상은 지금도 진행 중에 있으며 우리나라 부산항의 주요 기능이 북항에서 신항으로 이전하고 북항 지역이 도시공간으로 다시 탈바꿈하고 있는 상황이 하나의 사례가 될 수 있을 것이다.

과거 항만은 지역의 관문으로서 독점적인 지위를 지니고 있었다. 그러나 새로운 환경 변화는 항만의 독점적인 지위를 기 언급한 항만 성장의 동인인 경쟁(competition)이라는 요인을 통해 빼앗아 가지 시작했다. 규모의 경제를 실현하기 위해 선박의 규모는 계속 대형화되었고 대형화된 선박은 제한된 항만에만 기항할 수 있게 되었다. 이는 항만 간의 강력한 경쟁을 촉발하였으며 동일한 배후지역을 공유할 경우 수백km 이상 떨어진 항만 간에도 경쟁이 가능하게 되었다. 경쟁에서 이긴 항만은 화물이 집중(concentration)하여 중심항만으로 거듭나게 된 반면 경쟁에서 진 항만은 화물을 점차 잃게 되었다. 항만 간의 치열한 경쟁은 국가 간, 지역 간, 항만 간 구분 없이 이루어지고 있으며 특히 싱가포르 PSA항과 말레이시아 PTP항, 홍콩항과 중국의 옌티엔항 그리고 부산항과 중국의 칭다오항, 상하이항과의 경쟁이 그 대표적인 예인 것이다.

항만들은 이러한 생존경쟁에서 이기기 위해 대수심 확보, 대규모 항만배후단지 확보, 최첨단 IT인프라와 하역 시설 도입, 우수한 도시 생활환경 확보, 친환경 항만시스템 구축 등을 통하여 자체적인 경쟁력을 유지하기 위해 최선을 다하고 있는 것이다. 따라서 해당 기능들을 수용하기 위해 항만공간은 과거 단순한 하역보관의 공간에서 점차 화물의 보관하역 기능, 다양한 물류부가가치 활동 그리고 도시지원 기능까지 수용하는 종합 공간으로 변화하게 된 것이다.

(2) 항만도시의 공간적 상호작용과 성장

이러한 글로벌 환경변화와 경쟁을 기반으로 하여 전개된 항만들의 성장 과정은 Lee & Ducruet(2009)가 제시한 〈그림 2-1〉에서 잘 나타나 있다. 어촌해안마을에서 식민지 시대의 통로로 성장하고 이후 소규모 항만집산도시항구로 성장하면서 도시의 모습도 구체화된다. 이후 주변 항만들과 경쟁을 통해서 보다 규모화된 항만으로 성장하면서 항만도시 역시 대규모 도시로 성장하게 되고 주변 지역 배후도시들을 흡수하는 기능을 가지게 된다. 요즘 우리가 알고 있는 우리나라의 부산시, 인천시, 포항시, 울산시, 마산시, 평택시, 목포시, 군산시 등이 이러한 항만도시의 모습을 가지고 있다. 마지막 단계는 다중심 글로벌도시로 성장하여 배후 도시를 통합하고 해외 글로벌 도시와 해상, 항공 등의 물류네트워크가 강화되는 글로벌 도시 형태로 성장하는 과정이다. 이러한 도시는 홍콩, 싱가포르, 뉴욕, 상하이 등이 대표적인 사례이다.

(3) 항만도시의 공간적 성장 유형

항만도시는 시간적, 공간적 측면에서는 〈그림 2-1〉에서 진화해 온 과정을 거쳐 성장해 왔다. 그러나 항만도시에서 항만은 물동량이라는 화물을 기반으로 성장하고 있으며, 그 성장은 모두 완결형이 아니다. 어떤 항만은 지금 태동하는 항만이고 일부 항만은 중간 단계에 있으며, 이미 글로벌 항만도시로 성장해 있는 항만들도 있다. 물론 글로벌 항만도시에서 다시 중규모 항만도시 혹은 쇠락을 통해서 소형 항만도시로 그 기능이 축소되는 경우도 있다. 이러한 측면

〈그림 2-1〉 세계 및 지역요인의 상호작용에 의한 항만도시 성장단계

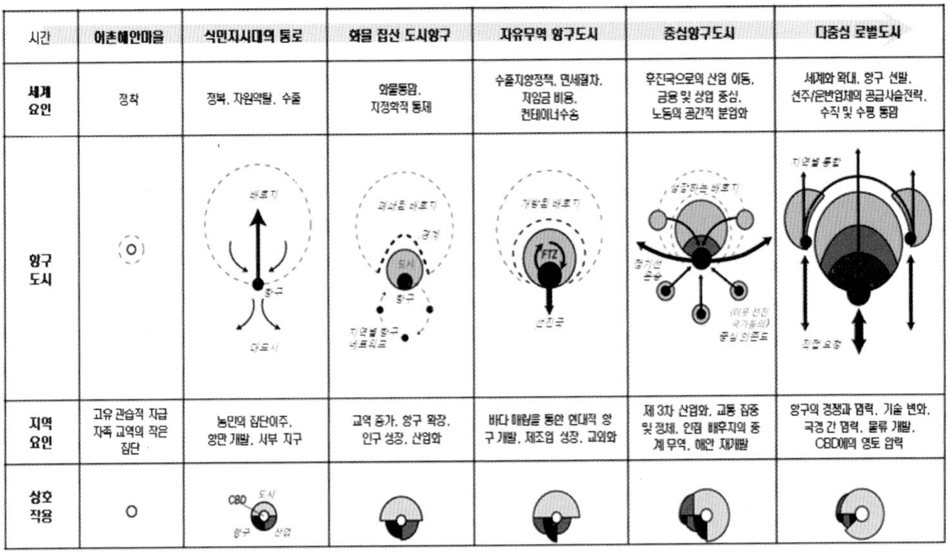

시간
어촌해안마을
식민지시대의 통로
화물 집산 도시항구
자유무역 항구도시
중심항구도시
다중심 로벌도시
세계 요인
정착
정복, 자원약탈, 수출
화물통합, 지정학적 통제
수출지향정책, 면세절차, 저임금 비용, 컨테이너수송
후진국으로의 산업 이동, 금융 및 상업 중심, 노동의 공간적 분업화
세계화 확대, 항구 선발, 선주/운반업체의 공급사슬전략, 수직 및 수평 통합
항구 도시
배후지
항구
대도시
도시
지역별 항구 네트워크
FTZ
선진국
지역별 통합
지역 요인
고유 관습적 자급 자족 교역의 작은 집단
농민의 집단이주, 항만 개발, 서부 지구
교역 증가, 항구 확장, 인구 성장, 산업화
바다 매립을 통한 현대적 항구 개발, 제조업 성장, 교외화
제 3차 산업화, 교통 집중 및 정체, 인접 배후지의 중계 무역, 해안 재개발
항구의 경쟁과 협력, 기술 변화, 국경 간 협력, 물류 개발, CBD에의 영토 압력
상호 작용
CBD
도시
항구
산업

자료 : Lee, S. W. & Ducruet, C., 「Spatial Glocalization in Asia-Pacific Hub Port Cities: A Comparison of Hong Kong and Singapore」, 『Urban Geography』 Vol.30, No.2, 2009, p.166.

에서 항만도시의 물동량 규모와 도시 규모라는 두 가지를 기준으로 해서 세계 항만도시의 유형을 구분할 수 있을 것이다. Ducruet(2001)는 항만 물동량 및 도시-지역 규모와 관련하여 항만-도시의 역동성에 대한 공간적, 기능적으로 변화하는 항만도시를 항만 물동량과 도시 규모를 가지고 유형화 하였다. 〈그림 2-2〉에 예시된 바와 같이, 그는 항만-도시 상호작용을 분류하는 한 방법으로 한 축에 항만 물동량을 그리고 다른 한 축에는 도시-지역 규모라는 개념을 선보이고 있다. 이른바 글로벌 항만도시들 또는 허브항만 도시들이 해당 그림의 우측 하단에 위치해 있을 것이다. 해당 개념은 물동량과 도시규모라는 단순한 기준을 통해 항만도시의 성장을 설명했다는 한계는 있으나 전체적인 항만도시의 성장 과정을 쉽게 이해하는 데는 크게 기여했다고 할 수 있다.

〈그림 2-2〉 도시규모와 항만물동량 변화에 따른 항만도시의 유형

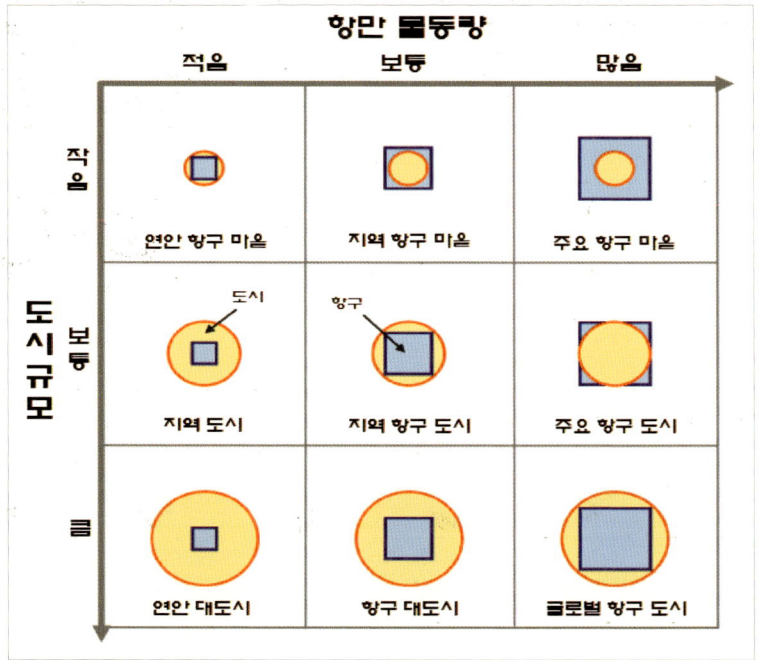

자료 : Ducruet, C., 『A Geographical model of the European port city – tools for international comparison』, Ph.D Thesis, Le Havre Univ., 2001, p.31.

2) 항만도시의 기능·기술적 성장

항만도시의 공간적 발전에 관한 논의가 항만물동량의 증가로 인한 항만 공간구조의 변화에 초점을 두고 있다면 항만의 기술적·기능적 발전에 관한 논의는 항만물동량 증가를 가능토록 한 항만의 기술적·기능적 발전을 규명함으로써 항만 공간구조의 변화를 설명하는데 초점을 맞추고 있다고 볼 수 있다.[9]

---

[9] 김춘선, 『항만성장에 따른 인천시 항만물류산업 입지 및 도시공간구조의 변화』, 가천대 박사학위논문, 2012, p.16.

우선 항만도시의 기능·기술적 관점에서 성장을 이해하기 위해서 항만의 성장 단계를 살펴봐야 할 것이다. 항만의 성장 단계는 ⅰ)항만개발 정책, 전략 및 태도, ⅱ)항만의 업무 범위 및 확대 여부(특히 정보 부문의 강화 여부), ⅲ)항만 업무 및 조직의 통합 여부 등의 3가지 기준을 통해 4단계로 구분할 수 있다.

첫째, 제1세대 항만은 육상 및 해상운송의 단순한 접점 지점 (interface location)의 기능밖에 못한다. 이는 '60년대 선진국 항만을 의미하며, 항만투자는 항만구역 내의 하부구조 개선에 초점을 두었고, 항만 마케팅은 고려되지 않는다. 두 번째, 제2세대 항만은 공업·상업 및 운송센터의 기능을 담당한다. 제2세대 항만의 경우 공업단지가 항만구역 내에 입지하게 되어, 흔히 제2세대 항만은 산업항만(industrial ports)로 불린다. 세 번째, 제3세대 항만은 다국적 기업들의 국제분업 심화를 지원하기 위한 역동적인 결절점(dynamic node)으로 간주된다. 제3세대 항만은 글로벌화, 교통혁명으로 인한 컨테이너화의 활성화와 복합운송체계의 연계성이 높아진 '80년대 이후에 등장하였다. 제3세대 항만이 등장하게 된 배경은 ⅰ)컨테이너화의 급진전과 복합운송의 등장, ⅱ)제조업의 국제분업 심화, ⅲ)정보 통신 기술의 발달, ⅳ)컨테이너선의 대형화, ⅴ)항만 간 경쟁 심화 등이 거론된다. 제3세대 항만은 선박 및 화물을 확보하고 유지하기 위해 노력하는 마케팅 중심 항만으로, 마케팅 활동은 교역 및 운송의 촉진에 초점을 두면서 신 수익원의 창출을 위해 항만과 항만 배후단지를 연계하여 다양한 부가가치사업을 파생시켰다. 네 번째, 제4세대 항만은 종합물류 거점기지, 지역 및 국가 경제활동의 중심지, 산업기지, 열린 생활 및 문화공간으로서의 기능 등을 포함한다. 경제의 글로벌화 및 그에 따른 국제적인 물류 활동의 증가 등으로 항만의 공간구조와 항만기능이 더욱 고도화·다양화되어가고 있다.

<그림 2-3> 항만의 세대별 기능변화

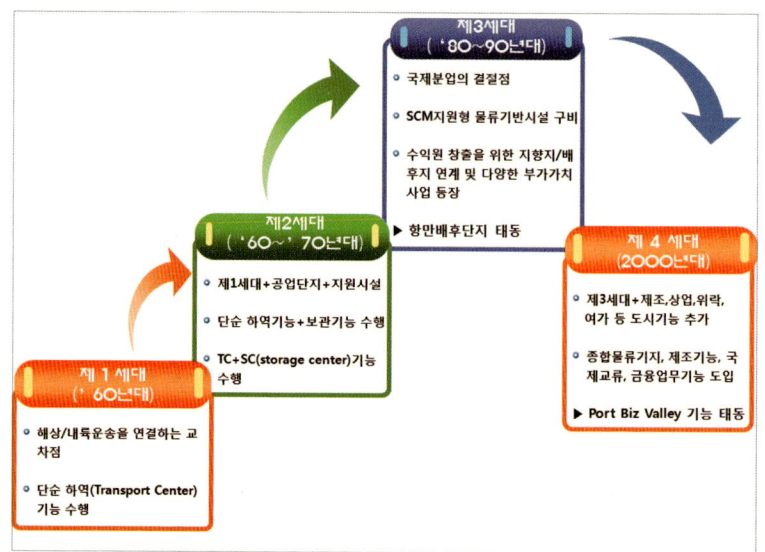

자료 : 국토해양부, 「항만배후단지 수요면적 재산정 용역」, 한국해양수산개발원, 2010, p.10.

 본격적인 산업화는 생산활동의 분업화와 기계화를 가능토록 하여 1950년대 이후, 전 세계적으로 대량생산체제의 도입을 가져왔다. 대량생산체제에 부응하기 위해 수송방식은 대형화, 고속화, 전용화 되었는데, 이는 단위적재시스템(unit load system)이 출현하는 계기가 되었다. 화물의 종류와 수량이 많아지고 신속한 운송이 요구되면서 물류 활동을 보다 합리적으로 수행해야 할 필요가 커진 것이다. 단위적재란 여러 개의 물품을 하나의 단위로 정리하여 기계, 기구에 의한 취급이 용이하도록 만든 화물을 말하는데, 컨테이너 등이 이에 이용된다.

 컨테이너화와 통합수송체제가 등장하면서 교통·통신의 발달 및 해운물류기술 향상이 항만의 발전에 미치는 영향에 관한 연구가 시작되었고 아울러 항만 간 경쟁 및 배후지역과의 연계에 대한 새로운 관점이 학계의 주목을 받기 시작하였다. 대표적으로 컨테이너항만의 발전 단계를 설명한 Hayuth(1981)의 연구가 있는데, 그는 집중화 패턴, 항만과 배후지역의 관계, 기술혁신 등의 특성에 따라 항만의 발전 과정을 다섯 단계로 구분하였다. 그가 제시한 항만 발전 1단계는 컨테이너화 이전의 전통적인 항만 단계로 이 시기에는 항만들 사이에 성장 격차를 유발하는 요인이 존재하지 않고 각 항만의 배후지도 단일하게 한정되어 있다. 2단계는 일부 항만만 컨테이너화가 도입된 단계이고 3단계는 초기에 컨테이너화가 이루어진 항만이 자기강화를 거듭하면서 더 많은 화물을 모으는 단계이다. 또한 컨테이너화가 수직·수평적으로 확산되면서 피더체계(feeder system)에 의한 중심항만과 그에 의존하는 하위항만이 출현하는 단계이기도 하다. 4단계는 내륙에 화물집적기지(load center)가 건설된 대형 중심항만이 등장하는 단계이다. 또한 이 시기에 컨테이너 선박의 운영비용을 줄이기 위해 기항지를 축소하고 재항시간(turnaround time)을 줄이려는 시도가 이루어지는데 이에 따라 중심항만들은 장거리 화물선을 유치하기 위해 서로 경쟁하고, 하위항만들은 지선교통(feeder traffic)을 흡수하기 위해 서로 경쟁한다. 한편 화물집적기지(load center)가 있는 중심항만과 내륙지역에 위치한 시장 중심지 사이에서 육상 운송로가 새로 출현하여 중심항만의 배후지가 확대된다. 마지막으로 5단계는 항만 시스템이 효율적으로 운영되는 일종의 성숙기인데, 이 시기에 화물집적기지(load center)는 여전히 컨테이너 운송에서 비교우위를 갖지만 주변 소규모 항만들의 도전이 강화된다. 그러나 중심항만은 교통체증과 공간부족으로 인하여 지속적인 성장에 한계를 갖는다.

〈표 2-2〉 Hayuth의 컨테이너 항만의 발전 모형

발전단계	항만시스템	항만-내륙 관계	항만-해안 관계
1. 컨테이너수송에 대한 전제조건 (Preconditions for change)	모든 크기의 정착된 항만시스템에 부가되는 컨테이너수송	전통적인 항만시스템에 있어서 항만 내륙지역이 변화하지 않고 컨테이너가 다른 화물들과 함께 처리됨에 따라 평형상태가 존재함	해외항만에 직접적으로 기여하는 일부 항만은 제외하고 기존선사들이 처리하는 일반화물 거래의 대부분은 정기적으로 더 큰 항만을 필요로 함
2. 초기 컨테이너항만 개발 (Initial container port development)	컨테이너수송에 대한 초기선택은 몇몇 항만에 제한되며, 전반적인 항만시스템 구조는 안정적이고 변화하지 않음	주목할 만한 변화는 지역 및 전통시장에 관련됨. 지류지역을 확대시키는 한 수단으로서 컨테이너수송의 잠재력이 아직 충분히 인식되지 않음	제한 수량의 특화 컨테이너 선박도입을 제외하고는 항만-해안지역의 관계는 변화하지 않음
3. 확산, 통합 및 항만집중 (Diffusion, consolidation and port concentration)	운영시스템에 있어서 컨테이너수송이 수직·수평적으로 충분히 확산되고, 먼저 시작하는 사람들의 경우, 이로부터 이익을 취하며 성장을 위한 자체강화체계를 갖추게 됨	운송망을 통해 전통적인 내륙지역 경계를 넘어 침투선이 생겨남에 따라 대형 항만들이 더욱 광대한 지역에까지 선을 뻗게 되고 더욱 강력하게 수평적으로 확산됨	해상운송선 운영에 있어서 집중화가 증가하여 규모 경제를 실현하기 위해 선박운영에 있어 중점 사항인 기항 횟수를 줄임으로써 항만에 있는 선박의 왕복시간을 개선하고 총 항해시간을 줄이는 것이 됨
4. 하역센터 (The load center)	제한된 수의 더 큰 항만을 지나는 컨테이너 교통이 집중화되고 분극화됨으로써 하역센터에 대한 필요성이 대두됨	선사들이 내륙운송 시장에 진입함. 통합운송시스템이 나타남에 따라 전통적인 내륙지역은 선호하는 내륙루트에 변형 교통을 집중시키는 양상을 보임	선사들은 제한된 수의 항만을 찾음으로써 무역루트들을 해외서비스를 위한 주요 통로로 통합시키고 육로나 수로를 통하여 feeder 서비스를 해야 함
5. 주변지역의 도전 (The challenge of the periphery)	시스템구조는 더욱 성숙됨. 통합운송시스템은 부드럽게 잘 돌아감. 하역센터들은 계속해서 대부분의 컨테이너 교통을 처리함. 그러나 하역센터 내 공간 부족 및 교통혼잡으로 대다수 항만들은 이 문제 해결에 노력	상품포장과 통합지점 및 선의 변화유형이 전통적 정의에 의한 내륙지역보다 실제적으로 더 중요한 문제가 됨	비교적 통합체계가 잡힌 장거리 루트로 이루어진 해양 무역망이 아직은 소수에 지나지 않는 한편, 일부 주변 항만으로 직접서비스를 실시하는 신흥 선사들이 출현함

자료 : Hayuth, Y. 「Containerization and the Load Center Concept」, 『Economic Geography』 Vol.57, No.2, 1981, pp.160~176.

Hayuth의 모델은 다른 지역의 컨테이너항만 시스템을 설명하는 연구에서 종종 응용되고 있는데, 일례로 Charlier(1996)는 Hayuth의 발전 단계 모델이 로테르담, 앤트워프 등과 같이 각기 다른 나라에 위치한 항만들이 하역센터 입지를 놓고 경쟁할 때에도 적용되었다고 보았다. Wang(1998)은 Hayuth의 모델을 수정하여 홍콩에 적용, 남중국 컨테이너항만 시스템의 발달은 미국의 경우와는 다른 특수성이 있음을 지적하였다. Hoyle 및 Charlier(1995)는 1960년대부터 급속도로 발전·확산된 컨테이너화, 선박하역 방식 등의 해운물류기술이 항만도시의 전통적인 기능을 약화시키고 항만과 배후지역 간 관계를 강화하였으며 이로써 항만은 국제적 핵심 교통시설로 자리매김하였음을 주장하였다. 이들은 케냐, 탄자니아 등 동아프리카의 항만시스템을 대상으로 통합, 집중이라는 역사적인 과정 및 이를 야기한 항만 경쟁에 대하여 연구하였다. Notteboom(1997)은 항만 집중화 현상이 환적 중심항에서는 대부분 일치하고 있지 않음을 규명함으로써 집중화 경향의 한계와 분산화로의 귀결을 설명하였다. 아울러 장차 유럽 항만의 성장은 컨테이너화가 아니라 해안-항만-내륙의 기술적·조직적 변혁에 의해 주도될 것이라는 주장을 펼쳤다. Notteboom & Rodrigue(2005)는 한편으로 Anyport 모형이 환적 중심지 기능을 하는 항만 터미널의 등장을 설명하지 못할 뿐만 아니라 항만 성장의 주요 동인인 배후 내륙지역을 고려하지 않았음을 지적하며 항만 발달의 새로운 단계인 지역화(regionalization)의 개념을 도입하였다. 이를 통해 물류통합 및 네트워크화가 항만의 기능을 변화시켰고 새로운 항만 위계 및 새로운 화물 배분 양상을 야기하였음을 주장하였다. 또한 항만 경쟁력에 있어서 화물 운반과 물류거점의 출현을 야기하는 '항만배후지역'이야말로 그 무엇보다 중요함을 강조하며 지역화의 동인은 항만 그 자체에 있지 않고 물류의사결정, 지속적인 선박의 왕래, 제3자 물류 공급 등에 있음을 지적하였다.

〈그림 2-4〉 물류통합과 네트워크화로 인한 항만기능 변화

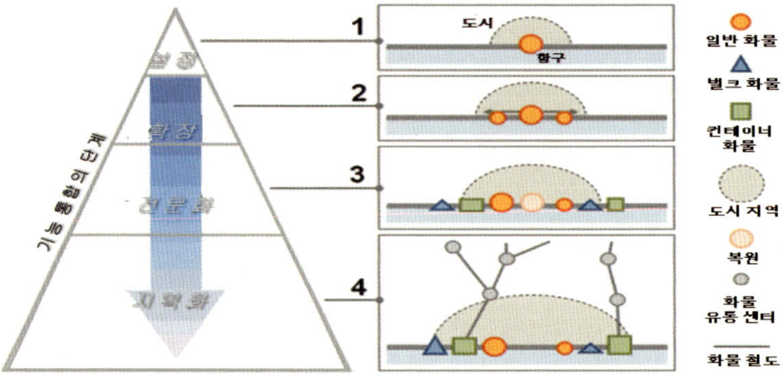

자료 : Notteboom & Rodrigue, 「Port regionalization: Toward a new phase in port development」, 『Marine Policy and Management』 Vol.32, No.3, 2005, p.303.

항만의 기능·기술적 성장에 대한 이론들은 해당 항만도시들의 성장과정을 경제, 산업적인 측면에서 설명해 주는 중요한 관점으로 자리매김하고 있다.

3) 항만도시의 경제적 성장

항만도시의 성장을 경제적 관점에서 살펴보기 위해서는 물동량 규모를 살펴봐야 할 것이다. 우선 항만의 일반적인 규모의 척도인 컨테이너 항만들의 성장 추이를 1980년대부터 현재까지 살펴보면 〈표 2-3〉과 같다. 1980년대 유럽, 미국, 일본 항만들이 우위를 점하였으나 1990년대 이후부터는 싱가포르, 홍콩, 대만 그리고 부산항이 빠르게 성장해 나간 반면, 일본, 미국, 유럽 지역 항만은 그 지위를 점차 상실해 나갔다. 2000년 이후에는 대만 항만들의 탈락과 함께 중국 항만들이 급부상하였고 싱가포르, 홍콩, 부산항은 그 위치를 고수하는 형태로 경쟁구도가 바뀌었다. 2010년 이후 중국을

중심으로 하는 동북아 항만들이 크게 성장하고 있다. 이미 많이 알려져 있듯이 중국의 5대 항만은 물동량 기준 세계 20위권 내 위치하고 있으며, 특히 높은 성장률을 보인 상하이항과 센젠항은 2012년 부산항을 제치고 각각 1, 4위의 위상을 지키고 있다.

〈표 2-3〉 글로벌 컨테이너 항만순위 변화

단위 : 만 TEU

	1980년	1990년	2000년	2010년	2012년
1위	New York 195	Singapore 522	Hong Kong 1,810	Shanghai 2,907	Shanghai 3,258
2위	Rotterdam 190	Hong Kong 510	Singapore 1,709	Singapore 2,843	Singapore 3,165
3위	Hong Kong 146	Kaohsiung 349	Kaohsiung 743	Hong Kong 2,353	Hong Kong 2,310
4위	Kobe 145	Rotterdam 367	Busan 638	Shenzhen 2,251	Shenzhen 2,294
5위	Kaohsiung 98	Kobe 260	Rotterdam 629	Busan 1,416	Busan 1,702
6위	Singapore 92	Busan 235	Shanghai 561	Ningbo 1,314	Ningbo 1,683
7위	Sheung Wan 85	Los Angeles 212	Los Angeles 488	Guangzhou 1,255	Guangzhou 1,474
8위	Long Beach 82	Hamburg 197	Long Beach 460	Qingdao 1,201	Qingdao 1,450
9위	Hamburg 78	New York 187	Hamburg 425	Dubai 1,160	Dubai 1,328
10위	Auckland 78	Yokohama 165	Antwerp 408	Rotterdam 1,115	Tianjin 1,229

자료 : 『해운통계요람』, 1982 ; 『해운통계요람』, 2000 ; Hongkong Marine Department, http://www.mardep.gov.hk ; Lloyd's List, http://www.lloydlist.com

위의 변화추이처럼 물동량을 많이 가진 항만들이 글로벌 도시로 도약하게 되고 항만도시의 성장 관점에서 글로벌 항만도시로 성장할 수 있는 기반을 마련하게 되는 것이다. 물론 부산항, 로테르담항 등은 아직 항만 기능이 도시 기능보다 훨씬 큰 역할을 하고 있지만 향후 글로벌 도시로 성장해 갈 가능성이 높다. 이러한 항만도시에 있어 경제적 관점에서의 성장은 제도적 분야에서도 살펴볼 수가 있다. 항만도시는 대규모 물동량 유치, 최적의 기업 활동 제공, 교역 촉진 등을 위해 자유무역지역을 지정하여 발전시켜 왔다. 홍콩, 싱가포르와 같이 오래전부터 자유항 개념을 도입해서 글로벌 항만도시로 성장한 경우도 있으나 많은 경우 국가의 사회, 문화적 특성을 고려하고 국가 경제의 성장 단계를 고려하여 자유무역지역 개념을 다양한 형태로 도입하였다. 특히 1978년 시장개방과 함께 1990년대 후반부터 본격적인 경제성장을 해 온 중국의 자유무역지역 제도의 빠른 변화가 국가의 경제 환경에 맞추어 항만 자유무역지역의 적절한 변화상을 설명해 줄 수 있는 사례이다. 중국 최초의 자유무역지역은 3가지 단계로 진화해왔다. 1단계(1990~1996년)는 1990년 상하이 외고교보세구를 시점으로 한 초기 발전단계였다. 2단계(1997~2004)는 급속 발전단계로 2000년 수출가공구, 2003년 보세물류원구 등 다양한 보세특구가 설립되었다. 3단계(2005년~현재)는 분산된 각종 보세특구의 다양한 기능과 정책을 통합하는 단계로 상하이양산보세항구 등 보세항구, 종합보세구를 설치하였고 최근에는 상하이를 중심으로 자유항 제도가 등장하였다. 자유항 제도는 홍콩과 같은 자유무역항과 자유무역도시를 동시에 실현하고자 상하이 양산항을 대상으로 2009년에 최초로 지정되었다.10) 상하이시 당국은 2013년 상하이 푸동 지역을 홍콩과 같은 자유항으로 지정하여 자유도시로 개발해 나가겠다는 정책을 밝혔다.

〈그림 2-5〉 중국 보세특구의 발전 과정

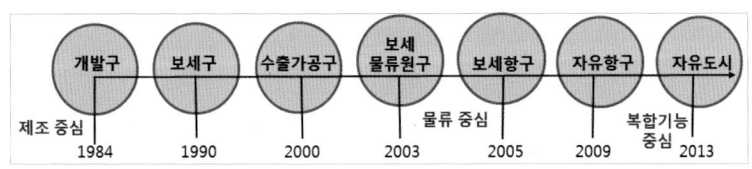

10) Lee, S. W & Oh, Y. S., 「Promotion strategy of foreign firms for China bonded special zone」, ICASL 2011, Taiwan.

3. 항만도시 성장 이론

1) 일반 항만도시 성장이론

1950년대 후반부터 많은 학자들은 19세기부터 번성하기 시작한 상업항만에 대한 항만과 도로망, 항만과 배후지역, 항만과 도시 간의 상호작용에 관한 많은 연구들을 시작했다.

대부분의 연구들은 항만과 배후지역(hinterland)과의 관계를 도로망(철도망)을 통해 그 성장 패턴을 설명하고자 했다. 최초의 연구로 받아들여지고 있는 Bird(1963)의 'Anyport Model'은 영국의 상업항을 대상으로 항만의 성장 흐름을 6단계로 나누어 설명하였다.

1단계 탄생기(Primitive)는 최초 항만이 해당 기능을 수용하지 못할 만큼 성장하고 2단계 확장기(Marginal quay extension)는 단순한 부두의 확장으로 이어진다. 3단계 혼합기(Marginal quay elaboration)는 편리한 하역을 위해 도크가 사용되고 부두가 평면적으로 확장된다. 4단계 도크 활성기(Dock elaboration)는 도크 사용이 점차 활성화되고 5단계 선형부두 등장기(Simple lineal quayage)는 보다 대수심의 선석이 도입된다. 마지막으로 6단계는 전용부두기(Specialized quayage)는 도크가 아닌 대해로 열린 선형선석이 전체 항만지역을 차지하게 된다. 그는 과거 항만의 발전단계를 안벽의 사용 방법과 형태에 따라 규명하였으며 아직 컨테이너화에 따른 항만 환경의 변화는 인지하지 못했다.

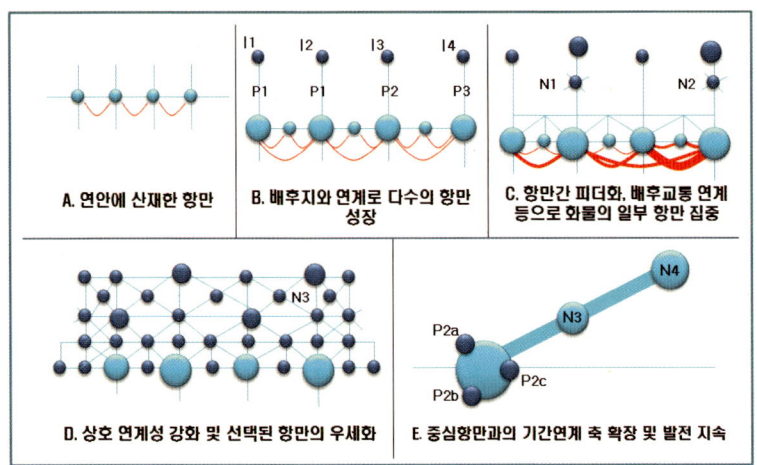

〈그림 2-6〉 Rimmer의 항만성장 모형

주 : P-항만, I-배후지, N-네트워크
자료 : Hilling, D., 「The evolution of a port system-the case of Ghana」, 『Geography』 Vol.62, No.2, 1977, p.100.

    도시와 항만의 상호작용 측면에서 Hoyle(1988)은 항만도시의 성장패턴을 5단계로 구분하여 설명하였다. 1단계는 초기 항만도시(Primitive cityport)로 시기적으로 중세부터 19세기까지를 말하며 항만과 도시가 공간적, 기능적으로 밀착되어 있는 시기이다. 2단계는 항만도시의 확장(Expanding cityport)으로 19세기부터 20세기 초까지이며 빠른 상업과 공업의 성장으로 항만의 개발 압력이 높아지는 시점이고 3단계는 현대 산업항만도시(Modern industrial cityport)로 20세기 중반에 해당되며 컨테이너의 소개와 함께 넓은 항만공간의 필요로 인하여 항만과 도시가 분리되기 시작한다. 4단계는 친수공간의 재등장(Retreat from the waterfront)으로 1960년대부터 1980년대까지이며 해운기술(대형선박, 고속화 등)의 발달로 항만과 도시는 분리되고 항만이 있는 도심공간은 빈 공간으로 남게 된다. 마지막으로 친수공간 재개발(Redevelopment of the waterfront) 단계로 대형 선박과 규모의 경제에 맞는 신항만의 등장과 함께 과거 구항만이 있었던 지역은 항만재개발을 통해 다시 도시기능용지로 환원된다.

〈그림 2-7〉 Hoyle의 항만도시 성장모델

단계	공간적 변화 (○도시 ●항만)	시대	특징
Ⅰ 초기의 항만/도시		고대/중세 - 19세기	도시와 항만 간 공간 및 기능의 긴밀한 연결
Ⅱ 확장하는 항만/도시	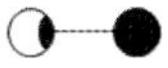	19세기 - 20세기 초반	빠른 상업/산업의 성장이 선형 부두, 벌크 산업과 함께 항만을 도시 경계 밖에서 발전시킴
Ⅲ 현대 산업화 항만/도시	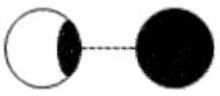	20세기 중반 - 말	산업의 성장(특히 석유정제)과 컨테이너/ro-ro의 도입은 분리/공간을 필요로 함
Ⅳ 항만에서 후퇴	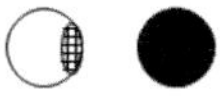	1960년 - 1980년	해운기술 변화는 각각의 해운산업 개발 지역의 확대를 유발
Ⅴ 항만 재개발	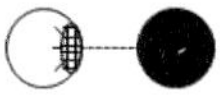	1970년 - 1990년	큰 규모의 현대 항만은 토지/수상 공간의 넓은 영역을 소비; 초기 중심의 도시 재개발
Ⅵ 항만/도시 연계 재건	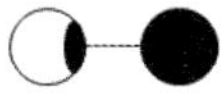	1980년 - 2000년	세계화와 인터모달리즘이 항만 역할을 변화; 항만-도시 연결 재건; 도시 재개발로 항만-도시 통합 강화

자료 : Hoyle, B.S., 『Development dynamics at the port-city interface』, in Hoyle et al (eds.), 『Revitilising the waterfront』, John Wiley & Sons, 1988, pp.3~19.

일련의 내용들은 중세 이후 항만들이 상업항, 공업항으로 성장하고 다시 컨테이너화에 의해 항만과 도시의 분리까지 이르는 과정들을 설명해 주고 있다. 이러한 항만도시의 성장패턴은 서구의 대부분 항만도시에서 일어났으며 이미 여러 도시들(보스턴, 샌프란시스코, 바르셀로나, 런던, 뉴욕, 토론토, 로테르담, 시드니 등)에서 항만재개발 사업이 추진되었거나 현재 추진 중에 있다. 그러나 이러한 항만도시의 성장패턴은 또 다시 새로운 국면을 맞이하게 되었으며 이는 세계화의 영향으로 급속한 경제성장을 이룬 동아시아에서 나타나기 시작하고 있다. 그 중심에 싱가포르와 홍콩이 있으며 그들의 항만성장 패턴은 종래의 서구형 항만성장 패턴과 다른 형태로 발전하고 있다.

2) 서구형 항만도시 성장이론

　서구 국가의 항만도시들은 여러 부분에 있어 산업화로부터 탈산업화의 시대, 탈근대화의 시대로 엄청난 변화를 겪었다. 이런 현상들은 연구학자들에게 글로벌화, 규모의 경제, 운송혁명, 탈산업화, 도시 확장 및 해안선 재개발 등을 포함하는 여러 가지 논제거리가 되었다. 많은 경우에 있어, 서구 국가 항만들은 다른 나라 항만들보다 더 일찍 그리고 더 폭 넓은 변화를 겪게 되었다. 이 부분은 다음과 같이 세 가지 측면에서 설명될 수 있다.
　1) 입지: 규모의 경제는 운송혁명에 영향을 미쳤다. 이 영향은 대형 선박, 대형 터미널 및 컨테이너 수송 등을 통하여 살펴볼 수 있다. 이러한 추세는 항만의 입지를 제한하게 되었다. 깊은 수심과 크고 넓은 공간 및 효율적인 운송이 필요하게 되었다. 서구 국가들의 항만(예, 유럽 및 북아메리카)들은 항만을 도시로부터 내몰거나 사라져 버리도록 하는 큰 변화에 직면하게 되었다.
　2) 비용: 규모의 경제는 산업에도 영향을 미치게 되었다. 특히, 제조업의 경우 세계시장에서 경쟁력을 유지하기 위해 비용을 절감시킬 필요가 있다. 그러나 서구 국가들은 노동, 임대 및 운송 비용에 있어서는 이미 높은 수준에 도달해 있는 상황이었다. 이런 상황 하에서, 제조업은 해외로 발길을 옮길 수밖에 없는 실정이었다. 따라서 지역 화물의 수는 급속히 감소하게 되었다. 그 결과, 항만들은 도시 내의 기능을 줄이게 되었다.
　3) 사업환경: 규모의 경제는 도시 생활환경에 직접적으로 큰 영향을 미치게 되었다. 서구 국가의 국민들은 높은 수준의 생활을 유지하고자 하며 이를 위해 양호한 환경을 필요로 하게 된다. 사람들은 특히 좋은 전망과 자연환경(예, 해변, 숲, 깨끗한 수질 및 공기) 등

과 같은 훌륭한 도시 거주 공간을 필요로 하게 된다. 이와는 대조적으로, 이들은 항만에서 나오는 화물교통으로부터 초래되는 교통 혼잡을 싫어한다. 따라서 이들은 항만을 내륙도시로부터 외곽도시 혹은 다른 지방으로 밀어낼 수밖에 없게 되었다. 동시에, 낡은 항만과 산업지역들은 해안선 개발에 의한 최적의 수입과 더불어 특별한 공간으로 사용할 수 있는 좋은 기회를 제공하게 된다.[11]

'집중'에 대한 연구를 시작함에 있어 Rimmer(1967)는 운송망이 뉴질랜드 및 호주에 있는 몇 개의 주요항만으로부터 내륙지역으로 파고들어 감에 따라 항만 간 교통분배가 더욱 집중된다는 것을 발견하였다. 이 모형은 항만, 교차지역, 그리고 운송망 간의 상호작용을 통하여 산재한 항만으로부터 상위 우선권 루트, 항만부속물 발전으로의 변화에 대한 설명을 시도하고 있다. Hayuth(1981)는 컨테이너 항만시스템 내 역동성에 대한 더욱 급진적인 공간 분산(분포)과정을 제시하고 있다. 그가 제시하는 모형은 미국 컨테이너 항만 부문에 대한 연구로부터 나온 것이며 유럽 컨테이너 항만 부문에 있어서의 집중화 경향에 대한 연구에 특별한 관심을 두고 있다. 그는 다음과 같이 다섯 가지 단계를 구분하고 있다: 1) 컨테이너 수송을 위한 전제조건, 2) 초기 컨테이너 항만 개발, 3) 확산, 통합 및 항만집중, 4) 하역센터, 5) 주변 지역의 도전이다.

'분산'의 과정은 항만 활동들이 도시 중심에 있는 원래의 장소를 떠나 덜 혼잡한 근교 또는 주변 항만 장소로 옮겨가는 경향을 설명해 주는 것이다. Hoare(1986)는 선진사회 및 통합운송체계에 있어서 실제적으로 중복되는 내륙 지역 및 변화하는 내륙 지역의 개념을 살피고 있다. Fleming(1989)은 화물운송 및 항만경쟁 유형에 있어 극적인 변화는 1980년대 초 이래로 북미 통합운송체계의 출현으로

---

11) 이성우, 전게서, 2005, pp. 21~22.

시작되었다고 강조하고 있다. Starr(1994)는 변모하는 하역환경하에서 중부대서양 하역센터의 위치를 두고 두 항만기관들이 볼티모어와 햄프턴 도로 간 경쟁을 유발, 지원하였음을 지적하고 있다. 그는 이 현상을 대형 선박의 출현과 선박 운영경비의 최소화 및 기항의 감소 결과에 따른 것으로 설명하고 있다.

이전의 연구들이 국가 내에서의 행위에 대한 틀을 마련하고 예시하는 것이었다면 1995년 이후의 연구들은 주로 이전의 연구들을 논증하고 더 큰 지역에다 적용시키는 데 초점을 맞추게 되었다. 또한, 강도 높은 글로벌화로부터 유발된 신경향에 있어서 특정 지역에 역점을 두는 새로운 견해가 생겨나게 되었다. Charlier(1996)는 Hayuth(1981)가 제시한 발전단계는, 로테르담, 앤트워프 등과 같이 각기 다른 나라들에 있는 항만들이 하역센터 위치를 두고 경쟁하게 될 때 역시 유효하다는 것을 예시하고 있다. 이에 추가하여, Notteboom(1997)은 1980년 및 1994년 사이 유럽항만 경쟁에 있어서 독특한 집중화 및 정체현상을 예시하고 있다. 그는 장차 유럽 컨테이너시스템의 발전은 글로벌 및 지역적 영향력 간의 상호작용을 중시함으로써 해안지역-항만-내륙지역의 3개의 연결체가 있어서 기술적 조직적 진화에 영향을 받게 될 것임을 제시하고 있다.

3) 개도국형 항만도시 성장이론

산업화 시기를 맞아 기타 국가들에 있어서의 항만도시들 또한 여러 가지 면에서 상당히 변화하였다. 기타 국가의 항만들은 서구국가 항만들보다 늦게 변화하였지만 더 빨리 변화하였다. 이는 규모의 경제에 있어서 세 가지 관점에서 설명될 수 있다.

1) 입지: 운송혁명 및 규모의 경제에 의하여 항로, 지역 및 국가 사이에서 교점이 되는 양호한 지리적 입지를 지니고 있는 대형 항만이 건설되었다. 이 대형 항만은 수심이 깊으며 대규모 개방공간을 지닌다. 이 부분에서 기타 국가들(특히, 동아시아)의 항만들은 세계에서 훌륭한 입지와 기업환경을 갖추며 상당한 성장을 하게 되었다.

2) 비용: 규모의 경제와 글로벌화에 영향을 받은 다국적기업들은 비용을 절감시키고 이른바 '이윤압박'으로 불리는 신흥 시장에 진출하기 위한 좋은 장소를 물색하게 되었다. 아시아 국가들 대부분은 제조지역으로서의 역할을 하는데 필요한 저가의 우수한 노동력, 토지 및 생활 등과 같은 양호한 사업환경뿐만 아니라 잠재력이 높은 시장과 풍부한 천연자원 등을 다국적기업들에게 제공하게 된다. 주목할 만한 사항으로, 이러한 경향은 중국의 문호개방정책 및 세계무역기구(WTO) 가입을 계기로 강화되었다.

3) 사업환경: 많은 아시아 국가들의 경우 자유무역 및 자유방임(무간섭)주의라는 신 자유모형에 따르게 되었다. 이들의 "경제자유화" 정책은 민영화 및 규제 철폐를 촉발시키게 된다. 따라서 많은 다국적기업들이 일부(예, 일본)를 제외하고는 아시아 국가들로 모여들게 되었다. 이러한 정치적 환경은 또한 항만 및 도시 지역을 선진화시키고 글로벌 허브항만도시의 도래를 유도하였다.[12]

Taaffe 외(1963)는 항만시스템에 있어서 네트워크가 기능적으로 그리고 역사적으로 뿌리를 내리는 정도로서 항만집중화의 증가수준을 제시했다. 궁극적으로, 그는 항만성장시스템의 과정이 다음 사항들로부터 전개된다고 설명하고 있다. 1) 산재 항만, 항만들 간 및 항만들과 내륙센터들 간 경쟁으로부터 발생하는 초기 산재유형이다. 2) 침투선 및 항만집중, 관문항만들이 주요 수송경로를 따라 성장하

---

[12] 이성우, 전게서, 2005, pp.26~27.

고 집중한다. 3) 상호접속, 도시들 간의 강도 높은 경쟁의 결과로 성장한 일부 큰 항만도시들이 더욱 집적되는 경쟁체제를 지니게 된다. 4) 우선순위가 높은 연결, 가장 큰 센터들 간의 본선 장거리 직통 간선 및 높은 우선순위의 연결점으로서, 이 센터들은 주요 수송 경로 및 연결이 여의치 않아 점점 더 고립되어가는 항만들과의 연결을 강화시키게 된다. 항만집중의 결과는 네트워크 상 비주류 항만들이 축소되거나 사라지는 현상을 초래할 수 있다고 설명했다. Hoyle(1983)은 아프리카 항만도시들에 있어서 정치적으로 보다 성숙하고 경제적인 안정을 추구하기 위해 필요한 한 부분으로서 도시항만시스템이 수정된 사례들이 식민지 이후 시기에 나타난다고 제시하고 있다. 이에 추가하여, 이들의 도시항만계획이 공식화하기에는 단순하지만, 이들의 물질적, 인구통계학적, 경제적인 문제들은 모든 발전에 관한 논의 내용에 긴밀하게 뒤섞여 있다. 따라서 그는 아프리카 항만도시들의 도시정책은 국가 발전계획 차원에 역점을 두고 있음을 강조했다. Airriess(1989)는 인도네시아에서 컨테이너 기술이 항만과 그 내륙 지역에 전파된 과정을 조사하였다. 그는 해외로부터 전수된 운송 방식을 공간적으로 침투시키는 촉진제로서 컨테이너 기술이 정책상 중요한 역할을 한 것으로 결론을 내렸다. Hoyle 및 Charlier(1995)는 항만, 내륙 및 국가를 연결시키는 역동적인 관계를 예시하고 있다. 자신들의 아프리카 사례연구에서, 이들은 다음과 같은 세 가지 원칙을 제시하고 있다. 첫째, 항만집중은 항만시설에 이루어진 투자의 결과이며 운송 기반시설과 관련이 있고, 둘째, 항만의 경쟁적 지위는 상업적 생존에 있어 결정적인 것이며, 셋째, 조사가 수행된 특정 사례의 경우에 있어서, 검토가 이루어지는 요소, 과정 및 상호관련성에서 볼 때 과거와 현재 간 실제적인 연속성이 있다는 것이다. 덧붙여서, 이들은 방대한 유형의 상호접속과 해상무역루트 간의 균형, 항만(주류 및 비주류), 그리고 내륙 지역 운송루트 등이 어떻게 자신들의 5단계 모형을 통하여 수세기에 걸쳐 점차 진화해 왔는지를 제시하였다. Glevea(1997)는 아프리카 항만도시들의 공간구조에 영향을 미친 항만활동의 가능성에 초점을 맞추었다. 그는 항만의 역할에 따라 도시공간구조가 어떻게 되는지 변화하는 가능성을 도외시한 종전의 연구들의 한계성을 분명히 지적했다. 그는 항만활동 및 중심상업지구(CBD) 간 그리고 이들과 산업지역 간 공통공간의 연관성을 지적하였다. Wang(1998)과 Slack 및 Wang(2003)은 홍콩, 싱가포르 및 상하이항의 발전단계들이 Hayuth(1981)가 제시한 기존 발전단계와는 다르다고 밝히고 있다. 이들은 그 이유가 글로벌화 및 컨테이너수송의 영향하에서 생성된 홍콩과 중국남부 간의 독특한 관계 때문인 것으로 언급하고 있다. Airriess(2001)는 싱가포르에서 다국적기업 제품, 정보통신기술(ICT) 및 컨테이너운송 간의 구조적인 상승작용에 초점을 맞추고 있다. 그는 싱가포르의 부상을 정보통신기술에 기반을 둔 글로벌 컨테이너 허브가 다국적기업 제품 전략과 관련된 동시 발생적 공간통합 및 분산에 기여하는 것으로 언급했다. 이런 연구들은 허브항만도시들에 있어서 새로운 항만성장 경향을 강조하고 있다. 이성우(2005)는 서구의 항만도시 성장 패턴과 식민지 국가로 구분되어 있던 항만도시의 성장 패턴에서 벗어나 동아시아 국가 특히 싱가포르와 홍콩의 항만도시 성장패턴을 분석하여 기존 항만과 도시의 성장이 상호 분리 현상을 촉발한 것과 달리 아시아 두 항만도시는 항만과 도시가 성장할수록 더욱 결합하는 현상을 규명하였다. 그는 이 결합의 가능성을 컨테이너화와 같은 교통혁명과 함께 항만기능의 변화로 인해 금융, 업무, 상업 등 도시기능들의 항만기능과 결합 등을 꼽았다.

개도국들에 있어서 이런 성장모델은 주로 아프리카 및 라틴 아메리카 항만도시들에 역점을 두었다. 대부분의 연구의 경우, 식민지화 역사로 보아 운송영향으로 유발된 도시공간구조 및 항만도시에 있어서의 항만기능에 초점을 맞추고 있다. 사실상, 이들 지역은 아시아의 경우와 비교할 때 글로벌화에 의한 영향이 덜하였다. 다른 한편, 아시아에서의 사업 환경이 양호하고 시장 잠재성이 높아짐에 따라, 글로벌화는 아시아 특히 신흥산업국에서 큰 영향을 미치게 되었다. 또한 글로벌화는 수많은 다국적기업들이 이들 지역으로 확장해 가는 결과를 가져왔다. 그러므로 이러한 새로운 경향은 이들 지역에서의 큰 변화의 산물인 것이다. 글로벌화로부터 빚어진 많은 요소들은 아시아 허브항만도시들에서 서로 융합되고 충돌하게 된 것으로 보인다.

4. 항만도시의 과제

항만도시는 상업혁명, 산업혁명, 교통혁명 그리고 정보통신혁명으로 이어지는 세계경제 환경의 변화 속에는 국가 및 지역의 배후지와 지향지를 연결해 주는 결절점인 항만의 성장으로 인해 지금까지 번성해 왔다. 항만의 성장과 기능 변화는 이 공간과 기능을 수용하고 있는 항만도시의 성장, 쇠락 그리고 변화를 동시에 가져왔다. 항만의 성장으로 배후도시와 충돌이 발생하고 이를 동인으로 항만과 도시가 분리되는 지역도 발생했고 반대로 항만과 도시의 연계성 강화를 통해 상호 성장한 도시도 생겨났다. 이외 항만기능의 쇠락으로 인해 해당 항만도시 역시 그 존재의 가치가 약해진 경우도 많이 생겼고 지금도 진행 중이다.

항만도시는 항만을 자양분으로 성장과 변화를 거듭해오면서 우리들의 경제, 사회, 문화, 생태적인 측면에서 많은 영향을 미치고 있다. 항만도시는 이 책에서 논의될 산업, 문화, 관광, 재해 등 주요 기능적, 산업적, 환경적 요인과 함께 지속적으로 연계, 협력 그리고 경쟁을 통해 성장과 변화를 거듭해 나갈 것이다. 이러한 항만도시의 변화는 지속될 것이고 이러한 변화에 우리가 항만도시를 어떻게 대응하고 발전시켜 나가야 할지도 앞으로 우리에게 남은 큰 숙제일 것이다. 또한 최근 글로벌 경제환경 변화에 큰 영향을 미치고 있는 FTA 확산과 관련한 무역전쟁, 식량 및 에너지 자원 고갈에 따른 자원전쟁 등이 심화되고 있는 상황에서 북극항로 상용화, 파나마 운하 확대 등의 새로운 물류적 대변화가 향후 지구상에 있는 항만도시에게 어떠한 영향을 미칠지가 우리의 큰 과제로 부상하고 있다. 이제 우리의 항만도시가 이러한 변화들 앞에서 지속적으로 성장하기 위해서는 단순히 한 도시 차원의 문제가 아니라 세계적 그리고 국가적 차원에서 다루어져야 하는 중요한 사항인 것이다.

03

제3장
우리나라 항만도시의 공간성장

PORT & CITY

03
우리나라 항만도시의 공간성장

김춘선 · 이성우

1. 우리나라의 항만도시 현황

우리나라의 항만도시는 국가가 지정하고 있는 무역항과 연안항의 위치와 일치한다. 항만법 시행령 지정된 전국 무역항은 2013년 4월 1일 기준으로 31개이며 연안항은 29개이다. 그리고 전체 무역항 중에 국가관리 무역항은 14개, 지방관리 무역항은 17개이다. 지방관리 무역항은 지역해양항만청에서 해운 · 선원 · 해사안전 업무만 담당하고 있으며 항만 개발 및 운영 업무는 지방자치단체에 이관되어 있다.

〈표 3-1〉 국가관리무역항과 지방관리무역항의 구분

구분	항명
국가관리무역항 (14개)	경인항, 인천항, 평택 · 당진항, 대산항, 장항항, 군산항, 목포항, 여수항, 광양항, 마산항, 부산항, 울산항, 포항항, 동해 · 묵호항
지방관리무역항 (17개)	서울항, 태안항, 보령항, 완도항, 하동항, 삼천포항, 통영항, 장승포항, 옥포항, 고현항, 진해항, 호산항, 삼척항, 옥계항, 속초항, 제주항, 서귀포항

자료 : 국가법령정보센터(www.law.go.kr) (접속일 2013. 5)

무역항은 글자 그대로 외국과의 무역이 가능한 곳이고 연안항은 국내 다른 지역과 운송이 가능한 항만이다. 일부는 한 도시 내에 두 개가 존재하고 있다. 예를 들면 최근 지자체가 통합된 창원시는 무역항인 마산항과 진해항을 두 개나 보유하고 있다.

무역항은 대부분 주요 도시를 중심으로 입지하고 있으며, 상대적으로 서해안과 남해안에 더 많은 무역항이 존재하고 있다. 반면 연안항은 남해안에 많이 소재하고 있으며, 연안항의 경우 대부분 대도시보다 지방 중소도시 이하의 지역에 많이 분포하고 있다. 해당 무역항 중 인천항, 평택·당진항, 광양항, 부산항이 우리나라 수출입을 담당하는 주요 수출입 거점항이고 대산항, 군산항, 마산항, 울산항, 포항항, 여수항 등이 우리나라 산업의 근간을 이루고 있는 중공업을 지지해 주고 있는 주요 산업항만이다. 최근 항만기능의 복합화와 다양화로 인해 부산항, 인천항 등은 다기능 수출입 거점항만으로 성장하고자 노력 중에 있고, 부산항과 광양항은 국제적으로 환적거점항이 되기 위해서 항만배후단지 개발 등의 많은 노력을 기울이고 있다. 반면, 산업항 기능이 중심이었던 마산항, 울산항, 포항항 등도 중공업산업 지원 항만의 기능을 벗어나 다기능 항만으로 성장을 하고자 유류벙크링 서비스 기능, 컨테이너 서비스 기능, 플랜트 시설 제조 및 운송 기능 등 다양한 모습으로 항만 기능을 재정비하고 있는 상황이다.

항만법 제3조(항만의 구분 및 지정)에 의거하여 해양수산부장관은 항만을 무역항과 연안항으로 구분하여 지정하되 그 명칭과 위치 및 구역은 대통령으로 정하고 있다. 무역항의 명칭과 위치는 항만법 시행령 제2조(항만의 명칭)에 따라 별표(2012. 8. 22개정)에 나타나 있다.

〈표 3-2〉 무역항의 명칭과 위치

항명	위치
경인항	인천광역시 서구 및 경기도 김포시
인천항	인천광역시
서울항	서울특별시 영등포구 여의도동
평택·당진항	경기도 평택시, 충청남도 아산시 및 당진군
대산항	충청남도 서산시
태안항	충청남도 태안군
보령항	충청남도 보령시
장항항	충청남도 서천군
군산항	전라북도 군산시
목포항	전라남도 목포시
완도항	전라남도 완도군
여수항	전라남도 여수시
광양항	전라남도 광양시, 여수시 및 순천시
하동항	경상남도 하동군 금성면
삼천포항	경상남도 사천시
통영항	경상남도 통영시
장승포항	경상남도 거제시
옥포항	경상남도 거제시
고현항	경상남도 거제시
마산항	경상남도 마산시, 창원시
진해항	경상남도 진해시
부산항	부산광역시 및 경상남도 진해시
울산항	울산광역시
포항항	경상북도 포항시
호산항	강원도 삼척시
삼척항	강원도 삼척시
동해·묵호항	강원도 동해시
옥계항	강원도 강릉시
속초항	강원도 속초시
제주항	제주특별자치도 제주시
서귀포항	제주특별자치도 서귀포시

주 : 2010년 마산시, 진해시, 창원시의 행정구역 통합추진에 따라 마산항과 진해항은 현재 통합창원시에 위치
자료: 국가법령정보센터(www.law.go.kr) (접속일 2013. 4)

〈그림 3-1〉 우리나라 무역항과 연안항 위치도

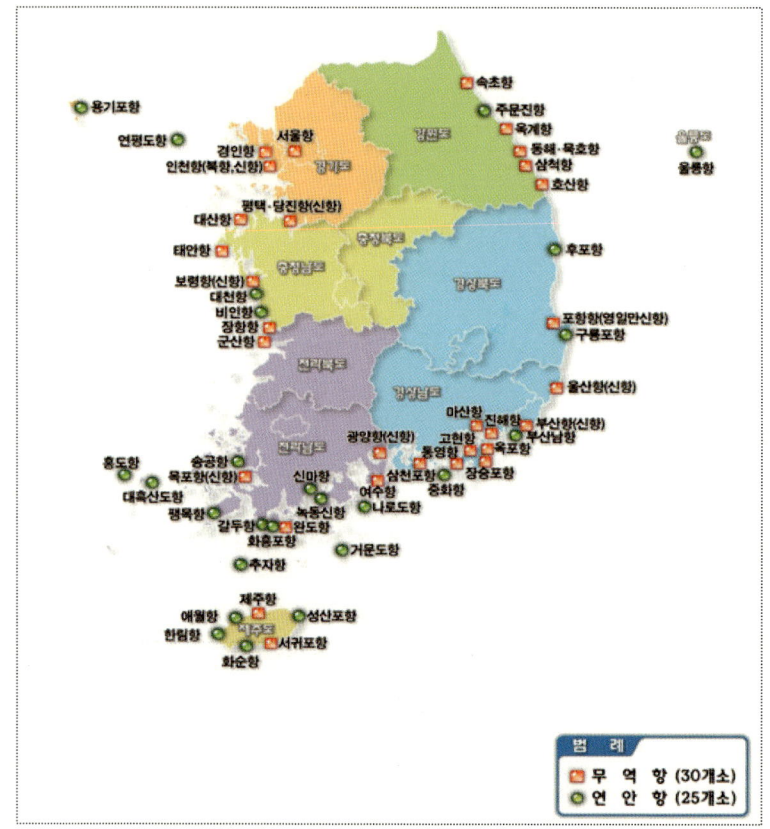

자료 : 해양수산부 홈페이지(www.mof.go.kr) (접속일 2013. 4)
*주 : 현재 무역항은 31개이나 본 그림에서는 하동항이 빠짐

　우리나라 주요 항만도시의 성장 패턴은 인구, 면적, 물동량 등과 같은 지표로 파악할 수 있을 것이다. 아래는 해당 지표를 중심으로 우리나라 주요 항만도시의 지난 1980년부터 현재까지의 성장패턴을 살펴보았다.
　부산시와 인천시와 같이 일찍부터 개발된 항만들은 200만 명 이상의 인구와 지속적으로 1억 톤이 넘는 항만물동량을 가지는 대규모 항만도시로 자리매김을 하면서 그 성장속도를 강화해 나가고 있다. 반면, 광양시, 평택시 등 1990년대 이후 개발된 항만들은 아직 배후도시의 성숙도가 미약하여 항만과 도시간의 상호 시너지효과가 아직 제대로 나타나지 않는 상황이다. 이외 목포시, 군산시 등은 오랜 역사를 가지고 있으나 항만 기능상 보조항만이며, 배후도시의 성장세도 지속되지 않는 도시로 지역 중소규모 항만도시 기능을 유지하고 있다. 반면 산업항 기능을 가지고 있는 포항과 울산은 대상지역의 산업성장과 함께 항만 그리고 도시의 성장이 지속되고 있다. 그러나 단일 산업에 의존하고 있는 도시 산업구조 특성상 항만의 성장과 도시의 성장이 상호 시너지효과를 가져오는 데는 한계가 있는 것으로 보인다. 중규모의 항만도시 기능을 유지하면서 지역 거점항만으로 그 기능을 지속해오고 있는 상황이다. 향후 항만도시의 인구, 물동량, 면적 등의 상관관계를 분석해보면 우리나라 항만도시 성장에서 항만과 도시의 상관관계를 도출할 수 있을 것이나 아직 통계자료의 축적이 미흡한 상태라 지속적인 통계 축적이 필요하다.

〈표 3-3〉 우리나라 항만도시 주요 지표 변화추이

단위: 인구(천명), 면적(㎢), 물동량(천R/T)

대상	자료	1980년	1990년	2000년	2010년	비고
부산(항)	인구	3,159.8	3,798.1	3,662.9	3,415.0	
	면적	432.32 (1978년)	525.25 (1989년)	749.17 (1995년)	768.41 (현재)	
	물동량	15,000	43,385	117,228	262,070	
광양(항)	인구	78.6	85.5	132.6	137.8	
	면적				453.84	
	물동량	4,024	47,005	139,476	206,691	
인천(항)	인구	1,083.9	1,817.9	2,475.1	2,662.5	
	면적		317.18 (1989년)	958.24 (1995년)	1,029	
	물동량	9,728	24,109	120,398	149,785	
평택(항)	인구	68.4	79.2	345.3	388.5	
	면적				454.63	
	물동량			31,121	76,680	

울산(항)	인구	418.3	682.4	1014.4	1082.6	
	면적				1,057.136	
	물동량	2,657	13,649	151,066	171,663	
포항(항)	인구	201.0	317.6	515.2	508.7	
	면적				1,128.76	
	물동량	24,175	43,600	51,133	63,107	
군산(항)	인구	165.0	218.1	272.1	258.8	
	면적				675.38	
	물동량	1,540	3,312	11,786	19,261	
목포(항)	인구	221.8	243.0	250.3	248.7	
	면적				50.08	
	물동량	1,000	1,965	6,480	16,389	
대산(항)	인구		55.9	143.0	155.1	
	면적				740.661	
	물동량			57,134	66,122	
제주(항)	인구	462.9	514.6	513.3	531.905	
	면적				1,848.4	
	물동량	845	1,357	1,998	1,998	
완도(항)	인구	126.8	85.8	61.5	46.5	2011 물동량
	면적				391.81	
	물동량				1,050	
마산(항)	인구	386.5	493.7	433.7	395.7	2010. 7 창원시 통합
	면적				329.09	
	물동량	3,030	11,399	10,411	14,103	
동해(항)	인구	104.3	89.1	96.2	90.3	
	면적				180.17	
	물동량	8,914	12,049	21,764	28,029	
진해(항)	인구	112.0	120.2	127.1	172.2	2010. 7 창원시 통합
	면적				113.74	
	물동량			716	858	
거제시 고현(항)	인구			167.2	225.0	
	면적				401.53	
	물동량			1,070	3,014	
속초(항)	인구	65.8	73.8	87.9	80.5	
	면적				105.25	
	물동량			34	74	

자료 : 인구 - 국가통계포털 KOSIS(총조사인구 각년도 각시군별 자료), 면적 - 각 시군별 사이트, Wikipedia 등, 물동량 - 해운항만물류정보시스템 SP-IDC(1994년 자료부터 존재), 1994년 이전 물동량 자료는 여러 자료(시군 홈페이지 및 논문 등)를 통해 취합

2. 우리나라 항만도시의 성장과정

1) 항만도시의 성장과정

우리나라의 항만도시는 삼국시대, 고려시대를 거치면서 채집, 조공무역 그리고 가공무역 등을 중심으로 항만도시가 성장하고 소멸하는 과정을 거치면서 현재 인천 능허대, 예성항 등 그 이름의 잔재만 남아 있다. 조선시대 이후는 상업을 천시하는 관계로 어업활동과 연계한 조운(漕運) 역할을 하는 연안항만이 그 기능을 했다고 할 수 있다. 이처럼 우리나라 항만도시의 역사는 오래되었으나 시대별 국가 이데올로기에 영향을 받아 성장과 소멸을 병행하다가 1876년 강화조약 이후 기존 세계 식민지 국가들의 항만도시 과정과 유사한 과정을 거치면서 오늘날 우리나라의 항만도시로 성장하기 시작하였다. 항만도시로 성장하기 위해서는 국제적 무역이 필수사항이지만 조선시대의 국가정책에 의해 고려시대 이전의 국제무역, 중개무역 기능을 하는 항만도시 기능은 사라지고 단순한 조공을 운반하는 연안운송 역할만 하게 되다 보니 우리나라 항만도시의 성장은 제한적일 수밖에 없었다. 이러한 우리나라 항만도시가 본격적으로 그 모양새를 갖추기 시작한 것이 외세 침탈의 시작점이었던 19세기 후반부터였다.

이 당시 동북아 3국은 비슷한 시기에 개항이라는 이름 아래 새로운 항만도시의 성장기를 맞이하게 되었다. 당시 중국은 아편전쟁을 치르고 영국과 더불어 난징조약을 체결하여 1842년을 기점으로 광조우, 닝보, 푸조우, 샤먼 및 상하이의 5개항을 외국인의 거주 및 통상 공간으로 제공하였고, 일본은 에도막부(德川幕府)가 미국, 네덜란드, 영국, 러시아, 프랑스의 5개국과 차례로 수호통상조약을 체결하고 1859년에 요코하마, 나가사키, 하코다테의 3개 항구를 개방하였으며, 그리고 우리나라는 1876년에 일본과의 강화조약에 의거 부산, 인천, 원산을 개방하였다.[1]

이러한 배경 아래에 우리나라 항만도시의 성장은 근대에서 본격적으로 이루어졌으며 그 성장단계 유형화도 그 이후부터 가능하다. 제한된 문헌에 의해 우리나라 항만도시의 성장단계가 언급되어 있으나 손정목(1981), 정양희(1995) 등이 구분한 근대 항만도시의 3단계 혹은 4단계 성장 분류법이 비교적 타당한 것으로 보인다. 이들의 성장단계는 우선 1876년 개항으로부터 일제강점기 이전까지를 1단계로, 2단계는 일제강점기부터 8.15해방 시기로 식민지 항만 성장기, 3단계를 해방 이후 경제개발 5개년 계획이 시작되기 이전까지인 1960년대 초를 그리고 4단계는 경제개발이 시작된 1962년 이후 1990년대까지 급속한 국가성장시기로 구분하였다.[2] 그러나 이후 지방분권화, 1997년 아시아 금융위기, 중국경제 성장 등 대외적 환경변화로 인해 우리나라 항만도시의 성장이 또 다른 단계에 도래해 있다고 할 수 있다. 즉 1단계는 근대항만 태동기, 2단계는 식민시대 항만도시, 3단계는 전후복구시대 항만도시, 4단계는 경제성장시대 항만도시, 5단계는 글로벌시대 항만도시로 구분이 가능할 것이다.

1단계 시대는 1876년부터 1910년에 이르는 시기로 일본 주도하에 부산항과 원산항이 개항되면서 일본인들이 주로 해당 항만의 이용, 개발, 관리에 참여하기 시작하였다. 이 당시 중국은 자국 문제에 매어있던 시기였고, 영국과 미국은 아직 한반도에 영향을 못 미치던

---

1) 손정목, 「우리나라 해안도시형성과 발전과정」, 최상철 외, 『한국도시개발론』, 일지사, 1981, p.354.
2) 정양희, 『항만도시의 CBD공간구조와 수변공간의 변용에 관한 연구』, 홍익대학교 박사학위논문, 1995, pp.66~67.

시점이었다. 그런 중에도 인천항은 일본, 중국, 미국, 영국이 각축전을 벌이면서 인천을 국제도시로 성장시키는 역할을 하였다. 이후 1897년에서 98년 사이에 목포, 진남포, 마산, 성진, 군산이 개항되었고, 이 당시 영국과 제휴한 일본, 독일과 프랑스의 지원을 등에 입은 러시아 간에 충돌로 항만개발보다는 일본과 러시아의 한반도내 군사거점 마련을 위한 노력이 주로 이루어졌다. 부산의 영도, 마산항, 거제도, 진해 등이 주요 대상이었으며, 이러한 배경 아래 1906년에 진해항이 해군 거점이 되면서 지금까지도 진해항은 우리나라의 해군기지 역할을 100년 이상 수행하고 있다.3) 1906년부터 1910년까지 인천, 목포, 군산, 서울, 부산, 원산, 청진, 진남포, 신의주에 대해 항만 수축과 세관 설비공사에 착수하였다. 이러한 조치는 근대국가의 기틀을 마련하기 위한 노력이었으나 한편으로는 일본의 식민지 수탈을 위한 정비단계로 볼 수도 있을 것이다. 그 이후 진남포, 마산, 평양, 대구, 성진에 대해서도 추가적인 사업이 이루어졌으며, 이 시기에 이루어진 항만사업은 세관을 포함한 방파제, 잔교 건설, 연안 매립, 물양장 설치, 창고 건설 및 준설 작업 등이었다.4)

2단계는 일제강점기 시대이다. 일제는 한일합방과 함께 개항장, 조계제도를 1914년에 모두 없애고 1915년 7월에 총독부령 제72호 개항취체규칙(開港取締規則)을 제정하여 인천, 군산, 목포, 부산, 진남포, 신의주, 용암포, 원산, 성진, 청진의 10개 항만을 외국 선박 출입 항구로 지정하였다.5) 이는 현재 우리나라 항만법 제2조의 무역항과 같은 개념이다. 이와 함께 일제는 1911년부터 1915년 원산항, 1922년 청진과 성진, 1929년부터는 군산, 목포, 웅기항의 항만

---

3) 손정목, 「우리나라 해안도시형성과 발전과정」, 최상철 외, 『한국도시개발론』, 일지사, 1981, pp.356~357.
4) 김의원, 『한국국토개발사 연구』, 대학도서, 1983, p.548.
5) 손정목, 「우리나라 해안도시형성과 발전과정」, 최상철 외, 『한국도시개발론』, 일지사, 1981, p.359.

건설을 시행하였다. 1921년 이후 인천, 부산, 마산, 여수와 같은 항만에 대해 시설 확장 및 신설이 이루어졌다. 이 당시 100만 톤 내외의 항만하역 능력을 보유한 도시는 나진, 청진, 성진, 단천, 홍남, 원산, 묵호, 정라, 인천, 부산, 마산, 여수 등 12개가 있었다고 한다.[6]

3단계는 해방 이후 10여 년간 전후 복구단계를 지칭한다. 추가적인 항만 건설이나 확장은 없었고 전후 복구에 모든 것을 집중하던 시기였다. 1946년 해방과 함께 부산, 인천, 군산, 목포, 묵호를 외국무역관세항으로 지정[7]하였다. 그리고 1950년 한국전쟁 발발과 1953년 정전으로 군수물자 및 구호물자 공급을 위해 전란 피해가 적고 수도권 및 국가 전체에 접근이 용이한 인천항과 부산항이 주로 그 기능을 담당하였다.

4단계는 경제개발계획 단계로 산업화를 위해 본격적인 항만 건설을 주도하였고 이와 함께 항만도시 역시 빠르게 성장하게 하였다. 부산, 인천과 같은 항만은 국가 무역을 담당하는 수출 중심 항만으로 마산, 울산, 포항, 동해 등은 임해공업지역 지원 항만으로 성장하기 시작하였다. 이러한 다른 형태의 성장을 배경으로 부산항과 인천항은 무역을 중심으로 하는 상업적 항만도시로, 마산, 울산, 포항은 공업을 중심으로 하는 산업적 항만도시로 성장하였다.

5단계는 1990년부터 급속한 경제성장에 따른 국가 불균형개발 문제 해소와 글로벌 시대 도래로 인한 국가경제체계 변화 등에 대비한 새로운 항만도시 개발이 이루어졌다. 이 당시 경부축 중심의 국가 성장구도를 양분화하기 위해 광양항 개발이 시작되었고 수도권 집중화를 분산하기 위해 평택·당진항(당시 아산항) 개발이 추진되기 시작했다. 그리고 부산항의 높은 배후지 여건을 감안하여 부산항 신

---

6) 정양희, 전게서, 1995, p.67.
7) 김의원, 전게서, 1983, p.749.

항이 개발되기 시작하여 현재도 개발 중에 있다. 이후 지방분권화 강화를 기반으로 각 지자체별 자립항만 형태의 개발을 요구하게 되었고 현재 모습의 무역항이 탄생하게 된 것이다.

2) 항만도시의 성장 동인

우리나라 항만도시의 성장 동인은 시대별, 지역별 특성에 따라 다르게 나타났다고 할 수 있다. 과거 신라시대에는 문물교류의 수단으로, 고려시대에는 중계무역 등을 통한 부를 창출하기 위한 수단으로 그리고 조선시대에는 조공의 운반 거점이라는 필요성에 대응하기 위한 수단으로서 가장 소극적으로 항만도시가 성장한 시점이었다. 개항 이후 근대에 접어들면서 우리나라 항만은 일본의 중국과 한국에 대한 수탈을 위한 수단으로 성장하였으며 이 부분이 우리나라 현재 항만의 성장 시점이라 할 수 있다.

1970년대 이후 국가정책의 지원 아래 가공무역을 장려했고 그 중요한 수단으로 우리나라 항만도시가 국가 경제성장의 거점 역할을 수행하면서 발전의 기반을 다졌다. 국가 기간산업의 육성과 수출입 장려를 위해서는 항만도시의 성장이 필요했고 부산, 포항, 울산, 마산, 여수, 군산, 인천 등의 항만이 이때 새롭게 성장했거나 과거의 모습을 벗어나 현대식 항만으로 성장하기 시작했다. 결국 이러한 관점에서 보면 우리나라 항만도시의 근대 주요 성장 동인은 국가경제 부흥을 위한 물류인프라 구축 정책과 산업화에 필요한 인력 확보를 위한 도시화 정책이 맞물리면서 빠른 속도의 항만성장이 가능했다고 할 수 있다. 이러한 우리나라 항만도시의 성장 동인은 크게 두 가지 관점에서 조명할 수 있을 것이다. 우선 도시 관점에서 손정목

(1981), 김형국(1981) 등은 항만도시의 성장요인을 원인론 측면에서 해외문물이 유입하는 경로, 해외자본의 투자, 중공업 입지의 용이성 등 공간적, 산업적 연계성에서 항만도시의 성장 동인을 언급하였다. 반면, 항만 관점에서는 이성우(2005), 이태휘·여기태(2012) 등은 결과론적 측면에서 항만 물동량, 인구 증가, 산업간 재화흐름, 항로 숫자 등에서 항만 성장의 동인을 찾았다. 어떠한 관점이든 간에 항만도시의 성장은 항만도시가 가지고 있는 입지적 강점과 함께 항만의 기능적 요인이 복합적으로 연계되어 항만의 배후에 있는 도시를 성장시키는 결과를 초래하고 이 결과가 어떠한 형태로 작용하는가에 따라 항만이 성장하거나 쇠퇴하는 결과를 가져왔고 도시와의 상관관계도 동시에 나타나고 있는 것이다.

결론적으로 항만도시의 성장 동인을 정리해 보면, 항만기능의 확대로 인한 물동량 증가와 부가가치 기능 확대 그리고 이를 수용하기 위해 도시화 기능이 점차 확대되면서 항만과 도시가 상호 시너지효과에 의해 발전하였다. 우리나라의 경우는 이러한 상호작용의 과정이 다른 국가와는 달리 단기간에 빠른 속도로 국가경제가 발전하다 보니 다른 국가에서 일어난 지속적이고 점진적인 항만도시 성장구조보다는 급속한 성장패턴을 보이고 있다. 이로 인해서 단기간에 대형 항만도시로 성장을 실현한 반면 항만도시 내부에 산재한 많은 문제(교통체증, 환경오염, 용지부족, 난개발 등)가 빠르게 그리고 동시다발적으로 나타났다고 할 수 있다.

3. 주요 항만도시의 성장과정과 특성

1) 부산시

(1) 부산항의 역사

부산항은 우리나라 최대의 컨테이너 항만이자 우수한 지경학적 위치를 가지고 있는 역사적인 지역이기도 하다. 일찍이 신라 시대의 문화 수입과 교역의 거점으로 동래, 초량, 부산 등으로 불려왔으며 조선 시대에 이르러 일본과 본격적인 무역을 시작하면서 우리나라의 관문으로 자리를 잡았다.

고려 문종 시대(1047~82)에 정식 국교는 없었으나 부산포를 통하여 왜인들이 무역을 했으며, 조선 시대에 이르러 왜관 설립 등을 통해 본격적인 무역의 중심지 역할을 하였다.[8] 조선과 왜의 관계에 따라 개항과 폐쇄를 반복하던 부산항은 1876년 2월 26일 강화도 조약 체결을 계기로 제일 먼저 개항된 우리나라 항만이 되었다. 과거 부산시의 중심은 동래부와 부산포(현재 부산진)이며, 전체 인구가 약 4만 명 정도였다고 한다. 당시 왜관이 있던 초량동 일대(현재 부산 북항 배후)는 부산포에서 외진 곳으로 왜인들과 어민 100여 호가 있었던 공간으로 왜관의 면적은 약 36만m^2 정도였다.[9]

개항 이후 초기 부산항 시설은 과거 부산시청(중앙동) 부지 일원에 소규모 방파제로 둘러싸인 약 23,000m^2의 선유장이 근대 부산항의 시작이라고 할 수 있다.[10] 이후 약 30여 년간 거의 천연항으로

---
8) 부산항건설사무소, 『부산항 개발 건설지』, 1982, p.1.
9) 김성곤, 「항만과 해양공간의 성장모형에 관한 연구」, 『건축』, 대한건축학회지 22권, 103호, 1981 ; 2007년 7월부터 전면적으로 실시된 「계량에 관한 법률」 제5조에 따라, 기존 문헌에서 사용된 면적의 '평'단위는 모두 미터법으로 변환하여 사용함.

시설 정비가 없었으나 1902년 현재 대창동 일대에 13만㎡ 규모의 야적장과 안벽을 축조하여 주차장, 세관, 우편국 등을 설치하면서 근대 항만 개발의 시작을 알렸다. 1906년 정부 주도로 5개년 공사를 실시하여 항만 접안시설과 부대공사를 시행하였는데 약 34,380㎡의 해면을 매립하여 부대시설 입주와 약 276m, 폭 23m의 물양장을 축조하여 3, 4천 톤급 선박 2척이 동시 접안할 수 있는 시설을 마련하였다. 이후 1910년에 2개의 철도 노선이 인입되어 일본의 대륙수탈을 위한 거점항으로 성장하는 기반을 마련하였다. 1914년 일본의 무역항으로 지정받으면서 본격적인 부산항 개발에 들어가 1917년 연간 처리 능력이 1.1백만 톤의 항만으로 성장하였고, 이후 광복 이전까지 1~4부두에 안벽 5,033m, 물양장 6,320m를 건설하여 근대항만의 모습을 가지게 되었다.

〈그림 3-2〉 부산항의 과거/현재(1970년/2012년)

1945년 이후는 부두 유지·보수만을 통해 항만 기능을 유지하다가 1964년 제7물양장 건설, 1967년 남항물양장 건설 등이 이루어졌으며, 1980년대에 제5부두, 제7부두, 제8부두, 연안여객부두, 국제여객부두 등이 축조되면서 5만 톤급 선박이 접안하여 하역할 수 있는 여건을 갖추었다. 1990년대에는 본격적인 컨테이너 터미널 건설과 함께 일본 고베지진으

10) 부산시, 『부산시지』, 1982, p.941.

로 인해 글로벌 선사들의 대체항만으로 부산항이 역할을 하면서 본격적인 글로벌 항만으로 성장하기 시작하였다. 이 무렵 부산항은 미주항로와 구주항로를 연결하는 지경학적 장점을 통해 우리나라의 관문항이나 일본 서안항만들과 중국 동북지역 항만들의 환적거점항만으로 지금까지 그 역할을 수행하고 있다.

2013년 현재 부산항은 세계 5위의 컨테이너 항만이다. 한편, 2000년대에 들어서면서 부산항 신항의 개발이 시작되었고 기존 부산항에 대한 재개발이 논의되면서 현재 부산항 신항 개발과 부산북항 재개발이 동시에 진행 중에 있다.

(2) 부산항 배후도시의 성장

1902년(1기 공사, 1902.7~1905.12) 현재 대창동에 항만 배후지를 마련하여 주차장, 세관, 우편국 등을 만든 것이 부산항의 항만배후도시 개발의 시작이라 할 수 있다. 이전에는 동래, 부산포, 초량 등으로 시가지가 분산되어 있었는데 초량 지역을 중심으로 항만 개발이 진행되면서 대창동 일원이 근대 부산 항만도시의 출발점이 되었다고 할 수 있다. 무역의 확대와 항만의 근대화라는 필요성이 부산의 좁은 배후지를 극복하기 위한 수단으로 매립이라는 선택을 하게 하였다. 대창동 개발을 시작으로 부산항 제1부두에서 제8부두까지 개발되면서 일부 지역은 매립을 통해 용지를 확보하여 현재 동쪽으로는 용호동 신선대 부두에서 서쪽으로는 중앙동, 남포동, 광복동까지 항만과 연계되어 배후도시가 성장하기 시작하였다. 1902년 1기 공사 이후 1944년까지 부산항은 배후지 확보를 위해 473만㎡를 매립하였고 해방 이후 1968년까지 367만㎡를 매립하여 현재 부산북항의 모습을 만들었다.[11] 1910년 부산시의 인구는 71,953명으로 조선인 46,370명, 일본인 24,605명, 중국인 356명, 기타 22명이였다. 지리적 위치로 인해 부산에 일본인들이 많이 거주하였다.

일제강점기에는 일본인들이 주로 거주하는 북항 주변 지역에 개발이 집중되었고 원래 부산의 중심지였던 동래와 서면 지역에 대한 개발은 소극적으로 진행되었다. 광복 이후 부산항을 중심으로 하는 부산시가 급속히 발전하면서 부산항 배후 지역의 수용능력이 한계에 다다르게 된다. 이로 인해 과거 중심지였던 부산의 서면과 동래 지역의 개발이 본격화되면서 현재 부산의 도시공간구조가 형성되었다. 부산시 인구가 300만 명을 넘기면서 해당 인구들을 수용하기 위해 해운대, 기장, 그리고 김해 지역까지 개발하면서 현재의 부산시는 대규모 항만도시로서의 위상을 가지게 된 것이다. 부산의 시점별 인구를 살펴보면 1930년에 13만 명, 1960년 116만 명, 1980년 약 290만 명[12] 그리고 현재 354만 명에 이르고 있다.

정부는 1990년대 후반부터 부산항 신항 개발을 추진하여 제한된 배후지로 인한 부산항의 능력 문제를 해소하고 부산 시민과 항만 간의 충돌로 인한 문제점을 해결하고자 노력 중에 있다. 이미 부산 북항 지역의 항만 물동량 중 상당 부분이 부산항 신항으로 이전한 상태이며, 150년의 역사를 자랑하는 부산 북항 지역은 1~5부두의 재개발을 통해 도시민들의 공간으로 탈바꿈하고자 현재 공사가 진행 중에 있다. 해당 항만재개발 사업이 한국에서 이루어지는 최초의 대규모 항만재개발 사업이라 할 수 있다.

---

11) 김성곤, 「항만과 도시개발」, 최상철 외, 『한국도시개발론』, 일지사, 1981, p.409.
12) 김형국, 「우리나라 해안도시의 성장전망과 개발방향」, 최상철 외, 『한국도시개발론』, 일지사, 1981, p.371 ; 내무부, 『한국도시년감』, 1969, 1981(1930년 130,397명, 1960년 1,163,671명).

(3) 부산 항만도시의 특징

부산시는 특이한 도시구조를 가지고 있다. 충분한 수심을 확보하여 대형 선박들이 접안할 수 있는 곳을 찾다가 보니 현재 부산시 중앙동 일원이 가장 적합한 지역으로 개발된 반면 지형학상 배후에 높은 산과 좁은 배후지를 가질 수밖에 없는 구조를 가지고 있다. 이로 인하여 부산항은 여러 차례 매립 사업을 통해서 항만이 바다로 확장되어 나갔다. 이와 함께 감천항, 다대포항 등 해안선을 따라 추가 항만 시설을 확충하는 패턴으로 부산항은 부산시의 도시공간구조 특성에 맞추어서 성장해 왔다. 좁은 배후지와 산지로 둘러싸여진 도시공간은 전형적인 선형구조의 도시 성장을 가져왔고 이로 인해 부산시의 도심은 동래, 서면, 중앙동, 해운대 등 남북으로 일직선, 동서 일직선 형태로 도심 구조가 형성되어 있다. 최근 과거 경남 지역이었던 강서구 지역 개발과 기장군 개발을 통해 배후 지역이 충분한 외부로 도시가 확대되고 있고, 부산항 신항이 강서구와 창원시 일원에 건설 중에 있어서 전혀 다른 형태의 항만도시 모습을 갖추게 될 예정이다. 그러나 현재까지의 부산시의 항만도시적 특징은 해안선을 따라 일자형 항만 개발과 산악형 지역의 공간을 이용하여 선형의 도심이 형성되어 있는 특성을 가지고 있다.

이로 인해 부산시는 항만과 관련된 산업군들이 좁은 부산항 배후를 따라 선형으로 형성되게 되었으며 공간 부족으로 항만의 단순한 하역 기능에만 집중될 수밖에 없는 형태를 지녔다. 이러한 이유로 부산시의 경우 다른 글로벌 경쟁 항만들과 비교했을 때 부가가치 물류산업이나 배후산업단지가 상대적으로 늦게 추진되었으며, 우리나라 항만물류 기업들이 상대적으로 글로벌 기업들에게 비해 성장이 늦은 이유 역시 이러한 도시화 과정에서 항만 성장에 필요한 에너지를 상대적으로 많이 제공하지 못한 부분도 있는 것으로 보인다. 만약 부산항이 넓은 항만 배후지역을 보유하고 있었고 부산시의 도시화 과정이 좀 더 일찍 진척되었더라면, 부산 항만도시가 우리나라와 아시아 지역에서 차지하는 위상은 지금과는 많이 달랐을 수도 있을 것이라 생각된다. 물론 하나의 도시가 성장하는 데에는 많은 이유와 요인이 병행되어야 하기 때문에 꼭 부산시의 배후 지역 협소와 도심의 분산 등이 절대적인 요인이라 할 수 없지만 그 중에서 해당 요인이 현재 부산 항만도시의 특성을 규정하게 된 중요 요인이라 할 수 있을 것이다.

(4) 부산 항만도시의 미래

부산 항만도시는 위에서 언급한 것처럼 우리나라 현대화의 역사를 그대로 간직하면서 성장해 왔다. 이성우(2005)에 따르면 부산항은 여러 측면에서 홍콩항, 싱가포르항 등 아시아 주요 항만들이 걸어간 성장패턴을 따라서 성장하고 있다. 부산항이 가지고 있는 항만의 물동량 성장패턴, 항만배후단지 개발, 항만재개발 등이 그러한 증거이다. 이러한 부산항을 가지고 있는 부산시가 글로벌 항만도시로 성장하기 위해서는 기존 글로벌 항만들이 걸어온 길들을 잘 살펴보고 우리나라 항만도시의 특성도 잘 분석한 다음 그 성장의 궤적을 만들어 가야한다. 특히 부산 항만도시가 가지는 장애요인과 우리나라 항만도시 개발정책의 한계를 극복하는 방향으로 부산시와 부산항의 발전 방안이 만들어져야 부산 항만도시가 글로벌 항만도시의 일원이 되고 우리나라의 국격을 한 차원 높여주는 동인이 될 수 있을 것이다.

이러한 측면에서 부산시가 글로벌 항만도시로 성장하기 위해서는 최근 추진하고 있는 두 가지 사업에 대해 제대로 된 해답을 내놓아야 할 것이다.

우선 부산 북항 재개발 사업의 성공적인 추진이다. 부산 북항 재개발 사업은 도시와 항만 측면에서 모두 윈윈(win-win)하는 방안을 만들어야 한다. 단순한 서구형 항만재개발 패턴은 대수심, 환경 오염원이었던 항만 공간을 친수공간(보스턴, 샌프란시스코, 시드니 등) 혹은 도시 기능 창출을 통한 수익공간(런던, 뉴욕, 시드니 등)으로 전환하는 형태였다. 그리고 항만 기능은 외곽 혹은 다른 도시로 이전하는 방식이었다. 따라서 항만 환경의 변화(도시기능과의 연계)와 아시아 항만 주도권(항만물류산업 주도권 확보를 위한) 경쟁에서 부산항이 그 지위를 높이기 위해서는 단순한 서구형 항만재개발 패턴을 답습해서는 안 되는 것이다. 부산항은 부산의 역사성을 지니고 있을 뿐만 아니라 경제적 가치도 매우 높은 곳이다. 따라서 부산항을 재개발할 경우 항만 기능과 도시 기능과의 관계를 분명히 정리한 후 이루어져야 할 것이다.

두 번째는 부산항 신항 개발이다. 과거 부산항은 부족한 배후지역으로 인해 항만의 성장에 제약을 받아왔다. 이러한 문제점을 인식하고 부산시의 외곽 지역에 대규모 항만을 개발 중에 있다. 그러나 부산항 신항 역시 개발 단계부터 부산항의 성장에 부족했던 도시화 기능과 도시적 에너지를 충분히 갖출 수 있는 방향으로 성장해 나가야 한다. 이러한 점에서 부산항 신항 항만배후단지의 중요성은 무엇보다 크다. 대상 항만배후단지 내에 입주하는 기능과 입주하는 기업들이 어떤 활동을 하는가에 따라 부산항 신항 지역의 발전 방향이 정해지는 것이다. 이러한 점을 인식하고 관련 부분의 개발, 운영 및 관리를 위해 도시계획, 항만계획 그리고 관련 분야의 전문가 및 관계자들의 지속적인 노력과 고민이 병행되어야만 할 것이다.

2) 인천시

(1) 인천항의 역사

인천항은 삼국 시대에 중국과 교역을 했던 능허대(凌虛臺)를 모태로 한 대중 교역의 중심지였다. 이후 고려와 조선 시대에는 능허대와 소래포구가 어항 기능과 교역 기능을 동시에 수행하는 항만 역할을 해 왔으나 구한말 인천항 개항으로 항만의 주도권이 현재의 내항으로 옮겨왔다. 1883년 개항 당시 제물포(현재 인천)는 10여 개의 어촌 가옥이 점점이 산재해 있는 구릉 일대로 잡초만 무성한 어촌에 불과했다고 한다.[13]

현재 인천항은 수도 서울의 관문 역할을 하는 동시에 중부 지방 전체에 영향력을 미치는 서해안 최대의 항만이다. 인천항이 근대항의 면모를 갖추기 시작한 것은 1906년 항만 건설에 착수하면서부터이다. 그러나 상업항으로서의 개항은 조선 후기 대원군의 쇄국정책이 끝난 후인 1883년이었다. 부산항과 원산항에 이어 3번째로 개항을 보게 된 인천항은 조선 전기에는 제물포(濟物浦)라 호칭되면서 한국 유일의 군항(軍港)으로 중요한 역할을 담당하기도 했다. 개항 후 외국과의 무역이 증가함에 따라 1907년에 이르러 인천항은 조선 무역 총액의 44.6%에 이르는 국제항으로 성장하였다. 특히 1914년 외국과 무역이 가능한 무역항만으로 지정되었고 1918년에 아시아 최초로 갑문이 설치되면서 빠른 성장이 가능하게 되었다. 1910년에서 1939년에 이르는 30여 년간 인천항의 총 무역액은 약 22배로 신장되었다.

---

[13] 손정목, 「우리나라 해안도시형성과 발전과정」, 최상철 외, 『한국도시개발론』, 일지사, 1981, p.355.

해방 직후 인천항은 수입항으로 그 역할을 자리매김했다. 인천항은 1946년에 한국 총 수입의 94%, 1948년에 85%, 1949년에 88%를 차지하는 등 압도적으로 높은 비중이었다. 해방 후 생산이 위축된 상황에서도 인천은 수도의 관문도시로, 각종 산업물자의 조달항으로 기능을 수행하였다.

〈그림 3-3〉 인천항의 과거/ 현재(1930년대/2012년)

1950년에 발발한 한국전쟁으로 인해 '인천항'은 치명적인 타격을 입었는데, 이는 인천상륙작전의 현장으로 항만 시설과 시가지가 대부분 파괴되어 항만 기능을 거의 상실하였기 때문이다. 이로 인해 1973년부터 1978년에 걸쳐 제1단계 인천항 개발사업이 추진되어 갑문 방파제, 항만 도로 포장 등의 시설을 보완하였고, 1973년에는 내항의 제4부두에 (주)한진 및 대한통운(주)의 민간자본을 유치하여 우리나라 최초의 컨테이너 전용 취급 시설을 완공하였다. 인천항은 1974년 내항에 6개의 갑문이 완성되면서 5만 톤급 선박이 접안할 수 있는 길이 열렸다. 1981년부터 1985년까지 제2단계 인천항 개발 사업을 추진하여 내항의 일부 부두 안벽 연장 및 석탄부두 조성과 함께 컨베이어 시설, 기중기 등 하역 설비를 보강하였으며, 양곡 전용부두, 사일로 시설, 제8부두 등도 이 시기에 건설되었다.

현재 인천항은 우리나라 3대 무역항이자 수도권 관문항으로 수도권과 중부권 소비자를 위해 원자재, 소비재 등을 수입하고 수출하는 항만 역할을 수행 중에 있다. 또한 인천항의 새로운 도약을 위해 인천신항이 인천시 연수구 일대에 개발 중에 있으며, 인천항의 지경학적 장점을 최대한 살리고자 이미 국제여객터미널을 건설하여 대중 무역 및 여객 수송에 기여하고 있으며, 글로벌 환경 변화에 대응하고자 크루즈 전용 터미널을 현재 건설 중에 있다.

(2) 인천항 배후도시의 성장

인천항은 우리나라 수도 서울의 관문 역할을 하는 항만인 동시에 우리나라 중부지방의 산업을 지원하는 역할을 수행해 왔다. 인천항은 부산항의 역사와 같이 근대 개항으로 인해 우리나라 역사 속에서 중요한 항만도시 역할을 수행하게 되었다. 1883년에 세 번째로 개항이 되었고 1910년 인천시의 총 인구는 26,778명으로 조선인 12,695명, 일본인 11,126명, 중국인 2,886명 등으로 이미 국제도시로서의 면모를 갖추고 있었다. 인천은 1918년 갑문 건설 이후 일본인과 중국인들의 무역 중심이자 우리나라의 수도권 관문으로 현재까지 성장하면서 배후도시도 계속 성장해오고 있다. 인천시의 인구는 1930년

6만 명, 1960년 40만 명, 1980년 약 100만 명에 육박하였고[14] 현재 290만 명에 도달하였다.

현재 내항을 중심으로 우리나라 수출입의 중심지 역할을 수행해 왔으며, 1970년대 이후 우리나라의 산업화와 발맞추어 빠른 속도로 성장한 도시이다. 현재 인천항은 내항을 중심으로 연안항과 남항, 북항, 신항의 4개 항만으로 구성되어 있으며 총 120선석에서 연간 약 200만 TEU의 컨테이너 및 1억 5천만 톤의 화물을 처리하고 있다. 현재 추가적으로 인천신항과 남항에 부두 개발을 진행 중에 있으며, 본 개발이 완공되면 총 27선석이 추가 될 예정이다.

인천시는 국가의 수출입 물류 기능을 수행한 인천항 내항을 중심으로 성장하였다. 이후 인천시는 늘어나는 국가적 수출입 수요에 발맞추기 위해 남항을 개발하게 되고 이를 중심으로 인천시의 구도심을 형성하게 된다. 그러나 1990년대 이후 급속한 서울 중심의 경제발전으로 인해 인천의 중심이 항만 배후에서 서울과 연결하는 도로망 주변으로 재편되면서 현재의 인천시 도시공간구조가 형성되었다. 경인고속도로를 중심으로 주변에 산업단지 개발과 신도시 개발이 이루어지면서 동서로 인천시의 발전 구도가 크게 진전되었다. 1990년대 이후 인천시는 영종도에 인천국제공항 입지, 산업 입지 재편으로 인한 구도심 정비, 항만의 대수심 수요에 대응하기 위한 신항 개발, 동북아 국제비즈니스 중심 전략으로 인한 인천경제자유구역 개발 등으로 인천시의 도시공간구조가 남북으로 크게 확대 발전하면서 오늘에 이르게 되었다. 현재 인천 남항과 신항을 연결하는 남구와 연수구 일대에 대규모 물류단지, 지식산업단지, 주거단지 등이 만들어지고 있어 새로운 인천시의 모습이 구현되고 있다.

---

14) 내무부, 『한국도시년감』, 1969, 1981(1930년 63,655명, 1960년 401,473명).

(3) 인천 항만도시의 특성

인천시는 인천항이 중심 기능을 하던 시절 기존 도심인 중구와 동구가 그동안 중요한 중심적 기능을 해왔으나, 주요 중추 시설의 이전 등 시대적 여건 변화에 따라 중심적 기능이 쇠퇴해 가고 있으며, 과거 신도심으로 부각되었던 구월 중심으로 점차 중심적 기능이 집중되고 있다. 이는 새로운 도심의 발생에 의한 도심 이동이 아닌, 기존 도심의 쇠퇴에 따라 차 순위의 중심 기능을 분담하고 있는 인접 지역으로 이동되는 양상으로 볼 수 있다.

부산시와 다르게 인천은 넓은 배후 지역을 가지고 있고 도로망 중심으로 연담(聯擔) 개발이 가능한 서울이 인접해 있어, 초기 항만을 중심으로 성장한 배후도시 기능이 이후 서울과 연결된 고속도로를 중심으로 한 주변 지역(중구·동구·남구·구월 도심)에서부터 빠르게 도시화가 이루어졌다. 이러한 측면에서 인천시는 부산시보다 손쉽게 그리고 단기간에 초기 항만을 시작으로 도심의 발전과 함께 빠른 속도로 대도시화의 길을 갈 수 있었다.

그러나 인천시의 경우 인천항의 기능이 인위적인 갑문에 의존해야 하는 제한된 물리적 부두 시설과 세계 주요 기간항로에서 벗어나 있었다는 점에서 부산시에 비해 물류적 측면에서 경쟁력이 상대적으로 낮았다. 이러한 이유로 인천시는 항만 기능이 강력한 항만도시 성격보다는 수도권을 지원하는 위성도시 기능을 더 많이 수행해 왔다. 인천시의 제한된 기능은 다시 인천국제공항의 입지로 인하여 달라지게 되었다. 물류 기능과 상류 기능이 동시에 조합이 되면서 서울의 관문도시가 아니라 스스로 성장할 수 있는 동북아 물류거점 도시로 성장할 수 있는 기반을 가지게 된 것이다. 물론 이러한 발전의 가능성은 현재 주어진 인천국제공항과 인천신항의 개발이 어떤 형태로 연계될 수 있는가에 달려있지만 인천시는 항만도시 고유의 기능에 상류 기능을 수행하는 인천국제공항의 성공적인 입지로 인해 그 발전 가능성이 다양해졌다고 할 수 있다.

(4) 인천 항만도시의 미래

인천시를 둘러싼 글로벌 경제 요인이 크게 변화하고 있으며 특히 중국을 중심으로 한 아시아 경제가 크게 성장 중에 있다. 21세기에 들어 중국과 인도의 급속한 경제성장과 더불어 동북아 및 환황해권 경제권의 중요성이 세계적으로 점차 대두되기 시작함에 따라 아시아 경제가 세계경제에서 차지하는 비중은 2010년 북미에 이어 2위를 차지하였다. 특히 한국, 중국, 일본, 인도가 속한 아시아의 비중은 2010년 세계경제에서 21.9%를 차지하여 경제 시장에서 단연 두각을 나타내고 있다. 이에 따라 무역 규모도 크게 증가하여 2010년 무역규모를 기준으로 중국, 일본, 한국은 각각 세계 2위, 4위, 9위를 차지하였다.

이처럼 인천시를 둘러싼 동북아 지역의 경제성장과 그에 따른 교역의 증가는 항만 간의 치열한 화물 유치 경쟁을 초래하고 있으며, 특히 지리적으로 인천과 인접하고 있는 거대 소비 시장인 중국의 경제성장에 대응하여 인천항의 항만 경쟁력을 확보하는 노력이 지속될 필요성이 있다.

현재 인천시는 인천항을 중심으로 수도인 서울과의 연결을 통해서 성장해 왔다. 그러나 지난 10년간 인천국제공항의 성장과 함께 두 개의 물류 거점을 확보하게 되면서 아시아의 업무 중심으로서 그 가능성을 가지면서 성장하고 있다. 이러한 환경 변화에 따라 인천항의 역할 역시 달라져야 하는 상황이다. 인천항은 과거 수도권의 수출입 관문항 역할만 수행했으나 변화하는 환경에 맞추어 인천시를 동북아 비즈니스 거점으로 만들기 위해 지역 산업과 연계한 부가가치 물류 기능의 강화가 필요하다. 또한 내항 지역의 재개발을 통한 도시 기능 용지로의 환원 문제, 인천신항의 역할 및 신항 배후단지 내 부가가치 물류 기능 수행을 위한 기업 유치 등의 숙제가 남아 있다. 이 모든 부분은 부산시의 사례와 같이 우리나라에서 중앙정부가 수행하는 항만계획 기능과 지자체가 수행하는 도시계획 기능의 유기적인 접목이 이루어져야 가능한 상황이라 할 수 있다. 또한 글로벌 경제 환경 변화에 맞추어 인천시의 지경학적 장점을 극대화 할 수 있는 길을 찾아야 할 것이다.

4. 우리나라 항만도시의 성장 방향

글로벌 경제 환경은 우리가 예상하는 것보다 훨씬 빠르고 다양한 방향으로 발전해 나가고 있다. 최근 글로벌 환경 변화로 인해 국제 분업을 연계한 제조업 거점들이 달라지고 있고, 글로벌 자원 경쟁으로 인한 자원 비축 기지 확보, FTA 확산 등에 따른 국가 간 교역 증가로 인한 글로벌 물류 거점의 성장, 소득 증가에 따른 최적의 정주 공간 필요성 증가 등 다양한 수요가 발생하고 있다. 이러한 환경 변화의 가장 중심에 있는 공간이 항만도시라 할 수 있다.

기 언급한 것처럼 우리나라 항만도시는 다른 나라의 경우에 비해 단기간에 성장을 하였다. 이러한 성장을 통해 국가경제에 큰 기여도 하였고 동아시아 나아가 글로벌 시장에서 그 위치를 자리매김한 항만도시도 존재한다. 그러나 우리나라 항만도시들은 이러한 성장에도 불구하고 다양한 문제들을 안고 있다.

이 가운데 가장 크게 대두되는 부분은 중앙정부에서 주관하고 있는 항만계획과 지방정부에서 주관하는 도시계획의 연결성이 미흡하다는 점이다. 오랜 시간 동안 이 문제에 대해 많은 논의가 진행되었으나 한 조직에서 두 계획의 통합을 통해서 발생하는 더 큰 문제들이 예상되고 있어서 아직 구체적인 방안을 제시하지 못하고 있다. 하지만 이러한 제한 요인으로 인해 우리나라 항만도시의 발전을 포기할 수는 없는 상황이고, 분리된 항만계획과 도시계획의 연계성을 강화하는 시스템을 구축하여 우리나라 항만도시의 발전을 지속적으로 추구해야 할 것이다.

이를 위해 우리나라는 일차적으로 항만, 항만배후단지, 항만배후도시 그리고 배후지 간의 연결 체계를 구체화시켜야 할 필요가 있다. 이 연계성은 국가의 물류체계 전체를 체계화하여 우리나라 국토와 경제 특성에 맞는 새로운 국가물류체계 구축이 필요하다는 것이다. 중앙정부에서 수행하는 항만계획 및 관리 기능과 지방정부에서 수행하는 도시계획 및 관리 기능을 상호 연결시키고 조정 및 보완할 수 있는 전담기구 설립이 필요하다. 만약 항만 개발 권한을 지자체에 이관할 경우 지역별 항만 개발로 인해 항만인프라가 과잉이 되는 난개발 현상이 발생할 수 있고, 반대로 중앙정부가 개별 도시계획을 수립할 경우 지역 특성을 반영 못하는 문제가 발생할 것이다. 결국 이러한 문제를 상호 해소하기 위해서는 양 기능을 상호 조율 및 보완할 수 있는 전담 기관의 설립이 필요한 상황이다.

두 번째는 우리나라 항만도시의 지향지(foreland)와 배후지(hinterland) 간 최적 연결시스템이 구축되어 있지 못하다는 점이다. 따라서 지향지와 연결을 위한 항만 시설 확충 및 현대화, 항만배후단지 개발 확대 및 기능 고도화, 다양한 인터모달리티(intermodality) 체계 구축이 필요하다. 또한 동아시아 항만 간 협력관계 강화를 통해 항로 확대가 필요하고 동아시아 내에 다수의 글로벌 물류 거점을 확보할 필요도 있다.

세 번째는 글로벌 항만 기능의 다양화에 대비하여 항만배후단지 내 글로벌 기업들의 유치 기능이 부족하다는 점이다. 국제분업 심화로 인해 국내 제조업체들이 해외로 빠르게 이전하고 있으며, 반대로 국내의 해외투자 유치는 지지부진한 상황이다. 과거 우리나라 수출입 물동량을 원동력으로 성장해 왔던 항만에 위기가 닥쳐온 것이다. 이제 항만이 화물을 처리하는 공간이 아니라 화물을 만들어내는 공간으로 바뀌어야 하고 이를 위해서는 항만배후단지 내의 국제분업에 편승하여 이동하는 글로벌 기업들을 유치하여 항만 자체가 화물과 부가가치를 창출하는 공간으로 발전해 나가야 하는 것이다.

마지막으로 글로벌 환경 변화에 대응한 지속가능한 항만도시 발전전략이 필요하다. 러시아의 동시베리아 개발 전략으로 인한 북방물류 부상, 북극해 해빙으로 인한 북극항로 상용화, 막힘없는 물류네트워크 실현을 위한 복합 물류체계 부상, 기술 발전으로 인한 위그선(Wig ship) 출현, 파나마 운하 확대에 따른 글로벌 항로 재편, 동아시아 지역 생활수준 향상으로 인한 해양 관광산업 부상 등 다양한 요인들이 우리나라 항만도시에 영향을 미칠 것으로 보인다. 따라서 이러한 변화에 사전 대응시스템 마련을 통해 우리나라 항만도시들이 지속적으로 발전할 수 있는 미래 성장 플랫폼 마련이 필요하다.

우리나라 항만도시의 발전은 결국 우리나라가 글로벌 선진국으로 도약하는 지름길이 될 것이다. 우리나라에서도 세계경제를 주도하는 글로벌 항만도시가 여러 곳에 생겨 국가 경제를 이끌고 대상 지역의 도시민들에게 최적의 생활환경을 제공할 수 있도록 해야 할 것이다. 이를 위해 우리 모두의 관심이 필요하다.

04

제4장
항만도시와 산업

PORT & CITY

04
항만도시와 산업

김춘선

1. 항만도시의 경제적 번영

지난 수천 년 동안 배는 한 장소에서 다른 장소로 재화를 실어 나르는 최고의 수단이었다. 성장하는 도시에 있어, 해상운송은 경제학자들이 흔히 말하는 '규모의 경제' 효과를 누릴 수 있도록 해주었다.

15세기 말 일어났던 상업혁명은 신항로 개척으로 가능해진 상업영역의 확대를 가장 잘 보여주는 예이다. 신항로의 개척을 통한 신대륙의 발견은 세계 무역의 중심지였던 지중해와 이탈리아의 번영을 단숨에 에스파냐의 이베리아로 그 중심축을 옮겨 놓았다. 세계적인 무역의 증가는 막대한 자본의 축적과 이윤을 통한 유럽 상업자본의 발전을 가져왔다.

이후 18~19세기까지 일어난 해상무역의 발달은 항만을 끼고 있는 세계 각국의 상업도시들의 성장 속도에 박차를 가했다. 19세기 초, 선박을 이용해 대서양을 횡단하는 비용으로 내륙을 이동할 수 있는 거리는 고작 30마일에 불과했다. 물에서 비교적 떨어진 뭍으로부터 재화를 운반하여 유럽, 아시아, 아프리카 등의 구세계와 무역할 경우 수송비는 두 배로 늘어났기 때문에 항구가 더 발달하게 되었고 따라서 사람들은 점점 항구 주변에 모여 살게 되었다.

1990년, 미국의 주요 대도시 20여 곳은 모두 주요 수로를 끼고 있었으며, 유럽과 아시아에서도 역시 항구를 따라서 산업도시들이 성장하였다. 런던에 이어 영국에서 두 번째로 큰 도시로, 산업혁명 시기 급성장한 버밍엄은 브리스틀항과 연결되었으며, 아시아 내에서 가장 이른 성장을 보인 일본은 나가사키항을 통해 모든 서양 기술을 받아들였다.[1]

이렇게 교통 네트워크상의 거점들로 성장한 항만도시들은 다른 산업도시와 전 세계 시장에 보다 쉽게 접근할 수 있는 기회를 제공함으로써 내륙 지역의 부를 증대시켰다. 이러한 항구 주변의 산업도시들에 도시 소비자들에게 접근하려는 기업들이 모였기 때문이다. 기업이 다른 기업이나 소비자와 가까이 있음으로써 발생하는 운송비 절감은 기업과 소비활동의 집결을 통한 비용 감소의 긍정적인 효과를 가져왔다. 이처럼 도시의 경제적 부의 축적은 바다의 역사에서 시작된 항만 그리고 산업의 집합으로 이루어졌다. 도시는 산업의 성장 또는 쇠퇴와 함께 흥성하고 때로는 쇠퇴하며, 그 역사를 이어가고 있다. 항만도시들은 다양한 관련 산업의 발달을 통해 경제적 부를 축적하는 데 전력하고 있으며, 최근까지도 항만도시들의 중요성을 크게 부각시키고 있는 요인 중의 하나가 되고 있다.

본 장에서는 항만도시의 산업은 무엇이 있으며, 이러한 산업들이 발달하기 위해 필요한 조건들은 무엇인지, 항만도시의 산업은 도시의 성장에 어떠한 영향력을 미쳤는지 살펴보고자 한다. 이와 같은 일련의 항만도시와 산업의 관계 규명은 향후 항만도시의 지속가능한 산업의 영위를 위한 방향을 제시하는 밑거름이 될 것이다.

---
1) 에드워드 글레이저, 『도시의 승리』, 이진원 옮김, 해냄, 2011, p.58, p.91.

2. 항만산업의 개념 및 분류

1) 항만산업의 개념

그간 국내외 항만산업에 대한 정의는 크게 세 가지로 구분되어져 왔다. 첫째는 가장 협의로서 항만산업을 단지 화물을 적·양하하는 부두 하역 작업에만 한정하는 것이다. 둘째는 항만산업을 항만의 산출과는 관계없이 항만 지역 내에서 발생하는 모든 활동으로 정의되며, 셋째는 가장 광의의 개념으로 항만산업을 해상 수송수단을 통해 운반된 모든 재화의 생산 활동으로 규정된다.

그러나 항만산업에 대한 일반적이고 표준적인 분류 기준은 사실상 없다. 따라서 항만과 관련된 산업을 분류하는 방법은 국내외를 불문하고 일정하지 않고, 항만의 지리적 위치 및 특성과 연구자에 따라 다양하게 나타난다.

우리나라의 항만법 제2조는 항만을 "선박의 출입, 사람의 승선·하선, 화물의 하역·보관 및 처리, 해양친수활동 등을 위한 시설과 화물의 조립·가공·포장·제조 등 부가가치 창출을 위한 시설이 갖추어진 곳"으로 규정한다. 즉, 항만은 단순히 화물의 적·양하뿐만 아니라 항만을 이용하는 화물과 관련된 부가적인 제조 및 서비스 활동이 모두 이루어지는 공간으로 볼 수 있다.

아울러 예로부터 항만은 해상운송과 육상운송의 연결점 또는 공통의 영역으로, 재화가 공급자로부터 수요자에게 이르는 과정인 물류 활동의 중심지 역할을 수행해 왔다. 우리나라의 물류정책기본법상에는 물류를 "재화가 공급자로부터 조달·생산되어 수요자에게 전달되거나 소비자로부터 회수되어 폐기될 때까지 이루어지는 운송·보관·하역 등과 이에 부가되어 가치를 창출하는 가공·조립·분류·수리·포장·상표부착·판매·정보통신 등을 말하는 것"으로 정의하고 있다.

이상의 항만 및 물류의 기능과 그 정의를 동시에 고려할 때, 항만은 이상에서 정의된 물류가 이루어지는 공간적인 범위이다. 즉 항만산업이라 함은 결국 항만과 물류가 결합된 항만물류산업으로, 항만의 터미널 기능을 중심으로 발생하는 다양한 공공적·상업적 물류의 활동이 원활하게 진행되도록 하기 위해 제공되는 서비스와 관련되는 산업으로 볼 수 있다.

2) 항만산업의 분류

항만산업의 범위는 어디서부터 어디까지로 규정할 수 있을까? 항만산업의 범위를 규정하는 방법은 일반적으로 일정하지 않고 항만의 지리적 위치 및 특성과 연구자의 분석 목적 및 시각에 따라 여러 가지로 나타난다. 여기에서는 산업분류상의 분류, 법률상의 분류, 항만관련성에 의한 분류에 대해 알아본다.

(1) 산업분류상의 분류

보다 객관적인 항만산업의 분류를 위해 많은 연구자들이 공식적인 산업분류에 준거하여 항만산업을 분류하는 방법을 채택하고 있다. 산업분류란 각 생산단위가 계속적으로 수행하는 생산적인 경제활동의 유형을 결정하는 데 사용하기 위하여 모든 생산적인 경제활동을 일정한 기준과 원칙에 따라 체계적으로 유형화한 것이며, 각 생산주체의 산업활동에 관련된 통계자료의 수집, 제표, 분석 등 각종 통계 목적에 모든 통계 작성기관이 통일적으로 사용할 수 있도록 표준화한 표준산업분류로 나타낼 수 있다.[2]

그러나 산업분류(International Standard Industrial Classification 및 국내 표준 산업분류 등) 시스템은 생산된 재화 및 서비스의 성격과 용도, 생산공정이나 산업의 조직적 특성에 바탕을 두고 있다.

즉 한국은행에서 발행되며, 표준산업분류를 따르고 있는 산업연관표에서는 전력·도시가스·열공급업·수도 및 건설업, 건설업-토목건설(항만시설·농림수산토목), 건축보수(항만시설·농림수산토목), 서비스 및 가설 부문·운수 및 보관, 수상운송, 하역, 기타 운수관련 서비스, 보관 및 창고 등이 항만물류산업으로 포함되고는 있으나 항만물류산업을 따로 떼어내어 분류하고 있지는 않다. 즉, 여러 가지 서비스업들로서 항만산업이 포괄적으로 분류되고 있어 항만산업의 명확한 구분은 어려운 실정이다.

따라서 분류자에 따라 전국 사업체 조사에서 운수업 중 수상운송과 직접적인 관련이 있는 산업은 순수 항만산업으로 분류하고 이를 다시 항만물류산업과 직접적인 연관성을 가진 산업을 1차 연관 산업으로, 제조업 및 도소매, 기타 서비스업 중 간접적 연관을 가진 산업을 2차 연관 산업으로 분류하기도 한다.

이와 더불어 전국 사업체조사 기준의 항만물류산업의 분류를 보면 전체 산업 대분류에 포함되어 있는 10개 산업의 세분류 정의를 근거로 하여 항만산업을 재분류하기도 한다.

---

[2] 두산백과사전(http://terms.naver.com) (접속일 2013. 5)

〈표 4-1〉 전국 사업체 기준 항만산업의 분류

대분류	중분류	소분류	세분류	세세분류
운수업	4개(49-52)	11개 (491-529)	18개 (4910-5299)	38개 (49100-52999)
건설업	3개(41-42)	3개 (411-421)	4개 (4112-4213)	7개 (41122-42139)
부동산업 및 임대업	1개(69)	2개 (691-693)	3개 (6911-6939)	3개 (69110-69390)
제조업	8개(16-32)	11개 (162-320)	12개 (1623-3201)	23개 (16231-32011)
도매 및 소매업	2개(46-47)	5개 (461-472)	5개 (4610-4721)	6개 (46105-47213)
금융 및 보험업	1개(65)	1개(651)	1개(6512)	1개(65121)
사업시설관리 및 사업지원서비스업	2개(74-75)	4개 (742-759)	6개 (7421-7599)	7개 (74212-75994)
출판, 영상, 방송통 신 및 정보서비스업	2개(58-62)	2개 (582-620)	2개 (5822-6201)	3개 (58221-62010)
교육서비스	1개(85)	3개 (852-856)	4개 (8522-8565)	5개 (85229-85659)
기타공공	2개(94-95)	4개 (941-952)	4개 (9411-9521)	4개 (94110-95211)
계	26개	46개	59개	97개

자료 : 경남발전연구원, 『경남지역 항만물류산업 활성화 방안연구』, 2012. 10, p.17.

(2) 법률상의 분류

앞서 항만산업의 개념에서 정리하였듯이 항만산업을 항만물류산업의 복합어로 본다면, 물류정책기본법 상에 나타난 물류사업의 범위를 토대로 항만산업을 규명할 수 있다.

물류정책기본법에서는 물류사업을 화주의 수요에 따라 유상으로 물류활동을 영위하는 업으로 정의하며, 크게 화물운송업 · 물류시설운영업 · 물류서비스업으로 구분한다.

〈표 4-2〉 물류정책기본법상 물류사업의 범위

대분류	세분류	세세분류
화물운송	육상화물운송업	화물자동차운송사업, 화물자동차운송가맹사업, 철도사업
	해상화물운송업	외항정기화물운송사업, 외항부정기화물운송사업, 내항화물운송사업
	항공화물운송업	정기항공운송사업, 부정기항공운송사업, 상업서류송달업
	파이프라인운송업	파이프라인운송업
물류시설 운영업	창고업(공동집배송 센터운영업포함)	일반창고업, 냉장 및 냉동창고업, 농·수산물 창고업, 위험물품보관업, 그 밖의 창고업
	물류터미널운영업	복합물류터미널, 일반물류터미널, 해상터미널, 공항화물터미널, 화물차전용터미널, 컨테이너화물조작장(CFS), 컨테이너장치장(CY), 물류단지, 집배송단지 등 물류시설의 운영업
물류 서비스업	화물취급업 (하역업포함)	화물의 하역, 포장, 가공, 조립, 상표부착, 프로그램 설치, 품질검사 등 부가적인 물류업
	화물주선업	국제물류주선업, 화물자동차운송주선사업
	물류장비임대업	운송장비임대업, 산업용 기계·장비 임대업, 운반용기 임대업, 화물자동차임대업, 화물선박임대업, 화물항공기임대업, 운반·적치·하역장비 임대업, 컨테이너·파렛트 등 포장용기 임대업, 선박대여업
	물류정보처리업	물류정보 데이터베이스 구축, 물류지원 소프트웨어 개발운영, 물류관련 전자문서 처리업
	물류컨설팅업	물류관련 업무프로세스 개선관련 컨설팅, 자동창고, 물류자동화 설비 등 도입관련 컨설팅, 물류관련 정보시스템 도입관련 컨설팅
	해운부대사업	해운대리점업, 해운중개업, 선박관리업
	항만운송관련업	항만용역업, 물품공급업, 선박급유업, 컨테이너 수리업, 예선업
	항만운송사업	항만하역사업, 검수사업, 감정사업, 검량사업

자료 : 법제처(www.law.go.kr), 물류정책기본법 시행령 별표 1. (접속일 2013. 5)

(3) 직·간접적 항만 관련성에 따른 분류

항만산업의 명확한 구분이 어렵기 때문에 때로 항만산업은 항만과의 직접적 또는 간접적 관련성에 근거하여 그 범위를 설정하기도 한다. 특히 항만산업이 항만도시에 어떠한 영향력을 미쳤는가의 물음에 대한 답을 논하는 것이 본 장의 주요 내용이라면, 항만이 항만도시에 미치는 경제적 효과를 살피는 것이 필요하고, 이를 위해서는 거시경제적 관점에서 어떠한 산업들이 항만과 직·간접적으로 연관되어 있는가를 따져야 할 필요가 있다.

〈그림 4-1〉 항만관련 산업의 범위

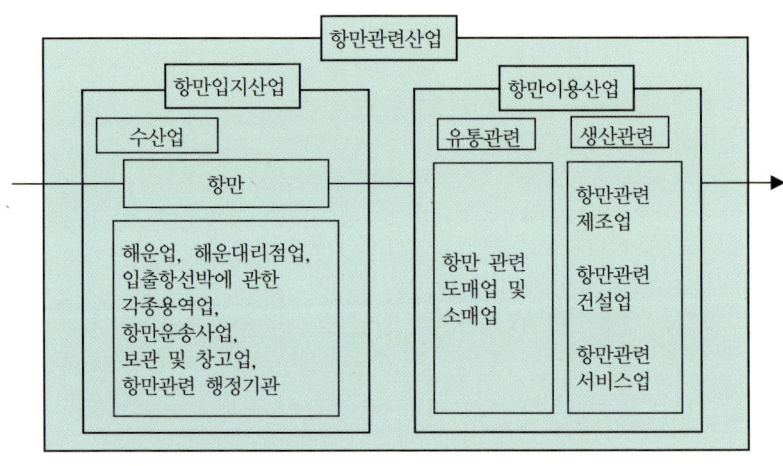

자료 : 한국해양수산개발원, 『항만산업의 경제적 파급효과에 관한 연구』, 2002, p.16.

항만과의 연관성에 따라 항만산업은 항만관련산업과 항만의존산업으로 구분된다. 먼저 항만관련산업은 항만산업 자신이 재화나 용역을 구입한 결과 야기된 활동 등과 관련한 산업을 말한다. 즉, 선박의 입출항, 화물의 적·양하 등 항만물류와 직접 관계되는 산업이

거나 이의 부대서비스를 행하는 산업을 말하며, 연관정도에 따라 다시 항만직접관련산업과 항만간접관련산업으로 구분된다. 항만직접관련산업은 항만입지산업, 그리고 항만간접관련산업은 항만이용산업이라고도 불린다.

 항만의존산업이라 함은 항만을 통해 수출입을 해야만 하는 산업군으로 즉, 항만을 통해서만 원재료를 구입할 수 있거나 혹은 생산물을 출하할 수 있는 제조업과 도소매업 등을 말하며, 의존 정도에 따라 항만직접의존산업과 항만간접의존산업으로 구분한다.

 전자는 한 산업의 입지가 원료나 제품의 성질(무게, 부피 등)상 수송 문제나 보관, 관리 및 이동 문제 등으로 인하여 그 입지가 항만에 직접 의존할 수밖에 없는 것으로, 만약 부산에 항만이 존재하지 않는다면 그 산업이 부산에 없거나 부산 이외의 곳에 입지하게 되는 산업이다. 후자는 한 산업의 입지가 항만에 직접적으로 의존한다고 볼 수 없지만 산업의 입지 결정이 항만에 의해 영향을 받을 뿐 아니라 산업의 경제활동도 항만에 의해 영향을 받는 산업이다.

 그러나 항만 인근 지역에 있는 모든 산업은 크든 작든 간에 항만과 관계를 맺고 있기 때문에, 이 관계를 절대적인 잣대로 하여 직접의존이냐 간접의존이냐로 구분하는 것은 실질적으로 어려움이 따른다.

〈표 4-3〉 항만물류산업의 의존도에 따른 항만산업의 분류

대분류	세분류	세세분류
항만 관련산업	해운업	외항여객운송업, 외항화물운송업, 내항여객운송업, 내항화물운송업, 선박임대업, 해운중개업, 선박대리점업, 관광선업, 선박중개업
	항만운송부대사업	항만용역업(경비업, 통선업, 선박청소업, 줄잡이업, 급수업), 도선업, 예선업, 선박급유업, 선박구난업, 항내선박수리업, 물품공급업(선용품업 및 선식업)
	항만운송사업	항만하역업, 포장 및 검수업, 검량·감정업
	보관·창고업	보통창고업, 냉장창고업, 위험물창고업, 농산물창고업, 기타 보관 및 창고업
	화물하역관계 서비스업	통관업, 수출포장업, 소독훈증업, 항내청소업, 탱크청소업
	컨테이너 관련산업	컨테이너 밴(Van) 수리업, 컨테이너 내륙수송업, 컨테이너 리스업
	항만관련 육운업	컨테이너 수리업, 항만관련 육상운송업, 항만건설업
	항만관련 행정기관	해양수산부 및 지방해양항만청, 세관, 동식물 검역소, 출입국관리소, 시청, 해양경찰대, 수산진흥원
	기타 항만관련 산업	해사대리점업, 항만관련 단체, 항만관련 출판업
물류 서비스업	직접의존산업	철선제품 제조업, 선박건조 및 수리, 선박용 기관 및 부품제조, 컨테이너 회사, 철도운수업, 특수화물운송업, 선원관리업, 무역업, 어업, 수산 및 가공, 어시장, 도정제분업, 여행알선업, 항만관련 건설업, 선박 및 항공기 중개업
	간접의존산업	인쇄출판업, 자동차부품제조업, 신발업, 철강산업, 가죽산업, 석유정제업, 고무제품제조업, 기타화학제품 제조업, 식음료수입, 사료제조업, 비철금속업, 목재 및 나무제품제조업, 섬유제조업(의복 제외), 의복제조업, 조립금속 및 기계장비제조업, 전기 및 전자기기제조업, 종이 및 종이제품제조업, 비금속 광물업

자료 : 경남발전연구원, 「경남지역 항만물류산업 활성화 방안연구」, 2012, p.14.

이외에도 항만물류산업은 기능적 관점에서 분류되기도 하는데 때에 따라 운송·하역·서비스·포장·정보·보관 등 6가지 기능[3]으로 분류되기도 하고 항만물류기능과 직접적으로 관련되는 제조업을 항만물류산업으로 포함시켜 7가지 기능으로 분류되기도 한다.[4]

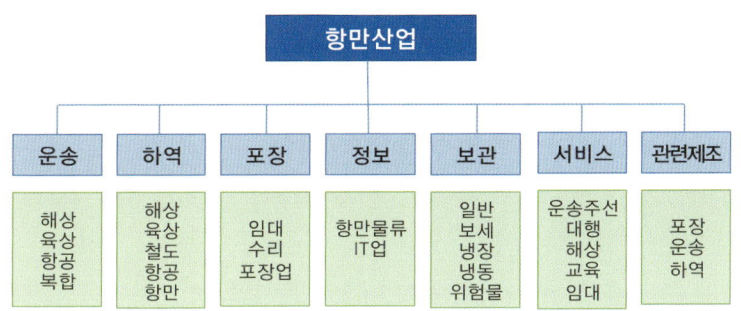

〈그림 4-2〉 기능에 따른 항만관련 산업의 분류

3) 항만산업 사례

(1) 전통 항만산업

항만도시는 각 국의 대표적인 산업도시와 그 기능이 겹치는 경우가 대부분이다. 소비보다 생산의 중심이었던 과거 산업성장의 시대에는 국가의 기간산업을 성장시키기 위한 필수 요건으로 중공업이 필요했으며, 관련 원자재의 수입과 제품의 수출이 자유로운 항만이 자연적으로 중공업 산업의 최적입지로 각광받았기 때문이다.

---
[3] 류형근·김봉수·이홍걸·양원·이철영, 「부산 항만물류산업의 실태에 관한 연구-매출액 관점」, 『한국항해항만학회지』 제8권 제5호, 2004, pp.405~411.
[4] 부산발전연구원, 『부산지역 항만물류산업 육성방안 연구』, 2004.

이 경우 상대적으로 다른 도시들에 비해 3차 산업에 대한 비중은 낮은 양상을 띤다. 중공업 중에서도 항만도시에서 특화된 중공업으로는 철강(제철), 기계, 조선 등이 대표적이다.

가. 철강산업

철은 지구상에 매장량이 풍부하고, 가공성이 우수하며, 단단한 장점을 가지고 있어 인류 역사와 함께 하면서 가장 널리 사용되고 있는 금속이다. 철강산업은 이러한 철을 함유하고 있는 철광석, 철 스크랩 등을 녹여 쇳물을 만들고 불순물을 줄인 후 연주 및 압연과정을 거쳐 열연강판, 냉연강판, 후판, 철근, 강관 등 최종 철강제품을 만들어내는 산업이다. 생산된 철강제품은 자동차, 조선, 가전, 기계, 건설을 비롯한 전 산업에 기초소재로 공급됨으로써 우리생활에 없어서는 안 될 중요한 소재로 활용되고 있다.[5]

우리나라 철강산업의 시장 구조는 1970년대 공업화를 통한 경제 발전 과정에서 만들어졌다. 제철산업의 육성을 통해서만 철강 수요 산업의 발전이 가능하다는 논리로 국내 최초의 일관제철소인 포항종합제철이 건설된 이래 30년간 큰 변화 없이 유지되어 왔다. 우리나라의 포항, 광양 등이 대표적인 철강산업 중심의 항만 도시이다.

나. 기계산업

기계산업은 조립금속, 일반기계, 전기기계, 정밀기계, 수송기계 등 기업의 생산활동에 필요한 생산설비를 제작하여 공급하는 산업이다. 기계산업은 국가의 주요 경제 활동이 이루어지고 있는 제조업, 건설업, 운송업, 광업 및 농업 등 전반에 연계되어 산업 발전의 기반을 이

---

5) 한국철강협회 홈페이지(www.kosa.or.kr) (접속일 2013. 5)

루는 산업으로, 주로 타 산업으로부터 중간재 또는 부품·소재를 구매하여 생산설비를 제조하는 데 사용하기 때문에 타 산업부문의 생산 증가를 유발하는 역할을 수행한다. 즉 기계산업은 다양한 산업에 소비되는 생산설비를 제공함과 동시에 중간재와 원자재를 공급하는 타 산업의 생산 증가를 유발하는 전·후방 연관산업으로서 국가 산업 발달의 중추적 역할을 담당하며 항만도시의 성장을 꾀하여 왔다.

교역규모로 세계 15위권 내인 우리나라 기계산업은 수출의 증가세를 지속하고 있고 특히 무역수지가 균형 상태에 접근하는 등 질적인 면에서 상당한 발전을 거듭하였다.

다. 조선산업

조선산업은 대형 생산설비를 필수적으로 갖춰야 하기 때문에 막대한 설비자금이 필요하며 이러한 설비가 효율을 발휘하기까지 장시간이 소요된다. 적정규모의 기술 및 기능인력 확보가 필수적인 노동집약적 산업으로 고용효과가 지대하며 건조 공정이 매우 다양하고 대형 구조물의 제작상 자동화에 한계가 있어 다수의 기능인력이 필요한 산업이다.

조선산업은 상선 및 여객선 외에 일반 군함, 잠수함 및 항공모함 등 해군의 중요한 장비인 군용선을 건조하는 국가 방위산업이라는 관점에서 중요하여 시장경쟁력을 상실한 선진국들도 조선산업을 지속적으로 유지하려는 경향을 띤다.

국내 조선산업은 내수의존적 업종과 달리 일찍부터 세계시장의 무한경쟁 환경 속에서 경쟁력을 확보하여 세계적으로 품질, 기술력을 인정받고 있으며 세계 1, 2위의 경쟁력을 갖춘 대표적 수출산업으로서 우리나라 주요 항만도시의 성장을 촉진한 대표적 산업이다.

(2) 신(新) 항만산업

글로벌화의 지속적인 진전과 산업경쟁의 각축은 항만산업의 구조에 새로운 바람을 몰고 왔다. 특히 지속가능하고 보다 고부가가치 창출이 가능한 산업의 개발은 항만산업에도 예외가 아니며, 다양한 시각과 측면에서 신규 항만산업의 발굴이 이루어지고 있다. 특히 최근 전 세계적으로 주요한 이슈로 자리 잡은 자원 확보와 기후변화 대응 정책은 이를 더욱 촉진하고 있으며 항만도시의 주요 산업 범주도 더불어 확대되고 있다.

가. 해양플랜트 및 기자재 산업

에너지 자원은 육지에서 점차 고갈되어 그 한계를 드러냄에 따라 개발 영역을 바다로, 옅은 바다에서 점점 깊은 바다로 확대해 가고 있다. 이에 따라 바다에서 석유나 가스를 생산하기 위한 설비 즉 해양플랜트도 변신을 거듭하고 있다.

해양플랜트 산업은 해양에서 Oil&Gas 자원을 탐사, 시추, 개발 생산하는 전 과정에서 필요한 기술을 개발하고, 소요되는 장비 및 시설물을 제작·운용하며 이에 관련된 서비스를 제공하는 사업이다. 해양자원이 대륙붕에서 점차 고갈되어 심해와 극지에서 개발과 생산을 확대해야 하기 때문에 해양플랜트 산업은 그 중요성이 더욱 커져가고 있으며 더욱 고도화된 기술과 막대한 자본의 투입을 필요로 한다. 중국, 인도 등 신흥 개발도상국의 경제발전으로 인한 원유 수요 증가 및 심해 유전개발 증가로 향후 해양플랜트의 수요가 지속적으로 증대될 전망이며 이에 따라 해양플랜트와 관련한 기자재의 수요 증가도 함께 예상된다.

나. 해양관광·레저 산업

여가시간의 증대와 소득수준의 향상, 교육기회의 확대 등으로 해양관광과 레저의 수요증가가 가속화되고 있다. 과거 단순히 풍경을 감상하고 해수욕, 낚시를 즐기는 곳으로만 인식되었던 해양은 바다를 매체로 한 다양한 콘텐츠 개발로 이용자가 직접 참여하거나 보다 근접하는 형태의 문화공간으로 점차 변모하고 있다.

관광산업은 단일 산업으로는 세계 최대의 산업이며, 동시에 높은 고용효과를 가져오는 산업으로 평가되고 있다. 특히, 해양레저스포츠, 크루즈관광 등 해양관광산업은 고부가가치를 창출할 수 있는 산업으로 그 중요성이 더욱 강조되고 있다.

미국, 일본 등 선진국에서는 수상레저에서 한 단계 더 나아가 해중 비경의 관람으로까지 확대되고 있으며, 우리나라도 3천여 개의 도서와 약 12,000km의 해안선, 드넓은 갯벌, 수려한 해양경관 등 천혜의 해양 관광자원을 중심으로 국민의 정책수요가 지속적으로 증가하고 있는 추세이다.[6]

3. 항만도시의 산업현황

1) 국내

우리나라의 항만도시는 31개 항만을 중심으로, 항만도시 인근에 자리한 산업단지와 연계하여 발전하여 왔다. 우리나라의 산업단지

---

[6] 박수진, 홍장원, 「우리나라 해양관광산업 육성을 위한 정책 개선방향에 관한 고찰」, 『해양환경안전학회지』 제18권 제2호, 2012. 4, p.132.

는 2012년 12월 말 기준으로 총 993개이며, 총 75,794개사가 입주하여, 연간 1,137억 달러에 이르는 수출을 담당하고 있다. 산업단지가 항만 인근에 입지하고 있는 이유는 항만과 가까이 위치할수록 수출입에 소요되는 물류비용이 절감되기 때문인데, 우리나라 수출입화물의 99.8%가 항만을 통해 이루어지고 있다는 점만 보아도 산업단지와 항만의 연계는 항만도시의 성장에 매우 주요한 요소임을 짐작할 수 있다.

2012년 12월 말을 기준으로, 우리나라 전국 무역항별 화물 처리 실적을 살펴보면 연간 약 13억 4천만 톤으로, 지난 10년간 연평균 3.9%의 증가율을 보였다. 2013년 우리나라의 예상 경제성장률이 3% 이내인 점을 감안할 때 과거에 항만의 화물량이 급격히 증가했다는 것을 알 수 있다.

우리나라는 삼면이 바다로 둘러싸인 반도국으로, 국내 주요 항만도시들은 각각 동해, 남해 및 서해로 나뉘어 입지하고 있지만 화물처리를 기준으로 부산·광양·울산·인천항에서 처리하고 있는 화물이 우리나라 전체 화물의 약 74%를 차지하고 있어 이들이 우리나라의 주요한 항만도시로 손꼽힌다.

2009년 말을 기준으로 우리나라 내 총 사업체수는 3,293천 개인데 이 중 항만산업으로 분류할 수 있는 사업체는 약 284천 개로 국내 총 사업체수의 8.6%를 차지하고 있다. 국내에 종사하고 있는 16,818천 명의 종사자수 중 항만산업 종사자수는 약 1,609천 명으로 전체의 9.6%를 차지한다. 전체 산업에서 순수 항만산업은 1,501개로 전체의 0.05%에 불과하고 직접 관련 산업은 17만 6천여 개, 간접관련 산업은 10만 6천여 개로 각각 전체의 5.4%와 3.2%를 차지한다. 생산액을 기준으로, 2009년 말 기준 국내 총 사업체의 생산액은 약 958조이며 이 중에서 항만산업은 96조로 전체 생산액의 10.04%

의 비중을 차지하는 것으로 나타났다. 세부적으로 살펴보면 순수 항만산업은 13조 원으로 국내 총 생산액의 1.42%, 직접관련 산업은 29조로 국내 총 생산액의 3.12%, 간접항만산업은 52조로 국내 총 생산액의 5.5%를 차지하고 있다.[7]

〈표 4-4〉 우리나라 항만산업 현황

단위 : 개, 명, 백만 원, %

구분	총사업체수	비중	종사자수	비중	생산액	비중
국내 총 산업	3,293,558	100.0	16,818,015	100.0	958,781,495	100.0
항만산업 총계	283,959	8.62	1,609,341	9.57	96,249,191	10.0
순수	1,501	0.05	37,413	0.22	13,615,022	1.4
직접	176,248	5.35	627,752	3.73	29,890,922	3.1
간접	106,210	3.22	944,176	5.61	52,743,248	5.5

주 1) 순생산물세(상품이나 서비스에 붙는 부가가치세, 특별소비세, 관세 등의 간접세) 제외 금액
주 2) 항만물류산업 총계 생산액에서 보험업은 제외
주 3) 통계청, 광공업/운수업/서비스업/도소매업 통계조사 보고서 등 각 산업통계조사 보고서를 이용하여 추계
자료 : 경남발전연구원, 『경남지역 항만물류산업 활성화 방안연구』, 2012. 10, p.24.

2) 해외

최근 중국의 성장세와 더불어 2011년 말 기준 세계 10위권 항만 중에 중국 항만은 홍콩을 제외하고도 5개 항만이 포함되어 있다. 이 중 신규로 급부상한 중국 항만을 제외하고 오래 전부터 주요 항만 강국으로서의 지위를 누려온 항만은 싱가포르항, 홍콩항, 로테르담항 등이 있다.

---

7) 경남발전연구원, 『경남지역 항만물류산업 활성화 방안연구』, 2012. 10, p.23.

(1) 싱가포르

싱가포르는 19세기부터 지정학적인 장점으로 중계무역의 중심지로 발전하다 1965년 말레이시아로부터 분리되어 새로운 국가가 되었으며 자유무역화를 통해 산업화를 이룬 국가이다.

싱가포르항은 세계 제일의 컨테이너 환적 중심 항만으로 123개국 600여 항만과 연결된 해운서비스를 제공하고 있다. 싱가포르항은 컨테이너 항만에서 그간 1위 자리를 지켜오다 2011년에는 총 3,170만 TEU를 처리한 중국 상하이항에 이어 세계 2위를 차지하였으며 총 2,994만 TEU의 물동량을 처리하였다.

싱가포르의 환적 물동량은 전체 물동량의 약 80%로, 세계 어떤 항만보다도 월등히 높은 비율을 나타낸다. 싱가포르는 영토가 좁고 부존자원이 빈약하여, 해운, 항만 및 금융 산업 외에는 주력산업이 전무한 형편이나 지리적인 측면에서 세계의 각 지역을 연결할 수 있는 유리한 지점에 위치하고 있어 자체 화물의 확보보다 아시아와 타 지역을 연결하는 환적화물 중심 항만으로서 전략을 구사하여 왔다.

(2) 홍콩

홍콩은 주장 하구의 동쪽, 난하이 연안에 있으며 광저우로부터 약 140km 떨어져 있다. 1997년 7월 1일 영국으로부터 주권을 반환받아 특별행정구로 지정되었으며, 국제 무역도시로 상하이항이 발달하기 이전에는 중국 제1의 컨테이너 항만의 역할을 수행하였다.

2004년까지 세계 1위의 컨테이너 처리 항만의 위상을 지켜오다 2005년 싱가포르에 이어 2위를 차지하였으며, 이후 상하이항의 부상으로 2011년부터 3위로 하락하는 등 중국 내 대규모 항만의 성장에 따라 홍콩항의 물동량 감소는 지속되어져 오고 있다.

이에 홍콩항은 '마스터플랜 2020'의 수립을 통하여, 경쟁항만 성장에 따른 상황 변화에 대비하고 있다. 이 대비책의 가장 큰 특징은 12,000TEU급 컨테이너선을 접안시킬 수 있는 초대형 부두를 확보하는 것으로 한 단계 업그레이드된 시설 확보에 초점을 맞추고 있다. 더 나아가 중국 내륙과의 연계 강화와 수출입 화물의 운송원가 절감, 내륙운송 네트워크의 개선 추진 등을 통해 기존 항만 처리능력의 향상을 위해 주력하고 있다.

(3) 로테르담

로테르담항은 반경 480km 이내에 독일, 프랑스, 영국, 덴마크 등 EU 주요국이 자리한 중심부에 위치한 항만으로, 유럽으로 들어오는 해상화물의 37%가 로테르담항과 암스테르담항을 경유하고 있어 유럽의 관문항으로 잘 알려져 있다. 1970년 이후 지속적인 항만 개발에 힘써 다른 유럽 국가로 가는 환적화물의 60% 이상을 유치하였다. 또한 로테르담 시에는 항만을 따라 물류관련 지원 시설들이 입지하고 있으며, 이러한 물류관련 시설을 통해 다른 유럽국가로 가는 화물들의 약 20%를 가공, 조립, 포장 등의 물류활동을 거쳐 재수출하고 있다.[8]

유럽 시장은 넓고 다양함에도 불구하고, 대부분의 국가들이 항만을 보유하지 않고 있어 타국의 항만을 이용할 수밖에 없는 입장이다. 이에 로테르담은 유럽의 타국과의 연결이 가능한 연계수송망을 갖추고 국제적인 물류회사의 유치를 통해 물류중심국가로서의 위치

---

[8] 김혁진, 「동북아 중심항만으로서 한국항만의 역할과 발전방안」, 단국대학교 경영대학원 석사학위논문, 2010, p.46.

를 확보하였다.

특히 로테르담항은 항만과 연계수송이 가능한 스키폴공항을 중심으로 물류거점화 역할을 수행하고 있는데, 스키폴공항은 연간 84만 톤의 물동량을 처리하는 공항으로, 네덜란드 전체 철도역의 75%와 연계수송이 가능하며, 주요 도시인 암스테르담, 로테르담, 헤이그를 연결하는 간선도로와 인접하고 있어 국내를 비롯한 유럽 전역을 연결하는 복합운송의 거점 역할을 담당하고 있다.

〈표 4-5〉 글로벌 항만순위 변화

단위 : 만 TEU

순위	1998		2006		2012	
	항만	처리실적	항만	처리실적	항만	처리실적
1	Singapore	1,514	Singapore	2,792	Shanghai	3,258
2	Hong Kong	1,458	Hong Kong	2,354	Singapore	3,165
3	Kaohsiung	627	Shanghai	2,171	Hong Kong	2,310
4	Rotterdam	601	Shenzhen	1,847	Shenzhen	2,294
5	Busan	595	Busan	1,204	Busan	1,702
6	Long Beach	410	Kaohsiung	977	Ningbo	1,683
7	Hamburg	355	Rotterdam	965	Guangzhou	1,474
8	Los Angeles	338	Dubai	892	Qingdao	1,450
9	Antwerp	327	Hamburg	886	Dubai	1,328
10	Shanghai	307	Los Angeles	847	Tianjin	1,229

자료 : Lloyd's List(www.lloydslist.com) (접속일 2013. 8)

4. 항만도시와 산업의 경제적 상관관계

항만 투자와 경제 성장이 양(+)의 관계에 있다는 것은 일반적인 통념이다. 즉 항만 투자는 경제 성장에 직접적인 영향을 미치는 요인으로, 결국 높은 수준의 항만 투자는 높은 수준의 경제 성장을 불러온다. 반대로 항만 투자의 부족은 경제 성장의 저해 요인이 될 수 있다. 이러한 점에서 본다면 항만 투자는 경제 성장의 일부분에 불과하지만 항만의 영향력이 큰 항만도시의 경우, 안정적인 항만 투자를 통한 항만 발전이 항만도시의 경제 성장을 선도하는 주요한 요소가 될 수 있다.

항만 투자를 통한 직접적인 경제효과는 일반적으로 산업연관분석을 통해 이루어진다. 한 국가 경제에서 각 산업들은 생산활동을 위해 상호간에 재화와 서비스를 구입하고 판매하는 과정을 통해 직접 또는 간접적으로 서로 관계를 맺고 있다. 산업연관표는 보통 1년으로 하는 일정 기간 동안에 일어나는 상기의 산업간 거래관계를 일정한 원칙에 따라 행렬 형식으로 기록한 통계표로, 산업연관분석은 이 산업연관표를 이용하여 산업간 상호 연관관계를 수량적으로 분석하는 방법이다. 산업연관분석은 최종 수요가 유발하는 생산, 부가가치, 고용 등 각종 파급효과를 산업부문별로 구분하여 분석할 수 있기 때문에 이를 통해 항만 개발이 지역경제에 미치는 생산·부가가치·취업 등의 유발효과를 계량적으로 산출하여 지역사회의 기여도를 측정할 수 있다.[9]

---

[9] 산업연관분석은 최종수요의 변동(소비 혹은 투자)이 각 산업의 생산활동에 미치는 직·간접의 파급효과를 해당 계수를 통해 측정하는 것임.
　·생산유발계수 : 항만산업에 대한 투자로 인해 각 산업부문에서 직·간접으로 유발되는 생산유발
　·부가가치유발계수 : 국내생산물에 대한 최종수요가 한 단위 증가했을 때 발생하는 직·간접적 부가가치
　·고용유발계수 : 최종수요가 한 단위 증감함으로 인해 발생하는 고용

일반적으로 항만시설 투자, 즉 항만 개발은 전 산업의 생산유발효과 평균치를 상회하며, 비교적 생산유발효과가 높은 산업에 속하는 건설보다도 더 큰 생산을 유발한다.[10]

그러나 이상의 결과들은 방파제, 항로 등의 외곽 시설과 접안·하역·보관 시설 등 항만이 제 기능을 발휘하기 위해 갖추어야 할 시설만을 대상으로 하고 있다. 따라서 최근 우리나라에서도 활발히 진행 중인 항만배후단지의 개발이 지역경제에 미치는 영향력을 추가적으로 고려한다면 규모는 더욱 확대된다.[11]

일례로 인천신항에 건설 중인 배후단지 개발에 따른 인천 지역의 산업별 파급효과를 보면, 생산유발액 2조 5,708억 원, 부가가치유발액 1조 7,831억 원으로 추정되며 부산항 신항의 항만배후단지 개발 또한 생산 유발효과 5조 2,980억 원, 부가가치 유발효과 2조 1,886억 원, 고용 유발효과 3만 9,437명으로 부산 지역의 지역경제에 미치는 영향력이 큰 것으로 나타났다.[12]

일반적으로 항만은 선박이 접안하여 선적 혹은 하역하는 장소로서 선박이 정박하기 위한 정박 시설, 접안 시설, 하역장비, 보관 시설, 산업적 기초시설, 배후연계수송 시설 등 일련의 물적 시설이 갖추어진 조직 또는 운영체로 정의된다.[13] 즉 항만의 가장 중요한 기

---

10) 산업별 생산유발계수

구분	1990년	1995년	2000년
건설	1.965	2.041	1.990
항만시설	1.804	2.049	2.032
전산업 평균	1.765	1.671	1.659

11) 항만배후단지란 항만의 배후에 위치한 물류단지로, 항만배후단지는 글로벌 경제환경 변화에 맞추어 국가경제 성장에 기여하고 항만물류산업 활성화에 필요한 물동량, 부가가치 및 고용창출을 목적으로 하는 물류, 제조, 지원기능이 조합된 항만구역 내 일단의 토지로 정의된다. 항만배후단지 건설에 따른 경제효과는 항만건설과 마찬가지로 항만배후단지 개발→건설투자 지출→생산, 부가가치, 고용효과의 순으로 분석.
12) 박헌수, 임영태, 「항만배후단지 개발의 지역경제 파급효과」, 항만배후단지 개발방향 모색을 위한 심포지움, 2006.
13) 김학소·김의준·성숙경, 『항만투자의 경제적 효과에 관한 연구』, 한국해양수산개발원,

능은 효율적이고 저렴한 화물의 이송, 검사, 보관, 관리를 위하여 화주에게 최선의 서비스를 제공하는 것이며, 이러한 점에서 항만의 본원적 기능은 항만 운영이라 할 수 있다. 다시 말해 항만은 SOC 시설로서 항만 시설의 투자가 발생시키는 경제적 효과 외에도, 본래의 목적인 항만 운영을 통해 경제적 이익을 창출하고 있는 것이다.

항만 운영을 통한 경제효과는 〈그림 4-3〉과 같이 다양한 측면에서 창출이 가능하다. 특히 최근 항만이 전통적인 기능에 화물의 종합유통 기능, 산업공간 기능, 생활공간 기능 등이 더해지면서 항만 운영을 통한 간접적인 경제효과가 더욱 중시되고 있는 실정이다.

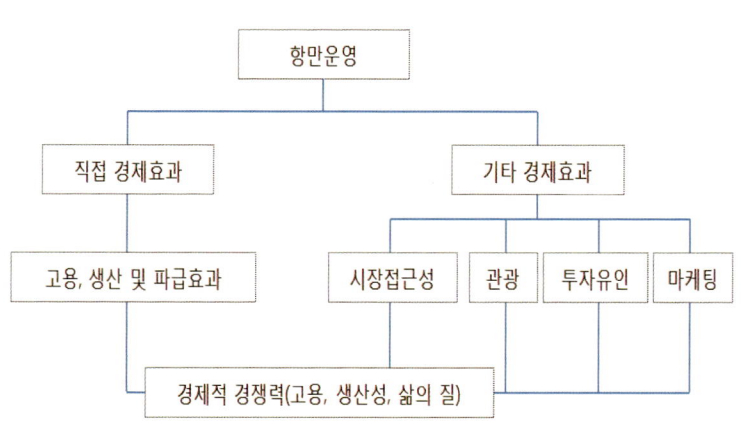

〈그림 4-3〉 항만과 지역경제의 관계

자료 : 정봉민, 「항만과 지역경제」, 월간 『해양수산』 제288호, 한국해양수산개발원 2008. 9, p.1 재인용
원자료 : S. R. Evans and M. Hutchins, 「The development of strategic transport assets in Greater Manchester and Merseyside: does local governance matter?」, 『Urban Stydies』 Vol.36, 2002, pp.795~809.

2000. 12, p.6 재인용; (원자료 : Alan E. Branch, 『Elements of Port Operation and Management』, Chapman and Hall, 1986, p.2.)

항만 운영을 통해 항만산업이 경제 성장에 미친 영향은 다수의 연구들을 통해 간접적으로나마 확인할 수 있다. 이들 연구들은 거시적 측면에서 항만이 국가경제에 미친 영향력을 분석하였으며, 이 영향력의 크기는 통상 한 지역의 경제 성장을 가늠하는 척도인 지역내 총생산의 변화로 설명된다.

지역내 총생산은 항만 시설, 항만 인력, 입출항 선박, 항만 물동량, 항만 비용, 항만산업 등의 요소와 높은 관련성이 있다. 우리나라의 대표 항만도시인 부산과 인천의 경우, 이 요소들은 해당 지역 경제 성장의 약 50%를 담당하고 있다.[14]

그러나 최근에 이르러 주요 항만도시의 1인당 지역내 총생산이 전국 평균보다 저조하여 과거에 비해 항만도시의 부(富)의 축적이 약화되는 경향을 보이고 있다. 지난 2007년 부산시와 인천시의 지역내 총생산은 전국 16개 시·도 가운데 13위와 9위를 차지하는 데 그쳤다. 항만산업의 중요성이 더욱 증대되는 상황에서 항만도시들의 경제적 위상이 저하된 이유는 항만이 담당하는 배후 지역의 범위가 대폭 확대되었기 때문이다.[15] 과거 항만은 해당 도시의 지역화물을 주로 취급했지만 최근에는 화물 취급 범위가 전국적으로 확대됨에 따라 항만도시의 독점력을 약화시키는 요인이 되었다. 이러한 추세에서 최근 항만도시의 경제 창출은 항만 자체보다 항만배후단지에 더욱 크게 좌우되는 경향을 띠고 있다.

우리나라의 경우, 과거 항만배후단지는 항만을 지원하는 단순 보조 시설로 개발되었으나 최근에는 항만을 이끌어가는 중심 시설로 성장하고 있다. 항만배후단지는 최근 기존 물류기능뿐만 아니라 제

---

14) 우양호, 「항만이 해항도시의 경제성장에 미치는 효과」, 『지방정부연구』 제13권 제3호, 한국지방정부학회, 2009. 가을, p.354.
15) 정봉민, 「항만과 지역경제」, 월간 『해양수산』 통권 제288호, 한국해양수산개발원, 2008. 9, p.2.

조 기능까지 통합하는 서비스·생산의 클러스터로 성장하고 있어 항만배후단지 내 제조 기업 유치를 통한 다수의 고용창출도 가능해졌다.

우리나라는 아직까지 항만배후단지의 운영보다 조성을 통한 경제효과 창출이 더욱 큰 것으로 추정된다. 그러나 배후단지 운영에 따른 파급효과는 대체로 장기간에 걸쳐 나타나므로 주요 선진국이 항만배후단지를 도입하여 운영한 것과 마찬가지로 장기적 관점에서 살펴본다면, 항만의 배후단지에 대한 투자는 충분히 가치가 있을 것으로 예상된다. 일찍이 그 활성화 기반을 마련한 세계 주요 항만배후단지 내에서 창출하는 고용효과는 싱가포르의 경우 연간 1백만 명 이상이며, 부가가치 효과도 900억 달러를 상회한다.

세계적으로 활발히 추진 중인 FTA 등의 체결은 항만배후단지 내에서의 부가가치 활동을 더욱 활성화시켜 향후 국가 경제를 견인할 수 있는 핵심 요소가 될 전망이다. 이미 해운·항만관련 사업 종사자들에게 있어 항만배후단지의 개발은 해운항만 물류부문 경쟁력의 한 요소로 인식되고 있는 추세이며 항만배후단지의 주요기능은 물류기능이지만 운송관련서비스업 일부에서는 배후단지의 상업·업무 기능도 점점 더 중요하게 인식되고 있다.

5. 항만도시 산업의 신경향과 미래

바다와 접하고 있는 항만은 시대적 조류에 가장 적극적으로 변화할 수밖에 없는 공간이다. 과거 터미널 기능 중심의 항만은 글로벌화, 선형의 대형화 등의 요인으로 종합 물류기지로서의 기능과 역할을 수행하는 방향으로 변화되고 있으며, 이러한 항만 기능의 변화는 항만을 둘러싼 항만산업의 변화에도 절대적인 영향력을 미친다.

변화의 물결을 타고, 세계 주요 항만들은 항만의 공간 및 시설에 고도의 물류기능을 확충하고 배후에 충분한 공간을 확보하여 항만을 중심으로 대규모 종합화물유통기지를 조성하고자 열을 올리고 있다. 뿐만 아니라 항만 내는 물론 주변의 항만 외곽 지역에도 종합화물유통기능을 효율적으로 수행할 수 있는 모든 기능을 집중시킨 다양한 기능의 물류 클러스터와 관련 시설을 확충하는 경향은 선진 주요 항만을 넘어 더욱 확산되고 있다.

단순한 보관과 하역을 담당했던 구식 항만은 이제 찾아보기 힘들다. 배후도시와의 연계를 통해 글로벌 기업을 유치하고 신산업을 발굴하는 일은 이제 항만도시가 당연히 담당해야 하는 주요 기능이 되었다. 항만과 항만도시를 둘러싼 산업의 발전을 위해서는 다양한 업종들이 클러스터를 구축하여 기업 간 시너지 효과를 극대화해야 하기 때문이다.

이와 더불어 지속성장을 위해 마련된 환경규제는 항만산업의 분야를 더욱 확대시키는 요인이다. 이미 해외에서는 민간 기업을 중심으로 해양바이오, 해양관광업, 해양자원 등을 항만산업의 새로운 분야로 포함하고자 하는 노력이 나타나고 있으며[16] 이러한 경향은 우

---

16) 영국의 민간 회사인 Douglas-westwood社는 2004년 매출액 또는 총 지출액을 기준으로 해운업, 해양관광산업, 해저 Oil & Gas, Seafood 가공, 해양장비, 어업, 조선업, 방위조선업, 항만업, 양식업, 레저보트조선업, 크루즈산업, R&D산업, 해양서비스업, 해양에너지, 보안 및 통제, 해양조사, 교육훈련, 해저기술, 해저굴착장비 등의 20개 부문을 항만관련 산업으로 정의. 호주 또한 Allen Consulting Group이란 민간 기업은 부가가치, 고용, 수출, 조세 등을 기준으로 해양관광산업, 해양석유정제업, 수산 및 수산가공식품업, 해운업, 조선업, 항만업의 6개 부문을 항만산업으로 규정하였으며, 미국의 National Ocean Economics Program에서는 부가가치, 고용을 기준으로 항만산업을 아래의 6개 분야, 23개 산업으로 분류.
· 해양건설업 : 해양플랜트 산업
· 해양생물자원산업 : 양식업/종묘생산업, 어업, 수산물가공, 수산물 유통/판매
· 해양관업 : 해사/골재채취업, 해저 석유/가스 탐사 및 개발
· 조선업 : 보트 건조 및 수리, 선박 건조 및 수리

리나라 정책 추진 상에서도 조금씩 나타나고 있다.

이처럼 항만산업에 대한 폭넓은 포용과 수용은 새로운 시대에 발맞춘 항만산업의 도전을 시사하며, 향후 우리가 지향해야 할 항만산업에 대한 방향성을 제시한다. 하지만 반드시 명심해야 할 것은, 항만을 둘러싼 대외 환경이 빠르게 변화한다고 해서 새로운 항만산업의 동향을 무분별하게 받아들이는 일은 없어야 한다는 점이다.

항만을 터전으로 삶을 이어온 사람들에게 항만은 생명과도 같다. 누구에게나 열린 공간인 항만이 그 고유의 역할을 제대로 하기 위해서는 새로운 항만산업이 가져올 경제적 파급성과 더불어 항만관련 일을 업으로 삼고 살아가는 사람들의 미래가 반드시 고려되어져야 한다. 항만과 항만도시는 앞으로도 특정의 대상이 아닌 우리 모두를 위해 열려 있는 공간으로서 끝까지 존속해야 하기 때문이다.

· 해양관광업 : 위락/레크레이션 서비스, 음식업, 숙박업, 마리나산업, 캠핑장운영, 해상경관 투어, 스포츠용품 판매업, 아쿠아리움
· 해운업 : 화물운송, 여객운송, 해상운송 관련 서비스, 항해장비, 보관창고업

05

제5장
항만도시와 항만배후단지

PORT & CITY

05
항만도시와 항만배후단지

박승기 · 이성우

1. 항만도시와 항만배후단지

항만배후단지[1]는 항만에 인접하여 조성된 부지로서 물류기업 및 제조기업 등이 입주하여 있는 산업시설을 일반적으로 의미하며, 경우에 따라서는 주거 및 위락기능 등이 포함되기도 한다. 기본적으로 항만배후단지는 항만을 중심으로 바다로 나가는 지향지(foreland) 그리고 육지로 나아가는 배후지(hinterland) 사이에 항만을 지원하는 공간으로 인지되고 있다. 항만, 항만배후단지, 항만도시 그리고 배후지로 연결되는 하나의 연결 축에 항만배후단지가 놓여있는 것이다. 이러한 의미에서 항만도시는 항만과 항만배후단지를 품는 용기 역할을 하고 있으며, 이 요소들의 성장과 발전에 따라 항만도시 역시 성장과 변화를 할 수밖에 없는 불가분의 상관관계를 가지고 있다.

항만배후단지의 기원을 살펴보면, 항만이 생겨나기 시작하면서부터 항만배후단지의 기능도 함께 시작되었다고 할 수 있을 것이다. 오늘날은 계획단계에서부터 항만과 항만배후단지를 동시에 고려하

---

[1] 앞으로 본 장에서는 항만법에서 개념으로 사용하는 항만배후단지를 항만의 배후에 기능적, 공간적으로 연결된 공간으로 보고 사용한다.

는 것이 당연할 정도로 둘의 관계는 밀접하다 할 수 있으나, 항만에 비해 항만배후단지에 대한 인식은 훨씬 이후에 생겨났다. 이는 현대 수학에서는 미적분이라 하여 미분과 적분을 한꺼번에 가르치고 있으나, 적분은 고대 이집트에서부터 이용된 것에 비해 미분은 근대 이후에 발달하여 실제로 두 개념이 발전한 시기에는 수천 년의 격차가 있는 것과 마찬가지이다.

항만과 도시의 기능이 구분되지 않던 중세 시대의 '초기 항만도시'(primitive cityport)에서는 항만배후단지의 개념이 등장하지 않았으나, 이 시기에는 항만과 도시의 기능에 항만배후단지의 기능이 포함되었다. 항만배후단지에 대한 개념이 사실상 등장한 것은 20세기 들어 항만과 도시가 분리되기 시작하면서부터라 할 수 있다. 항만과 도시가 분리됨으로써 항만에 대한 각종 지원 기능을 담당할 시설이 필요하면서 항만배후단지가 등장한 것이다.

근대 항만의 성장과 연결시켜보면, 1960년까지 항만은 바다와 육지를 연결하는 단순한 연결점으로서, 화물을 처리하고, 이를 보관하며, 선박의 항내 운항에 도움을 주는 하역 중심의 기능을 담당하였다. 그러나 1960년 이후 항만의 운송 기능과 생산 센터(production center)의 중요성이 높아지면서 항만은 재화의 포장, 라벨링, 혼합 및 배송과 같은 서비스를 제공하는 개념으로 그 기능이 확대되어 갔다. 또한 이 당시 항만 주변에는 이러한 서비스를 제공하기 위한 서비스 업체가 군집하기 시작하였으며, 이들은 항만 운영주체 및 화주와의 관계를 더욱 강화함으로써 그들의 부가가치를 높이기 시작하였다. 한편 1980년 들어오면서 국제사회는 WTO/GATT 등을 중심으로 지역 무역협정 또는 양자 간 무역협정 등을 체결하기 시작하면서 국가 간 무역장벽을 허물기 시작하였으며, 국가 간 무역이 활발해지면서 컨테이너 화물이 급속하게 증가하기 시작하였다. 이에 항만 기능도 국가 간 교역에 있어서 화물의 정보 제공 및 화물의 배송 등과 같은 물류기능으로 확대되어 갔다.2) 이러한 물류기능을 충족시키기 위하여 발달되기 시작한 것이 컨테이너 전용 터미널과 항만배후단지(logistics park)의 배송센터(distribution center) 등이다. 이러한 물류기능이 더욱 부각되기 시작한 것은 2000년 이후로 기업 간 물류비용 절감을 위한 경쟁은 기업으로 하여금 운송거리의 단축이 가능한 지역을 2000년 이전보다 더욱 선호하게 되었으며, 그 결과 항만배후단지가 중요 입지로 활용되고 이곳에서 다양한 물류 활동이 전개되었다.3)

항만배후단지는 초기에는 물류 및 제조 활동을 지원하기 위한 산업시설로 기능하였으나, 최근에는 이러한 산업시설을 지원하기 위한 주거단지 및 위락단지를 배치함으로써 자체로 항만도시의 기능을 대체할 수도 있다. 그러나 여전히 대부분은 항만도시와는 지리적으로 분리되어 있고, 항만도시의 일부 기능을 수행하는 경우가 많다. 따라서 항만배후단지의 개념은 항만과 도시의 상호작용 과정에서 발생하였으며, 또한 항만의 기능이 확대되면서 심화되었다 할 수 있다. 또한 오늘날 항만배후단지는 특별경제구역이나 자유무역지역으로 지정되어 일반인의 출입이 통제되고 관세면제 등의 혜택이 주어지는 경우가 많으며, 외국인 투자유치를 위한 첨병으로 기능하는 경우가 많다. 항만의 새로운 변화와 함께 항만배후단지 역시 크게 변화하면서 항만도시의 중요한 공간으로 자리를 잡고 있다.

---

2) Lee, et.al., 「A tale of Asia's world ports: The spatial evolution in global hub port cities」, 『Geoforum』, 2007, Internet version: www.sciencedirect.com (접속일 2013. 5).
3) 이성우 외, 『국제분업화에 따른 항만배후단지 기업유치 방안 연구』, 한국해양수산개발원, 2007. 12, p.22.

2. 항만배후단지의 개념과 기능

1) 항만배후단지의 개념

항만과 도시가 구분되기 시작하면서부터 항만의 기능이 단순한 화물 처리 공간이 아닌 하역, 보관, 유통, 전시, 판매, 가공 등의 서비스가 동시에 이루어지는 종합물류서비스 공간으로 확대되었고, 이에 따라 항만배후단지의 개념이 등장하기 시작하였다.

항만배후단지의 개념을 이해하기 위해서는 (항만)배후물류단지, (항만)배후지, (항만)배후부지, (항만)물류단지 등으로 혼재되어 있는 용어의 차이를 이해해야 한다. 가장 우선으로는 항만배후단지와 항만배후지를 구분해야 하는데, 각각에 대응하는 영문용어로 이해하는 것이 가장 빠르다. 항만배후단지는 port's back-up area, port logistics park, port distri park, port industrial park 등에 대응하는 개념이며, 항만의 배후 전체를 지칭하는 항만배후지는 hinterland이다. 즉, 항만배후단지는 항만에 인접한 비교적 소규모의 물류단지 또는 산업단지라 할 수 있으며, 항만배후지는 항만배후단지보다 광의의 개념으로 항만의 영향권에 포함되는 지역이라 할 수 있다. 우리나라의 부산항 신항을 예로 든다면, 항만배후단지는 2020년까지 9.4㎢로 개발되는 면적을 의미하며, 항만배후지는 우리나라 전국을, 나아가서는 중국 및 일본 등 동북아시아 전체로 확대될 수 있다. 그리고 항만배후단지와 항만배후물류단지, 항만배후부지, 물류단지 등이 이용되고 있으나 이들의 개념적인 차이는 크지 않다.

기존의 문헌을 검토해 보면 일본의 항만전문가인 Yehuda[4]는 '항

---

4) Yehuda Hayuth, 『Intermodality: Concept and Practice』, Lloyd's of London Press Ltd., 1987, pp.84~86 (The Hinterland Concept).

만배후지(port-hinterland)'에 대해 "배후지란 운송수단에 의해 항만과 연결되어 있고 항만을 통해 물품을 수취 또는 선적하기 위해 개발된 육상구역(land space)이며, 이를 구체적으로 정의하면 배후지는 항만에 종속하는 보조지역(a tributary area) 혹은 항만의 뒤뜰(backyard)에 해당하는 지역으로 지역 내의 여러 활동장소(point)를 항만과 연계시키는 기능을 하는 지역(functional region)"으로 정의하였다. 그러나 그는 항만 및 항만배후지가 주변 환경에 따라 급속히 변화하고 있어 하나의 정의로 단순히 규정하기 힘들다고 언급하였다.

Kidami Yhosiro[5]는 '항만배후지(port-hinterland)'를 일반적인 측면에서 3개의 개념으로 분류하였다. 첫째, 항만을 경유하는 수·출입, 환적화물의 수요창출과 관련 있는 일정 영역으로 내륙 및 해외세력권을 포함하는 개념이다. 둘째, 항만 활동을 위한 자본·기술·노동의 제공을 통해 생산과 소비와 관련된 영역으로 항만도시를 지칭하는 개념이다. 셋째, 항만 활동의 집중과 분산이 행해지는 사회·경제적 영역으로 터미널 활동 영역이라고 볼 수 있는 임항구역이다. 한편, '국제컨테이너항의 배후지'에 대해 Yhosiro는 첫 번째의 기능을 가지고 특정 항만과 연계수송이 이루어지면서 화물이 물리적으로 이동하는 공간 영역으로 보았으며 단순히 국내의 배후지 역할뿐만 아니라 주변 국가의 육지와 항만을 포함하는 배후지 역할을 수행함으로써 피더망(feeder network)을 통해 환적화물을 수송할 수 있는 광범위한 공간 개념으로 파악한 것이다.

세계은행의 Juhel Marc[6]는 물류단지(logistics park)의 진화를 4

---

5) Kidami Yhosiro 외, 『港灣産業辭典』, 成山堂書店, 1993, pp.456~457.
6) Juhel, M.(1999, November 28). 「The Role of Logistics in Stimulation Economic Development」. The World Bank, Transport Division, Beijing : China Logistics Seminar.

단계로 구분하였는데, 첫 번째는 '물적유통(physical distribution)'으로 개별적인 유통의 통합이 이루어지는 단계이며, 다음으로는 '내부물류 통합(internally integrated logistics)'으로 자재 조달 및 자재 관리의 통합이 이루어지는 단계, 세 번째로는 '외부물류 통합(externally ingtegrated logistics)'으로 1990년대 초반부터 시작된 기타 부가가치 서비스 및 협업도구 등이 인기를 얻기 시작한 시기이다. 마지막인 4단계로는 '글로벌 공급체인 관리(global supply chain management)'단계로서, 글로벌 공급체인의 끝에서 끝까지의 전단계가 고려되는 시기이다. 이 시기의 주요한 특징으로는 부가가치 서비스가 공급체인 상에서 차지하는 위상이 매우 커진다는 점과 함께 물류단지(logistics park)의 숫자가 증가한다는 점을 들 수 있다. 또한 물류거점의 주 기능은 하역, 분류, 보관, 재고관리, 유통가공 등에 수·배송 및 정보 기능이 포함된 것으로 볼 수 있는데, 수행 기능에 따라 TC(transfer center)는 상품의 보관·재고관리 기능이 없는 상태의 하역, 분류 기능 중심의 물류거점이며, DC(distribution center)는 상품의 보관·재고 기능이 있고 하역 및 분류 기능이 있는 물류거점, SC(stock center)는 보관 중심의 물류거점, PC(process center)는 제품 조립, 분해, 조리 등 유통가공 중심의 물류거점으로 구분할 수도 있다.[7]

세계 무역의 급증 및 항만배후단지에 대한 다양한 서비스 기능을 제공받기를 희망하는 이용자의 수요가 증가하면서 항만배후단지의 기능도 단순 화물집하 기능에서 생산 공정의 일부를 서비스하는 기능으로까지 확대되기 시작하면서 항만경쟁력의 중요한 요소로 작용하기 시작하였다(IAPH & Spanish Ports Agency, 2003). 이는 이용

---

[7] 시오미 에이지, 사이토 미노루, 『현대물류시스템론』, 1998, p.93; 이성우, 「국내 제조시설의 항만 중심화 현상 분석」, 『해양물류연구』 제6권, 한국해양수산개발원, 2010. 4, p.63.

자가 항만을 선택할 때 화물처리 능력뿐만 아니라 항만이 제공할 수 있는 부가서비스의 다양성 및 기능성도 요인으로 고려하기 때문이다.[8]

2) 항만배후단지의 기능

항만배후단지의 기능은 크게 두 가지로 정리할 수 있다. 첫 번째 기능은 항만배후단지 시설물의 전형적인 기능으로 화물의 저장, 화물의 컨테이너 적·반입 등과 같은 기능이다. 두 번째 기능은 항만배후단지 시설물의 부가가치 물류서비스로 전형적인 기능은 물론 라벨링, 어셈블리, 반가공, 및 기타 고객 서비스 등을 부가적으로 공급하는 것을 말한다. 이러한 기능을 생산 공정상에 나타내면 다음과 같다.

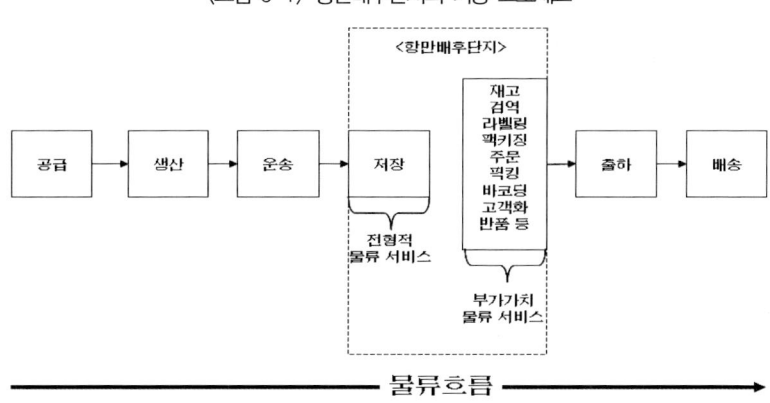

〈그림 5-1〉 항만배후단지의 기능 프로세스

자료 : UNESCAP, 『Commercial Development of Regional Ports as Logistics Centres』, 2003, p.27.

---

[8] Lee, et.al., 『A Study on Port Performance Related to Port Back-Up Area in the ESCAP Region』, UNESCAP & KMI., 2005, p.16.

한편 항만 물류단지에 위치한 물류 시설물의 기능은 아래 표에서처럼 시대별로 상이하다. 예를 들어 1960~1970년대 항만 물류단지의 물류 시설물은 원자재를 취합하여 저장하고 생산주문 공정에 따라 원자재를 팩키징하고 반출입하며, 이에 대한 서류 작업을 서비스하는 단순 물류 서비스를 제공하였다. 그러나 1990년 중 후반 이후부터 현재까지의 기능은 원자재를 관리하는 것으로부터 시작하여 재고관리, JIT 서비스 등 공급사슬관리(SCM) 전반에 물류 서비스를 제공하고 있는 특징을 갖는다.[9]

〈표 5-1〉 항만배후단지 물류 서비스의 변화 비교

1960~1970년대	1980~1990년대 초	1990년 중반 ~ 현재
		원자재 관리 배송 서비스(국내/국제)
	보세	수입신고, 보세, 국내 운송
항만운송	항만운송	항만운송
	크로스도킹(cross docking)	크로스도킹(cross docking)
저장	저장	저장, 재고관리, 선적관리
주문공정 보고 픽킹	주문공정 EDI 보고 픽킹	주문공정 EDI 보고 픽킹
주문 조립 (재)포장	주문 조립, (재)포장 Stretch-Shrink-wrapping	(상품)하위 조립, 주문 조립,(재)포장, Stretch-Shrink-wrapping
단위포장 라벨/마크/스텐실	단위포장 라벨/마크/스텐실	단위포장 라벨/마크/스텐실
선적 서류	선적 서류 국외 운송	선적 서류, 국외 운송, 수출 서류, FTZ 운영, JIT/ECR/QR 서비스, 화물 운송료 협상, 운송사/루트 선정, 화물 운송사고 처리, 화물 운송료 감사 및 지급, 안전 감사 및 검토, 각종 규정 검토, 기능 평가, 반품처리, 비용청구

자료 : UNESCAP, 『Commercial Development of Regional Ports as Logistics Centres』, 2003, p.26; Bolten, F. E. 『Managing time and space in the modern warehousing』, Amacom, 1997, p.19.

---

9) 이성우 외, 전게서, 2007. 12, p.25.

3) 우리나라 항만배후단지의 개념

(1) 우리나라 항만배후단지의 태동

우리나라 항만배후단지는 2001년 5월 24일 항만법 개정을 통해 최초로 등장하였다. 기 언급했던 것처럼 이미 항만배후단지에 대한 개념은 유럽, 일본, 홍콩, 싱가포르 등 물류 선진 지역에서는 1980년대에 등장하여 항만 물동량 및 부가가치 창출에 큰 기여를 하고 있었다. 이런 맥락에서 우리나라도 1990년대 후반부터 항만배후단지 개발을 추진하고자 준비를 하였으며 이 무렵 대수심 항만 개발을 위해 조성된 준설토 투기장과 연계하여 항만배후단지를 조성하기 시작했다.

초기 항만배후단지 개발은 그다지 쉽게 추진되지 못했다. 정부 당국자는 항만배후단지에 대한 개념 정리 및 이해도가 많이 부족했고 당시 국내 관련 전문가 및 정보도 부족하여 2000년 당시 해당 정책을 추진하는 데 많은 노력과 시간이 필요했다. 당시 해양수산부 항만정책과 담당자, 한국해양수산개발원 연구진들로 이루어진 항만배후단지 개발 추진팀은 국내외 관련 사례 벤치마킹, 항만과 배후지와의 상관관계 분석, 수요 추정 등을 통해 그 당시 처음으로 항만배후단지의 개념과 기능을 도입했다. 우리나라 국토계획 특성상 항만계획과 도시계획이 중앙정부와 지방정부로 관할권이 완전히 분리되어 있어 그 중간을 연결하는 항만배후단지 개발은 항만당국 입장에서 많은 노력과 시간이 필요했다고 할 수 있다. 항만배후단지 개념 도입과 지정을 위해 다수의 국토계획과 도시계획 개념을 검토하였고 항만과 해당 개념을 도입하는 과정에서 많은 시행착오도 경험을 했다. 이러한 과정을 통해 2001년 11월 25일 항만배후단지가 법상

시행이 되었고 이를 기반으로 광양항과 부산항 신항에 항만배후단지가 개발되기 시작했다.

개발 초기 부족한 국가재정 지원을 극복하고자 부산항 신항, 평택·당진항 등은 항만공사, 지자체 등과 투자비용 분담을 통해 사업을 추진하였으며, 준설토 매립용지의 한계를 극복하고자 정부당국의 많은 노력을 통해 공기 단축, 입주 지원시설 조기 건립, 조기 기업유치 마케팅 등이 동시에 이루어지면서 우리나라 항만배후단지의 개발과 운영이 단기간에 이루어질 수 있었다. 항만배후단지 개념이 법제도로 도입된 이후 5년 후인 2006년 광양항을 시작으로 부산항 신항, 평택·당진항, 인천항 등 전국 8대 무역항에 항만배후단지가 개발되었고 기업들이 입주하기 시작하였다. 현재 부산항 신항, 광양항, 평택·당진항, 인천항 등에 약 100여 개의 국내외 기업들이 입주하여 영업 중에 있으며 지속적인 항만배후단지 개발을 통해 다수의 글로벌 기업들이 입주할 예정에 있다.

(2) 우리나라 항만배후단지의 정의

우리나라의 항만법에서는 항만배후단지 정의를 "항만구역에 지원시설 및 항만 친수시설을 집단적으로 설치하고 이들 시설의 기능 제고를 위하여 일반 업무시설·판매시설·주거시설 등을 설치함으로써 항만의 부가가치와 항만 관련 산업의 활성화를 도모하며, 항만을 이용하는 사람의 편익을 꾀하기 위하여 지정·개발하는 일단의 토지"로 정의하고 있다. 또한 항만배후단지를 1종과 2종으로 구분하고 있는데, 1종 항만배후단지는 "무역항의 항만 구역에 지원시설과 항만친수시설을 집단적으로 설치·육성함으로써 항만의 부가가치와 항만 관련 산업의 활성화를 도모하기 위한 항만배후단지"이며, 2종 항만배후단지는 "1종 항만배후단지를 제외한 항만 구역에 일반 업무시설·판매시설·주거시설 등을 설치함으로써 항만 및 1종 항만배후단지의 기능을 제고하고 항만을 이용하는 사람들의 편익을 꾀하기 위한 항만배후단지"로 정의하고 있다.

1종 항만배후단지의 주요 수행기능은 물류, 가공·조립, 상업·업무, 연구·벤처, 친수·위락 등이며, 이러한 기능을 수용하기 위해 물류 용지, 항만지원 용지, 가공·조립 용지, 항만친수 용지 등이 입지하게 된다.

항만배후단지 내에 가장 핵심 기능을 수행하는 물류 용지에는 환적 기능, 집·배송 기능, 보관 기능 등이 수용된다. 환적 기능은 불특정 화주를 대상으로 국가 간 화물의 수송 및 하역의 거점 기능을 수행하고 대소 수송업체가 입주하여 영업용 화물을 보관·관리하여 수송하거나 자가 물류업체가 입주하여 자체 화물의 연계운송을 담당하게 된다. 또한, 일정 환적화물에 대해 조립·가공 등을 위한 연계·보관·수송작업을 담당하고 Feeder Network 및 Intermodality 구축이 가능하게 된다. 집배송 기능은 특정 화주를 대상으로 수출입 화물을 일정 지역 내에서 산지로부터 집하하거나 최종 수요지까지 배송하는 기능으로 주로 최종 상품을 취급하며, 국내에서는 자가 물류업체가 직접 담당하는 것이 일반적이지만 3PL, 4PL 등 전문 수송업체에게 위탁하는 것이 일반적인 추세이다. 보관 기능은 불특정 화주를 대상으로 원재료 및 제품의 분류, 보관 및 일부 가공 기능을 수행하는 것으로 물품의 특성에 따라 보통창고, 냉동·냉장창고, 저장창고, 위험물창고 등의 보관시설과 가공공장이 일반적으로 결합된다.

물류 기능과 밀접한 관계를 가지고 있는 가공·조립 용지는 생산

자가 일괄적으로 생산한 반제품을 수요자의 요구에 따라 조립·가공하는 제조 기능의 일부로서 최근 유럽의 항만배후단지에 이루어지고 있는 VAL(부가가치물류; Value Added Logistics)서비스가 대표적인 예이다. 특히, 공동의 업종이 수행하는 동일한 조립·가공 기능을 통합하여 수행할 수 있다는 점에서 일반 공단의 조립·가공 기능과 차이가 있다.

상업·업무 용지는 항만물류산업 및 물류 흐름을 적절히 지원하고 항만 및 항만배후단지의 효과적인 관리운영을 위한 중심업무 기능을 수행하며, 동시에 국제 교역기지의 모델로 금융, 업무, 상업, 전시, 회의 기능을 수행할 수 있게 된다.

연구·벤처 용지는 동북아 중심 물류기능을 수행하는 대형 항만의 배후단지에만 도입되는 기능으로 물류관련 연구기관 및 교육기관을 유치하여 항만물류 분야의 학술적인 지원 기능을 수행하고 물류관련 첨단 연구기관 및 벤처기업을 유치하여 물류관련 산업의 다양한 활성화 및 지원체계가 구축된다.

친수·위락 용지는 시민 및 이용자들의 충분한 휴식공간을 제공하기 위한 친수 및 녹지시설을 확보하고 녹지·공원의 연계와 함께 순환형 처리시스템을 갖춘 환경친화적 단지 기능을 수행한다.

이외에 항만 및 물류 기능의 원활한 운영을 위한 항만지원 용지는 관련시설 정비, CY시설 지원, 편의 제공, 항만직접관리·운영업무 기능을 수행한다.[10]

---

10) 이성우, 「우리나라 항만배후단지의 개발 방향과 전략」, 한국해양수산개발원, 월간 『해양수산』, 2002. 8, p.36.

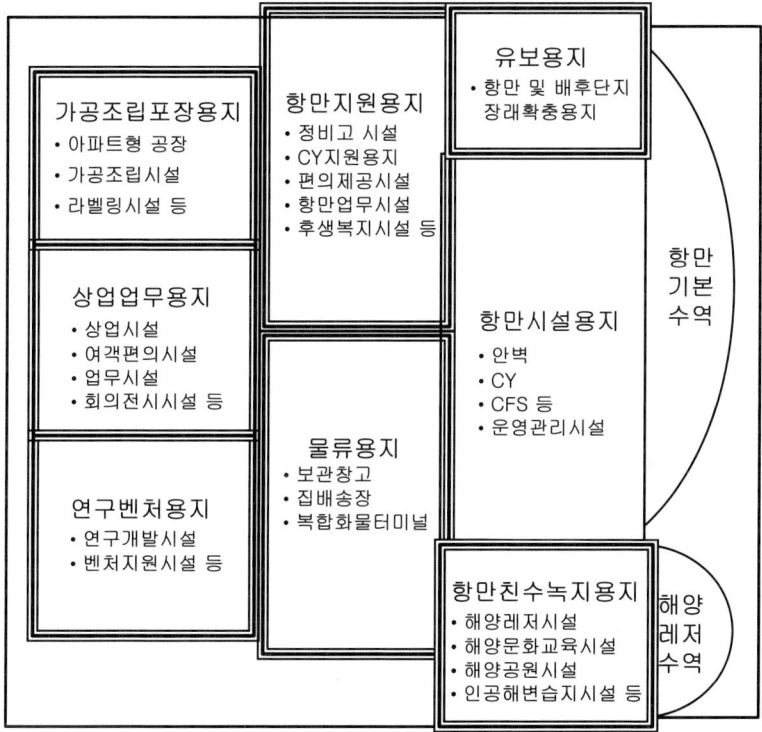

〈그림 5-2〉 우리나라 항만배후단지 개념도

자료 : 한국해양수산개발원, 「항만배후단지개발종합계획」, 2002, p.19.

즉, 우리나라의 항만배후단지는 문헌 검토에서 언급된 대부분의 기능을 수행할 수 있으며, 추가적으로 '주거 기능'까지도 포함이 가능한 지역이다. 지리적으로는 항만 구역으로 제한되고 있으나 기능적으로는 사실상 제한이 없는 개념이라 할 수 있다. 아직 우리나라에서 2종 항만배후단지는 지정되고 있지 않아, 현재 항만배후단지는 산업기능 위주로 운영되고 있어 항만도시의 일부 기능을 수행하고 있다 할 수 있다. 특히 산업기능에서도 제조 활동보다는 물류 활동 위주로 기능하도록 정책적으로 운영되고 있다. 그러나 항만법에 정의된 개념을 따르면 항만배후단지와 항만도시는 지리적 면적이 다를 뿐 기능적으로는 차이가 없다고 할 수 있다.

3. 항만배후단지의 중요성

1) 항만배후단지의 성장과 변화

항만배후단지의 필요성 및 중요성은 물류산업의 중요성 증대와 그 맥을 같이한다고 볼 수 있다. 전통적인 경제학 모델의 '완전경쟁시장'에서는 거래비용이 없다고 가정한다. 경제학이 독립학문으로 발달되던 시기이자 산업혁명이 발발하던 18세기 무렵에는 공급이 수요를 창출한다는 명제가 참으로 인식될 정도로 '제조활동' 그 자체가 중요하였다. 어떠한 물품을 만드는 것 자체가 기업별로 특화 전략이 되던 시기였다. 그러나 경제가 발전하고 대공황 등을 겪으면서부터 공급보다 수요가 중요해졌으며, 기업 간 경쟁이 치열해짐에 따라 시장은 국내에서 글로벌로 확대되었고 품질 수준의 차이가 작아졌다. 원가절감 전략, 마케팅 및 특허 등의 특화 전략 등에서도 차별화를 시도하기가 어려워지자 이에 따라 물류비 절감이 중요한 요인으로 대두되었고, 동시에 수출입 물류의 첨병인 항만배후단지가 주목받기 시작하였다.

한편, 항만배후단지의 중요성에는 항만의 특성도 반영된다. 자국의 수출입 화물을 주로 처리하는 항만에서는 이러한 각각의 기능이 여러 곳으로 분산되어도 물동량을 잃지는 않으나, 환적 물동량의 비율이 높은 로테르담, 싱가포르 등에서는 항만 구역에서 종합적인 물류서비스 제공의 중요도가 높으며, 이들 항만에서부터 항만배후단지의 개발 및 운영 개념이 시작되었다고 해도 무방하다. 즉, 항만 자체의 성장에도 항만배후단지의 활성화가 중요한 요인이 된 것이다. 이러한 요인들이 합쳐져서 중국 및 신흥국에서는 항만배후단지를 경제발전의 원동력으로 삼고 있다. 특히 중국은 4대 경제특구를 해안가에 설치하여, 항만배후단지를 통해 외국인 투자를 유치하였으며 이를 발판으로 현재 경제 대국으로 성장하였다. 최근에는 중국 및 신흥국뿐 아니라 선진국 등에서도 항만배후단지 개발을 통한 외국인 직접투자 유치를 시도하며, 자국 경제 활성화의 동인으로 삼고 있다.

2) 국제분업 심화와 항만배후단지의 성장

국제분업은 글로벌화로 인해 기업들이 자유롭게 세계 어디에서도 비즈니스를 할 수 있는 환경이 만들어지면서 생산 비용이 저렴하거나 시장인 인접한 곳 혹은 물류 측면에서 신속히 접근이 가능한 곳 등에 해당 기업의 생산시설이나 물류시설 등을 분산하여 배치하고 원자재, 반제품, 완제품 등을 만드는 과정을 지칭한다. 즉 기업들의 경제적 필요성에 의해 생산 공정의 일부를 서로 다른 지역에 위치한 시설에서 처리하는 경우를 말한다.

이러한 관점에서 항만배후단지는 기업들의 국제분업 활동에서 아주 중요한 입지 대안 중의 하나가 되고 있다. 즉 기업은 국제 분업화를 실행하는데 있어 항만배후단지를 제조품의 최종 단계 거점이나 반제품들의 물류 연결 거점의 하나의 대안으로 생각하고 있다. 또한 항만배후단지가 국제 분업화를 지향하는 글로벌 기업들에게 시설 입지로 더욱 각광 받을 수 있는 것은 많은 항만배후단지가 자유무역지역으로 지정되어 있기 때문이다. 즉 자유무역지역으로 지정된 항만배후단지에서는 수입 관세의 자유가 보장되어 있으며 대부분의 나라에서 이 지역의 활성화를 위해 지가, 세금, 외환 등에 대한 각종 인센티브를 부여하고 있기 때문이다.

〈표 5-2〉 국제 분업화에 따른 시설 입지 선택 요인

입지요소	국가선정	하부지역 선정	지역사회/부지 선정
지역무역협정-무역 장벽, 관세, 수입관세	×		
국가경쟁력-경제적 성과, 정보 효율성, 기업 효율성, 인프라	×		
정부세금 및 인센티브	×		
통화 안정성	×		
환경 문제	×	×	×
시장과의 접근 및 근접성	×	×	×
노조 문제	×	×	×
공급자 접근 및 비용	×	×	×
운송 문제	×	×	×
유틸리티 이용성 및 비용	×	×	×
삶의 질 문제	×	×	×
주 세금 및 인센티브		×	×
노동권리법		×	
지역 세금 및 인센티브			×
토지 이용성 및 비용			×

자료: Wisner, J. D., Leong, G. K. & Tan, K. C., 『Principles of Supply Chain Management: A Balanced Approach』, South-Western, Thomson Corporation, 2005, pp.363~396.

〈표 5-2〉에서 보는 바와 같이 국제분업을 추진하는 기업이 진출할 국가를 선택하는 요인에는 지역무역협정 체결 유무, 인프라 시설 등과 같은 국가 경쟁력, 정부 세금 및 인센티브, 운송 문제, 유틸리티 이용성 및 비용 등이 있다. 이러한 요인은 항만배후단지의 경쟁 요인으로 작용할 수 있다. 즉 세계 여러 나라의 정부는 자국의 항만배후단지 활성화를 도모하고 국제 분업화에 따른 각종 제조·물류 시설물을 항만배후단지에 유치하기 위하여 여러 노력들을 보이고 있다. 그러한 노력이 바로 국제 분업화에 있어 국가 선택의 중요 요인으로 작용하는 것이다. 이러한 요인들이 바로 국제 분업화에 대한 항만배후단지의 역할인 것이다. 즉 국제 분업화의 최고 목적인 경제적 비용 절감을 실현시키기 용이한 곳이 항만배후단지이며, 이러한 요인들을 제공하는 것이 바로 항만배후단지의 역할인 것이다.

예를 들어 한국은행의 기업경영분석에 따르면 우리나라 제조업체의 제조원가 중에서 가장 많은 부분을 차지하는 것이 운송비로 전체 제조원가의 58%를 차지한다. 국제분업에서 운송비 부담은 육상운송, 항만운송, 해상운송 등을 나타낼 수 있으며, 이 중 항만운송 및 해상운송은 국제 분업화 시설물의 위치에 상관없이 발생할 수 있다. 만일 국제 분업화 시설물이 내륙 지역에 위치한다고 하면 육상운송 비용이 많이 발생되게 되며, 이는 다시 제조업체의 제조원가를 상승시키는 요인으로 작용할 수 있다.[11]

---

11) 이성우 외, 전게서, 한국해양수산개발원, 2007, pp.27~28.

4. 항만배후단지의 개발 사례

1) 네덜란드 로테르담

로테르담항은 유럽 주요 시장의 중심부에 위치하여 반경 480km 이내에 독일, 프랑스, 영국, 덴마크 등 EU 주요국이 자리하고 있으며, 유럽 최대의 환적항이다. 로테르담항만 터미널 배후에 화물의 보관, 분류, 포장, 집배송을 위한 대규모 물류단지를 조성했으며, 물류단지는 도로, 철도, 내륙수로 등 인터모달시스템의 강화를 통해 유럽 주요 시장과 원활하게 연결되어 있다.

물류단지는 엠하벤(Eemhaven) 물류단지, 보틀렉(Botlek) 물류단지가 운영 중에 있으며 델타 터미널 배후지에는 최대 규모의 마스블라켓(Maasvlakte) 물류단지가 일부 운영에 들어갔으며 현재 확충 중에 있다. 델타터미널 배후에 Maasvlakte 물류단지 1은 지난 1996년 125헥타아르 규모의 단지를 조성 완료하였고 Maasvlakte 물류단지 2는 현재 개발 중에 있다.

컨테이너 터미널과 직접 연결될 뿐 아니라 주요 도로, 철로, 내륙수로를 통해 유럽 주요 지역으로의 접근이 용이하여 유럽을 대상으로 저장 및 분배기능을 수행할 수 있어, EU 물류체계에 있어 지리적으로 로테르담항만을 경유하여 운송할 때 운송의 경제성을 최대한 발휘할 수 있다는 장점이 있다.

화물의 저장 및 환적, 컨테이너의 집적 및 해체뿐만 아니라 여러 가지 부가가치 공정과 유통(배송)이 종합적으로 이루어지고 있으며, 항만배후단지 내에서는 포장 및 재포장, 조립 및 분류, 시험 검사, 상표 부착 등과 같은 다양한 부가가치 서비스가 제공된다. 항만배후단지에 입주한 물류업체들은 물류 자회사 및 현지 물류업체와 합작을 통해, 최종 소비자에 이르는 상품 흐름에 있어 소비자의 여러 가지 요구에 대응하여 다양한 물류서비스를 제공하고 있다. 항만배후단지 내 세관은 원-스톱 현장통관서비스를 제공하여 수출입화물 통관절차를 간소화시키고 있다. 25~99년의 장기임대에서부터 리스·임차·분양·턴키베이스 등 방식으로 입주업체가 항만청과 가격 및 조건을 협의할 수 있으며, Maersk Logistics사, Pro Logistics사 등 전체 3,000여 개 기업이 입주하고 있다.

〈표 5-3〉 로테르담항 항만배후단지 현황

시 설 명	Botlek	Eemhaven	Maasvlakte
위치	Botlek항 배후단지	Eemhaven ECT Terminal 배후단지	Delta Terminal 배후지 건설중
창고면적	16만 8천㎡	23만 7천㎡	85만㎡(부지)
운영형태	일반화물 위주로 컨화물 취급가능	화학제품 저장 및 냉동 시설	정부투자후 입주 기업에게 분양
자유무역지대 (free zone)	적용	적용	적용

자료 : KMI 조사자료, 2009.

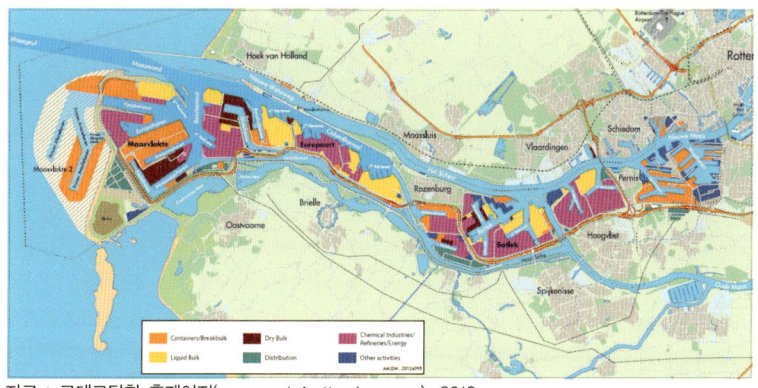

〈그림 5-3〉 로테르담 항만 구성 및 항만배후단지 위치

자료 : 로테르담항 홈페이지(www.portofrotterdam.com), 2012.

2) 싱가포르

싱가포르는 1978년 아시아 지역의 컨테이너화가 가시화되면서 Total 서비스를 위해 초기에는 단순 보관창고를, 1980년대 후반에는 첨단 물류센터를 건설하기 시작하였다. 싱가포르의 PSA항 배후에 Keppel, Tanjong Parga, Pasir Panjang 등 3개의 물류센터를 가지고 있으며 배후에 많은 민간 물류센터가 개발되어 있는데, Keppel을 제외하고는 항만구역 바깥에 입지하고 있으며 PSA사에서 3개 지역(Keppel, Tanjong Parga, Alexandra)을 관리 운영하고 있었으나 수익성 등의 문제로 Keppel 물류센터를 제외하고는 모두 민간에게 운영권을 이양하였다.

Tanjong Parga Distripark는 5층짜리 2개 블록으로 구성되어 있으며 총 면적은 65천m²의 창고와 사무실로 케펠 터미널과 중심업무지구 사이에 있고 간선 도로망과 연결되어 있어 입지 여건이 매우 좋다. Alexandra Distripark는 동종의 물류창고로서 과거 싱가포르에서 제일 큰 규모였으나 시설 및 기능 노후로 Mapletree에 의해 업무 시설로 리모델링되었다. Pasir Panjang Distripark는 재래부두와 파시르판장 컨테이너 터미널에 인접해 있어 매우 편리하면서 경제적이다. 단층의 창고 건물을 임대인에게 독점적인 전용 사용을 허용하고 있으며, 3층의 Districenter와 함께 250천m²의 창고와 사무실을 제공하고 있다. Keppel Distripark를 제외한 물류센터는 주로 지역화물을 취급하고 있는 실정이다.

<표 5-4> 싱가포르 물류센터 현황

Distripark	면적	주요 특징	비 고
Keppel Distripark	11만 3천m²	• 1994년 운영 개시한 다기능 창고시설을 갖춘 초현대식 복합물류센터 • 물류센타 2층 4개동, 사무실 5층 1개동 • 41개의 창고모듈 : 모듈은 1,000m²에서 5,100m² 규모로 다양 • 소량화물의 보관·배송·물류관리·샘플작업·검사·재하인·컨테이너 적입/적출 등의 부가물류활동 수행	• 케펠터미널과 전용통로로 연결 • 업무중심지·금융가와 10분거리 • 창이공항과 약 25분거리
Pasir Panjang Distripark	25만 m²	• 단층의 창고건물 8개 동과 3층의 물류센터 1개동으로 구성 • 창고건물은 임차인에게 독점적인 전용사용을 허용 • 기타 부대시설	• 재래부두와 파시르판장컨테이너터미널에 인접
Tanjong Pagar Distripark	6만 5천m²	• 1975년 건설된 싱가포르 최초의 물류센터 • 5층짜리 2개 동으로 구성 • 기타 부대시설	• 케펠컨테이너터미널과 중심업무지구 사이에 입지

자료 : KMI 조사자료, 2009.

1994년 개장한 Keppel Distripark(KD)는 다기능의 광범위한 창고 시설을 갖춘 초현대식 복합물류센터로 시내 도로에서 서로 떨어져 있는 케펠 컨테이너터미널과는 전용통로로 연결되어 있다(KD만 항만구역 내에 위치하고 있다).

〈표 5-5〉 케펠 물류센터 시설현황

구분	내용
입지특성	싱가포르 업무중심지 및 금융가와 10분 거리에 위치해 있고 창이공항과 약 25분 거리
규모	총 113,000㎡의 면적에 41개의 창고모듈로 구성되어 있으며 주로 일반화물을 취급하고 있음(창고높이 13m)
모듈	1,000㎡에서 5,100㎡ 규모로 다양하며 일부 모듈은 고단적 선반시스템을 갖추고 있고 고객의 다양한 요구에 부응하고 있음
주요 기능	-주로 소량화물의 보관, 지역별 배송, 물류관리, 샘플작업, 검사, 재하역, 컨테이너 적입·출 등의 CFS업무와 물류부가가치 창출활동을 수행함 -1,000개의 공컨테이너와 1,500개의 적컨테이너를 장치할 수 있는 야적장, 섀시와 트레일러 주차시설이 구비되어 있음
입주 업체	7,100㎡ 규모의 사무실을 갖춘 5층의 KD빌딩은 이용업체의 사무실로 임대하고 있으며 이 빌딩에는 해운관련 업체, 창고 포워더 등 물류업체 그리고 무역업체 등이 입주해 있음(2005년 4월 기준 36개 기업입주 중임)
운영	-C/C TV 및 Monitoring System으로 운영 -Paperless Documentation(무서류의 업무처리)체제
인원	PSA소속 KD인원은 50명(입주업체 인원 포함시 총인원은 1,300명 수준)
임대기간	창고 임대기간은 1~3년

자료 : KMI 조사자료, 2009.

3) 중국의 항만배후단지

항만배후단지는 수출입을 원활히 하기 위해 대부분 특별경제구역으로 지정되어 관세 및 각종 세제 면제 등의 혜택을 받는 경우가 많다. 네덜란드의 로테르담과 싱가포르의 케펠 또한 자유지역으로 지정되어 있다. 중국은 이러한 특별경제구역이 보세구, 수출가공구, 보세물류원구, 보세항구(종합보세구), 자유무역항 등으로 여러 경우가 존재한다.[12] 이들 특별경제구역은 한 구역에 중복지정 되는 경우도 있으며, 각각의 제도가 유지되고 있다. 또한 특별경제구역은

---

12) 이성우, 「중국 세관특수구제도 특성 분석」, 한국해양수산개발원, 『해양물류연구』 제5권, 2010. 1, p.45.

내륙 지역 및 내륙국가들과의 국경선 등에 위치하는 경우도 있으나, 대부분 항만 인근의 연안 지역에 위치하고 있어, 사실상 항만배후단지 기능을 수행한다고 볼 수 있으며, 우리나라의 항만배후단지들은 중국의 이러한 특별경제구역과 경쟁관계에 있다.

가장 먼저 지정·운영된 특별경제구역은 보세구이며, 1990년 6월, 처음으로 상하이에 와이까오챠오 보세구가 설립되었다. 보세구에서는 보세창고, 수출가공, 재수출 등 3대 주요 기능과 면증, 면세, 보세 등 우대정책을 실시하고 '경내관외[13]' 운영 방식을 채택하였으며, 가공무역을 하는 생산형 기업 이외의 제3차 산업을 유치하는 것이 가장 큰 특징이다. 현재까지 중국은 총 15개의 보세구를 허가 및 운영하고 있다.

다음으로 2000년에 제도가 도입된 수출가공구는 수출상품에 대한 제조, 가공, 조립 등 가공 업무를 위주로 하는 특수공업구로서, 보세구와 큰 차이가 없으나 전부 또는 대부분 제품이 수출에 해당하는 것이 특징이다. 가공구 내 외국인 투자를 지원하고, 다양한 편의시설을 제공하며, 관세 등 세제 혜택을 부여하고 있으며, 2009년도 기준으로 중국은 총 58개의 수출가공구를 허가 및 운영하고 있다. 상하이에는 현재 총 5개의 수출가공구를 설립 및 운영되고 있다.

이 개념에서 물류 기능을 더욱 보강한 항만배후단지인 보세물류원구는 보세구 내 또는 보세구와 인접한 특정 항만 내에 설립되며 '구항연동' 기능을 수행하며, 기존의 보세구 및 수출가공구의 정책적 장점을 유지하면서 기존 무역규제 및 세관 감독관리의 문제점을 보완한 지역이다. 즉, 현대 국제물류업을 전문적으로 발전시키는 특별구역이라 할 수 있으며, 통관 수속, 간단 가공 및 부가서비스, 수출입무역, 국제 구매, 국제 판매, 국제 배송, 국제 무역, 보수, 상품전

---

[13] 물품은 반입되었지만 관세는 지불하지 않는 것.

시, 기타 국제물류 업무가 가능하다. 보세물류원구의 가장 큰 특징은 가공 및 제조 업무를 할 수 없다는 것이다. 현재, 중국은 총 10개의 보세물류원구를 허가 및 운영하고 있으며, 보세구나 수출가공구 등에 비해 면적은 작은 편이다.

〈표 5-6〉 중국의 보세물류원구 지정현황

구분	보세물류원구명	지정시기	면적(km²)	특징
1	상하이와이까오챠오	2003.12	3.76	중국 최초 보세물류원구
2	샤먼샹위	2004.08	0.7	-
3	칭다오	2004.08	1.0	-
4	닝보	2004.08	0.95	-
5	다롄	2004.08	1.5	-
6	장자강	2004.08	1.53	-
7	선전옌톈	2004.08	0.96	-
8	톈진	2004.08	1.5	-
9	광저우	2007.	-	-
10	푸저우	2007.	-	-

자료 : 중국강서재경대, 『我国保税物流园区的发展及对策』, 2008.

우리나라 항만배후단지와 비슷한 개념을 가지고 있는 보세항구는 2005년에 도입되었으며 기존의 보세구, 수출가공구, 보세물류원구의 정책적 장점을 유지하면서 기존 정책에 내재되어 있는 무역규제 및 세관 감독의 문제를 보완한 것이 특징이다. 현재 중국내에서 개방 수준이 가장 높고, 세제 등 혜택이 가장 많은 자유무역지역이라 할 수 있으며, 항만의 물류 기능과 보세구의 특수정책을 완벽하게 결합하여 보세구, 보세물류원구, 수출가공구와 항만 간 '3구일체' 발전을 목표로 하고 있다. 즉, 구항일체화 및 다원화된 운영 방식을 채택하고 있으며, 창고 물류, 대외 무역, 구매, 판매, 배송, 재수출, 검역, 보수, 상품 전시, 연구개발, 가공, 제조, 항만 작업 등 9개 주요 기능을 수행하고 있다. 2005년, 국무원 제2005-54호 고시 '양산보세항구의 설립에 관한 고시'에서 상하이양산보세항구를 최초로 지정하였으며, 총 14개의 보세항구를 허가 또는 운영하고 있다.

〈표 5-7〉 중국의 보세항구 지정현황

구분	보세항구명	지정시기	면적(km²)	특징
1	상하이양산(上海洋山)	'05.6.22	8.14	중국 최초 보세항구
2	칭다오둥쟝(天津东疆)	'06.8.31	10	최대 연안 보세항구
3	다롄다요우완(大连大窑湾)	'06.8.31	6.88	연안 보세항구
4	하이난양푸(海南洋浦)	'07.9.24	9.21	연안 보세항구
5	닝보메이산(宁波梅山)	'08.2.24	7.7	연안 보세항구
6	광시친저우(广西钦州)	'08.5.29	10	연안 보세항구
7	샤먼하이창(厦门海沧)	'08.6.5	9.51	연안 보세항구
8	칭다오챈완(青岛前湾)	'08.9.7	9.72	연안 보세항구
9	선전챈하이(深圳前海湾)	'08.10.18	3.71	연안 보세항구
10	광저우난사(广州南沙)	'08.10.18	7.06	연안 보세항구
11	충칭량루췬탄(重庆两路寸滩)	'08.11.12	8.37	중국 최초 내륙보세항구
12	쟝쟈강(张家港)	'08.11.18	4.1	"현"행정구역에 위치한 보세항구
13	옌타이(烟台)	'09.9.22	7.26	-
14	푸저우(福州)	'10.5.18	9.2	-

자료 : 중화인민공화국중앙인민정부 보세항구별 홈페이지(www.gov.cn), 2010. 5.

자유무역항은 전부 또는 대부분의 입출항 화물에 대한 관세를 면제하며, 상품 가격이 기타 경제특구에 비해 현저히 저렴한 것이 특징으로, 자유무역항 내 화물의 보관, 전시, 재조립, 재포장, 정리, 가공 및 제조 등 업무 활동이 자유롭다. 자유무역항은 싱가포르 및 홍콩을 모델로 하고 있으며, 기능이 보세구와 유사하나, 조세 혜택을 받을 수 있는 공간적 범위가 훨씬 넓다고 할 수 있다. 홍콩과 같이 항만 및 그 도시 전체를 포함한 완벽한 형태는 '자유무역항 도시'라고도 칭하는데, '자유무역항 도시'는 항만의 모든 지역을 비관세구역으로 설정하고, 외국인 투자가에 대한 거주 및 사업이 자유로우며 모든 주민은 관세 혜택을 받을 수 있다. 최근 상하이 푸동지구를 이러한 자유무역항 도시로 지정해서 홍콩과 같은 무역과 비즈니스의 중심지로 만들고자 상하이 정부가 노력을 기울이고 있다.

<표 5-8> 중국의 특별경제구역 기능 및 정책비교

구분	보세구	수출가공구	보세물류원구	보세항구	자유무역항	자유도시
기능	가공제조, 국제무역, 현대물류, 전시판매	소매, 일반무역, 재수출 등 업무 불가	수출입무역, 재수출, 매입, 분산판매 및 배송, 국제환적, 보수	국제이송, 배송, 구매, 재수출, 수출가공	재수출, 재포장, 가공, 보관	전기능
세제정책	자국 화물은 출경후 즉시 세금환급	국내 원자재, 기자재 등을 반입시 수출 면세	자국화물 반입시 수출로 간주 및 세금환급	자국 화물 반입시 수출로 간주 및 세금환급	관세 및 부가 가치세 면세	관세, 부가가치 면세
관리방식	울타리 설치 관리(봉쇄관리), 24시간 감시	전면봉쇄, 톨게이트식 관리, 울타리 및 톨게이트에 CCTV 설치, 24시간 작업	톨게이트, 울타리 격리시설 설치, 비디오감시 및 기타 감독관리 시설, 24시간 감시	봉쇄관리, 항구와 육자구역은 수출가공구의 기준에 따라 격리 및 감시	전면 개방	전면개방
가공무역	가능	가능	불가	가능	가능	가능
보세기간	설정하지 않음	설정하지 않음	설정하지 않음	무기한	설정하지 않음	무기한

자료 : 중국통상망 홈페이지(www.gotohui.com) (접속일 2013. 2)

4) 우리나라의 항만배후단지

(1) 항만배후단지 도입 과정

 네덜란드, 싱가포르 등에서 항만배후단지를 도입하던 시기에서 약간 뒤쳐진 시점인 1980년대 말 또는 1990년대 초에, 우리나라에서도 항만배후단지의 개념이 논의되기 시작하였다. 기존의 마산 및 익산 수출자유지역의 성장 한계, 임금 상승에 따른 경쟁력 악화, 광양항 개발에 따른 조기 활성화 방안 등에 대한 대안으로 자유항 도입이 논의되기 시작하였다.[14] 해외사례를 통하여 선박의 입출항, 하역 등의 기능뿐 아니라 상품의 수입, 저장, 판매, 상표 부착, 검인, 진열, 상품 전시, 분해, 재포장, 조립, 분배, 분류, 외국 혹은 국내 상품과

---
[14] 김범중, 「외국의 자유항제도와 우리나라 자유항 설치가능성 검토」, 『해양수산』, 1990.

의 혼합, 처리, 제조, 환적 및 재수출 등 항만배후단지의 기능을 자유항의 개념에 포함하고 있으나, 항만 터미널과 항만배후단지를 공간적, 기능적으로 구분하고 있지는 않았다.

이때는 용어도 정리가 되지 않던 시기로 '광양항 배후부지'의 물류 단지화에 대한 논의가 시작15)되었으며, 단순 가공, 재포장, 상표부탁, 전시 판매, 물류 정보 등의 기능을 담당할 제반 물류시설과 이를 지원하기 위한 각종 부대시설 및 편의시설의 입주 등 현재 수행되고 있는 주요 기능이 모두 고려되었다고 볼 수 있다.

1990년대 말, IMF 구제금융 이후 국가경쟁력 강화 및 외국인 투자유치를 위한 제도로서 항만 및 공항 인근 지역에의 관세자유지역 제도가 도입되었다. 국내의 대규모 항만 공급 및 수요 증가 둔화 전망으로 인하여, 항만의 종합 물류기능 구비 및 항만 배후지역에서의 물류, 조립·가공·생산 활동 환경 조성 필요성이 대두되기 시작하였기 때문이다. 2001년 12월에 부산항·광양항에 지정되었으며, 광양항의 항만관련 부지가 관세자유지역으로 지정되어 현재의 항만배후단지와 유사한 개념이 적용되었다고 할 수 있다. 이후 2001년 말에 항만법에 항만배후단지 개념이 포함되었으며, 2002년 10월에 인천항, 평택항, 군산항, 목포항, 광양항, 마산항, 부산항, 울산항, 포항항 등 9개 항만에 대해 항만배후단지를 지정하였다.

2004년 3월에 관세자유지역이 자유무역지역으로 통합되면서 현재 항만배후단지의 형태가 갖추어졌다. 현재 우리나라의 항만배후단지는 주로 자유무역지역으로 지정되어 운영되고 있다. 또한 2009년에 항만 시설의 범위에 화물 제조 시설을 포함하였다. 즉, 기존에는 항만배후단지 및 이외 항만 구역에 물류시설만 입주가 가능하였으나, 2009년 이후부터는 공식적으로 제조 시설도 입주가 가능해졌다.

---

15) 김형태, 『광양항 컨테이너부두 조기 활성화 방안』, 해운산업연구원, 1996, p.128.

(2) 항만배후단지 개발 종합계획 수립

항만법에서는 항만배후단지 개발에 관한 종합계획을 5년 단위로 수립해야 한다고 규정하고 있으며, 2002년에 처음으로 항만배후단지를 지정하였으나 법정계획으로 인정받지는 못하였다. 2006년에 '제1차 항만배후단지 개발 종합계획(이하 제1차 종합계획)'이 고시되었으며, 2002년에 비해 군산항이 제외된 8대 항만에 대해서만 항만배후단지가 지정되었다. 그리고 2012년에 '제2차 항만배후단지 개발 종합계획 및 항만배후단지 지정 고시(이하 제2차 종합계획)'가 발표되어, 2020년까지의 개발계획이 수립되어 있다.

제2차 종합계획에서는 항만배후단지 지정 기준을 화물 처리능력 1천만 톤 이상, 항만시설 규모 2천 TEU급 이상의 컨 전용부두 또는 선석 길이 240m 이상의 잡화부두, 목표연도인 2020년 기준으로 개발 수요면적이 30만㎡ 이상 확보되는 항만을 대상으로 하여, 기존의 제1차 종합계획을 보완하였다.

〈표 5-9〉 항만배후단지 지정 기준

평 가 기 준	평 가 내 용
화물 처리능력	· 목표연도 기준 1천만 톤 이상의 화물처리능력
항만 시설규모	· 목표연도 기준 2천 TEU급 이상의 컨테이너 전용부두 · 또는, 선석길이 240m 이상의 잡화부두
개발부지 확보	· 목표연도 기준 개발 수요면적 30만 ㎡ · 수요에 따른 지점(개발) 가능 부지의 확보 여부

주 : 화물 처리능력 및 항만 시설규모는 「제3차 항만기본계획」(국토해양부, 2011. 7)을 기준으로 함
자료: 국토해양부, 「제2차 항만배후단지개발 종합계획」, 2012, p.11.

제1차 종합계획 때 지정되었던 8대 항만이 제2차 종합계획의 지정 기준을 통과하여, 여전히 인천항, 평택·당진항, 목포항, 광양항, 마산항, 부산항, 울산항, 포항항 등에 대해서 항만배후단지가 지정

되었다. 또한 법령 개정에 따라 제1차 종합계획과 비교하여 '제조수요'를 포함하여 항만배후단지 수요 면적을 산출하고, 공급계획을 수립하였다. 2020년 기준으로 우리나라는 총 27㎢를 항만배후단지로 공급할 예정이며, 이는 수요의 99.8%를 충족하는 수준이 될 것이다.

〈표 5-10〉 항만배후단지 개발계획

구분	2015년 기준 (천㎡)			2020년 기준 (천㎡)		
	수요 면적	공급 면적	과부족 (확보율%)	수요 면적	공급 면적	과부족 (확보율%)
부산항 신항	6,700	7,221	+514 (107.7)	9,224	9,443	+219 (102.4)
광양항	3,008	3,878	+870 (128.9)	4,997	5,265	+268 (105.4)
인천항	3,955	3,995	+40 (101.0)	5,706	6,113	+407 (107.1)
평택·당진항	2,195	1,429	-766 (65.1)	3,403	3,439	+36 (101.1)
울산신항	936	423	-513 (47.4)	1,300	679	-621 (52.2)
포항영일만항	991	736	-255 (74.3)	1,269	1,264	-5 (99.6)
목포신항	538	473	-65 (87.9)	567	720	+153 (127.0)
마산항	698	325	-373 (46.6)	827	325	-502 (39.3)
합계	19,028	18,480	-548 (97.1)	27,293	27,248	-45 (99.8)

자료 : 국토해양부, 「제2차 항만배후단지개발 종합계획」, 2012, p.33.

부산항은 북항을 제외한 부산항 신항에 대해서만 9.4㎢의 항만배후단지가 지정되었으며, 2015년까지 웅동 1~2단계, 서컨 1단계 및 남컨 부지를 공급하고, 2020년까지 북컨 2단계, 서컨 2단계 부지를 공급할 계획에 있다. 인천항은 6.1㎢의 항만배후단지가 지정되어 있으며, 2015년까지 북항, 아암2단계를 공급하고, 2020년까지 신항 1단계 부지를 공급할 예정이다.

〈그림 5-4〉 부산항 신항 항만배후단지 개발계획

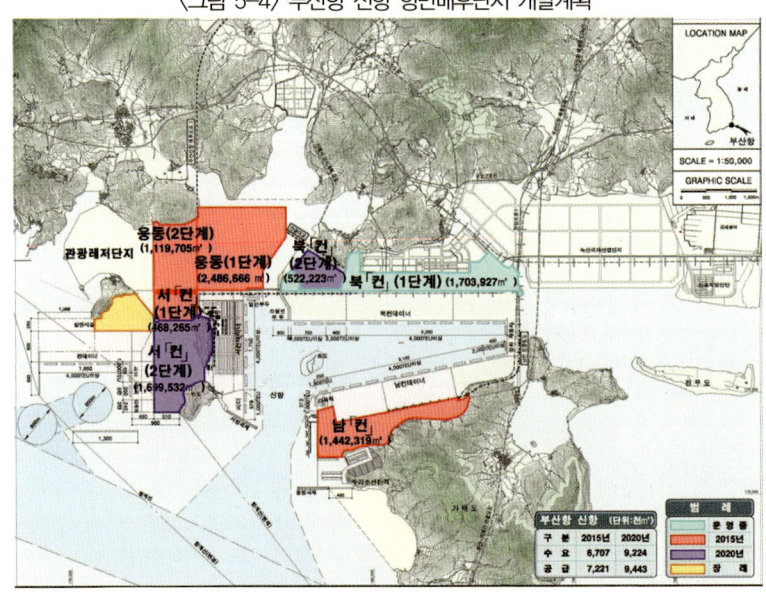

자료 : 국토해양부, 「제2차 항만배후단지개발 종합계획」, 2012, p.35.

〈그림 5-5〉 인천항 항만배후단지 개발계획

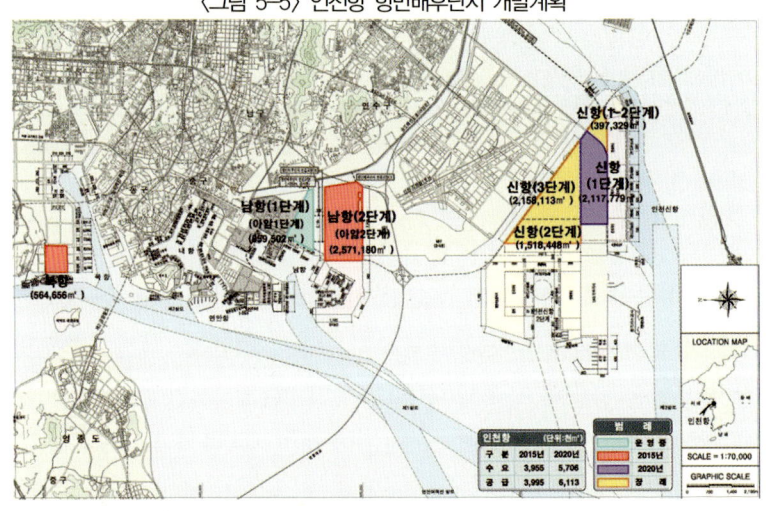

자료 : 국토해양부, 「제2차 항만배후단지개발 종합계획」, 2012, p.39.

(3) 항만배후단지의 운영 현황

8대 항만배후단지 중 현재 운영되고 있는 곳은 부산항 신항, 광양항, 인천항, 평택·당진항 등 4개 지역이다. 부산항 신항, 광양항, 평택·당진항 항만배후단지는 모두 자유무역지역으로 지정·운영되고 있으나, 인천항의 아암 물류1단지는 자유무역지역으로 지정되지 않은 상황으로 항만 시설 사용료 규정에 의거하여 운영되고 있다. 2007년에 최초로 부산항 신항과 광양항에 기업이 입주하기 시작하였으며, 평택·당진항에는 2009년부터 입주가 시작되었다. 항만자유무역지역 중 국유지의 임대료는 해양수산부에서 3년마다 임대료를 공고하고 있으며, 부산항 신항 항만배후단지의 최저 임대료는 m^2당 월 43원이며, 광양항은 현재 m^2당 월 30원 수준으로 설정되어 있다. 임대기간은 기본적으로 30년이며, 20년 연장이 가능하다. 항만배후단지 조성은 공공부문에서 담당하나, 물류창고 설치 및 장비 도입 등 상부 시설에 대해서는 민간투자 형태로 운영하고 있다. 광양항 항만배후단지 등의 일부 지역에서는 정부에서 물류창고를 설치하여 기업에 임대하는 경우도 있다.

'자유무역지역의 지정 및 운영에 관한 법률'에 따라 항만자유무역지역은 임대와 분양이 모두 가능한 상황이나 현재 국유지는 모두 임대 형태로만 운영되고 있으며, 광양시에서 개발에 참여한 광양항 항만배후단지에 대해서 분양이 이루어졌다. 임대 제도는 정책을 유지할 수 있다는 장점이 있으나, 투자금 회수가 장기간에 걸쳐 이루어진다는 단점이 있다. 반대로 분양 제도는 투자금을 일시에 회수할 수 있어 그만큼의 자금을 다른 곳에 투자할 수 있다는 장점이 있으나, 특정 사업자 등에게 개발이익이 귀속될 수 있으며 정책을 유지하기가 어렵다는 단점이 있다. 특히 항만자유무역지역과 같이 입주

조건이나 업종 등이 설정되어 있는 지역에 대해서는 분양 이후에라도 해당 조건을 만족하는 사업자와의 거래를 허용한다는 조항 등을 분양조건에 포함하는 조치 등이 필요하다.

5. 항만배후단지의 미래역할

과거 항만이 항만도시의 중심이었다면 이후부터는 항만배후단지가 항만도시에서 과거 항만의 역할을 할 것으로 보인다. 항만은 항만도시의 게이트웨이 역할을 지속적으로 수행하겠지만 항만과 붙어 있는 항만배후단지는 사람과 화물이 모여 활동을 하는 부가가치 공간으로 성장해 갈 것이다. 도시의 역세권처럼 이제 항만배후단지를 중심으로 항만 배후에 항만배후단지라는 항세권이 생겨나고 이를 중심으로 해서 항만도시가 성장해 갈 것으로 보인다. 즉 항만도시의 성장은 항만배후단지의 기능과 역할에 따라서 달라질 수 있다고 말해도 과언이 아닐 것이다. 이처럼 항만도시는 항만배후단지를 기반으로 새로운 변모를 해 나갈 것이다. 중국이 상하이가 글로벌 해운금융중심센터를 지향하면서 양산항 배후의 푸동지구를 열심히 개발하고 지원하고 있는 이유도 여기에 있다고 할 수 있다.

우리나라 항만배후단지는 한국의 물류·해운·항만산업 발전을 위한 새로운 원동력으로 그 역할을 할 뿐만 아니라 항만도시의 성장 동력의 역할을 할 것이다. 특히 국내 기업들의 '탈한국화'와 그린필드(green field)형 외국자본 유치 부진 등으로 인해 우리나라 경제가 직면한 성장 동력의 부재를 극복할 수 있는 중요한 대안으로 국가 경제의 중심으로 떠오를 것으로 보인다. 우리나라 기업들의 수출

경쟁력을 확보할 수 있는 공간으로, 외국 기업들의 동북아 진출을 위한 교두보로 그리고 우리나라 기업들이 해외 진출을 위한 시발점으로 중요성이 더욱 높아질 것이다.

 이러한 측면에서 항만배후단지는 항만도시의 심장 역할을 할 것으로 보여 항만 당국자와 도시 당국자의 관심과 노력이 절실히 필요하다. 특히 항만배후단지는 항만도시가 가지고 있는 문제점을 함축해서 가지고 있는 공간이다. 항만배후단지는 공간상으로는 도시계획하에 있으나 기능상으로는 항만계획 하에 있는 특수공간이다. 따라서 한쪽의 관점에서만 계획, 개발, 관리, 운영되어서는 안 되고 양자의 관점에서 계획, 개발, 관리가 되어야 한다. 또한 항만과 도시의 연결을 위한 중요한 완충 공간이 기능을 할 수 있어 이 부분에 대한 역할과 기능 제고에도 항만과 도시당국자들의 지원이 필요할 것이다.

06

제6장
항만도시와 해양관광

PORT & CITY

06
항만도시와 해양관광

김성귀

1. 해양관광의 중심, 항만도시

항만도시에는 다양한 자연자원이 있다. 해변의 비치가 있고 바다를 향해 흐르는 강이 있으며, 강 하구에 연계되는 철새 도래지, 연안 습지 등이 있다. 아울러 항만으로 발전하는 과정에서 조성된 항구, 어항, 여객터미널 등 산업 인프라로 쓰이는 산업자원이 있어 해양관광과 레저에 유용하게 활용될 수 있다. 또한 항만도시에는 고유의 역사적인 발전 단계를 거치면서 축적된 역사 문화유산이 있다. 각 항만이 지니고 있는 어업문화나 사회문화적 자원은 지역 특성에 따라 다채로운 모습을 띠게 마련인데, 이들 항만도시들마다의 특성 있는 문화는 지역민들과 관광객들에게 독특한 매력 요인이 된다.

항만도시가 보유한 이러한 자원들을 상품화하여 관광자원으로 잘 활용하면 사람들을 끌어들이는 집객 효과를 극대화할 수 있다. 지금까지 이러한 자원을 효과적으로 활용한 도시들은 해양관광 도시로 부각되어 새로운 부가가치와 일자리 창출에 커다란 성과를 내고 있다. 즉 연안과 항만도시는 고유의 자연자원, 산업자원, 역사문화 자원을 통해 새로운 성장과 발전의 동력으로 삼을 수 있는 것이다.

〈표 6-1〉 해양관광자원의 분류

구 분		내 용
자연자원		해수욕장, 철새도래지, 해안경관지, 해양스포츠 공간, 천연적인 바다낚시터
인문자원	사회문화적 자원	해양관련 전시관, 수족관, 지역축제, 지역 고유의 바다음식, 어구어법, 해양관련 사적지
	산업자원	항만(크루즈, 친수공간 등), 어항, 마리나

자료 : 김성귀, 『해양관광론』, 현학사, 2007. 4(초판), p.41.

항만도시는 발전 초기에 제조업 등 2차 산업과 연계하여 주로 화물 처리의 중심지로 성장하기 시작한다. 2차 산업과 연관된 발전 과정이 어느 정도 성숙되거나 마무리되어 산업구조가 바뀌게 되면서 항만도시는 3차 산업, 즉 서비스 산업 위주로 전환하게 된다. 이때가 되면 특히 해양레저, 해양관광문화 등 서비스 산업의 비중이 서서히 높아지면서 항만에서 크루즈, 요트 등의 활동이 많아지고 항만이 재개발되면서 항만 친수공간이 늘어나며 비치, 축제 등 다양한 활동도 증가하게 된다. 그리고 항만 배후의 도시들과 연계되는 교통망도 첨단화되면서 각종 교류와 전시회, 국제회의 등도 늘어나게 된다. 이렇게 되면서 과거의 항만은 물류 중심에서 서서히 인적 흐름(이하 人流라 칭함) 중심지로 바뀌게 된다.

〈그림 6-1〉 항만도시의 발전 방향(항만의 주된 기능/보조 기능)

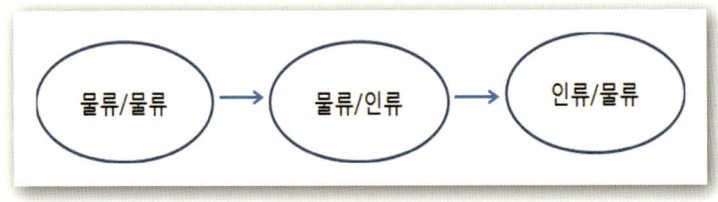

인적 교류(인류)가 늘어나는 비중과 속도는 항만도시가 다른 수송

모드들과 얼마나 잘 연계되느냐 여부에 달려 있다. 여러 수송 모드 간에 연계성이 잘 이루어지면 인적 흐름(인류)의 강도는 더 높아지게 마련이다. 예컨대 크루즈, 요트, 여객선 유입 등 해양레저관광 서비스 산업의 연계성과 질을 높이기 위해서는 항만도시 외부와의 접촉점을 늘려야 하는데 이를 위해 다른 수송 모드들과의 연계성을 크게 높여야 한다. 뿐만 아니라 항만 자체에서도 효율적 크루즈 터미널, 마리나, 여객선 터미널 등 다양한 시설을 갖추어 인적 흐름(인류)의 강도를 더욱 높여야 한다. 즉 항만도시에 머물거나 다른 수송 모드를 통해 항만도시 외부와 자유로이 유출입할 수 있는 여건이 되어야 항만 기능, 더 나아가 항만도시 기능의 효율성이 높아지게 되고 이를 이용하려는 수요자도 늘게 된다는 것이다. 따라서 이러한 인적 흐름을 높이기 위해 여러 모드와의 연계성 강화는 필수적이다. 이렇게 하여 인류의 강도가 높아지고 효율화되면서 점차 항만도시의 발전이 이루어지게 된다. 따라서 항만 도시의 미래지향적 발전을 위해서는 항만과 다른 수송 모드와의 효율적 연계가 필수적인 것이다.

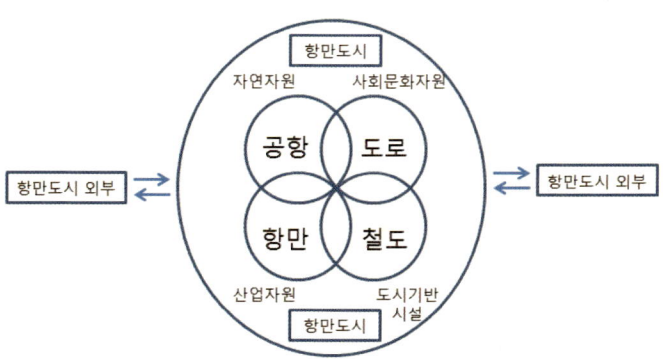

〈그림 6-2〉 항만도시의 해양관광자원과 인류 강화를 위한 모드 간 연계

이하에서는 먼저 항만도시들이 해양관광을 위해 많이 개발·이용

하는 관광자원을 먼저 살펴보고자 한다. 그리고 항만도시로서 해양관광 자원들을 성공적으로 잘 활용하여 집객력이 높은 세계의 미항이 된 곳들을 중심으로 해양관광 현황을 살펴보고, 이 항만도시들이 어떤 자원과 어떤 개발 방식을 통해 미항을 만들고 집객 효과를 극대화했는지 시사점이 되는 바를 살펴보고자 한다.

2. 항만도시의 해양관광 현황

1) 해수욕장

바다 관광의 3요소인 3S[1]를 대표적으로 표현하는 해수욕장의 발달과 더불어 해양관광이 발전해 왔다. 해수욕장이란 수영을 안전하게 하기에 적합한 조건을 갖춘 해변을 의미한다. 좋은 해수욕장의 요건은 다음과 같이 요약될 수 있다. 우선 수질이 맑아야 하고 백사장이 완경사로 해수욕하기에 안전해야 하며 수온이 해수욕에 적합해야 한다.

〈그림 6-3〉 해수욕장 주요 기능 및 관리활동

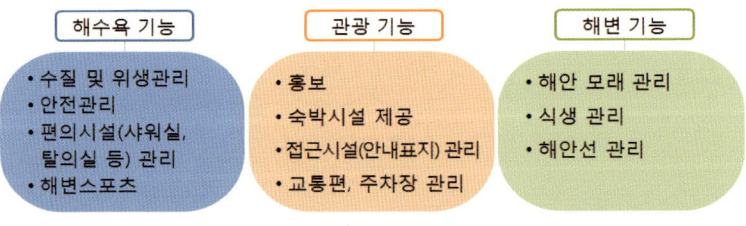

---

[1] 바다 관광의 3요소는 바다(sea), 비치(sand), 작렬하는 태양 빛(sun) 등이다. 즉 아름다운 바다와 비치, 그리고 좋은 날씨가 바다 관광의 필수요소이다.

계절적으로는 수온이 20℃를 상회하는 7~8월에 해수욕장 방문이 집중되나, 최근에는 해변경관 감상, 해변·해양레저 스포츠 활동, 여가시간 휴식을 위한 친수활동 등 해수욕장을 찾는 목적이 다양해지면서 방문 시기가 확대되고 있다. 즉 과거에 해수욕장은 휴가철에만 찾던 장소였지만, 현재는 도시 주민들과 관광객들이 연중 찾는 곳으로서 산책과 바다 조망 등을 즐기는 해변공원의 역할이 증대되고 있다.

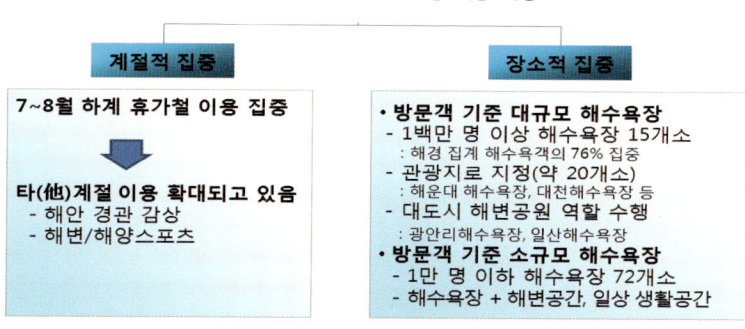

〈그림 6-4〉 국내 해수욕장 이용 특성

〈표 6-2〉와 같이 국내에서는 최근 9천만 명 이상이 해수욕에 참여하고 있고 연간 이루어지는 국내 해양관광 활동 중 절반 이상이 해수욕장을 중심으로 이루어지고 있어서 해수욕장은 해양관광을 위한 가장 중요한 관광자원이라 할 수 있다.

〈표 6-2〉 해수욕장 이용객 증가 추이

단위: 천명

1998	2000	2002	2008	2010
39,739	56,657	68,741	87,944	91,000

자료 : 해양수산부, 「주5일 근무제 대책자료」, 2002; 김성귀, 『해양관광론』, 현학사, 2007. 4; 2010년은 해경 전국집계자료(264개 해수욕장)

우리나라 주요 해수욕장 중 부산의 경우만 보면 2010년 해운대 해수욕장 10.4백만 명(해운대관광특구 사계절 이용객 전체는 21.6백만 명), 광안리 해수욕장 8.2백만 명(사계절 이용객 전체는 15.1백만 명), 송도해수욕장 4.70백만 명 등으로 나타난다.

〈표 6-3〉 2010년 주요 우리나라 해수욕장 이용객 수

단위 : 명

전체	합계	해운대	대천	경포대	광안리
90,834,755	36,327,181	10,390,000	8,952,601	8,779,080	8,205,500

자료 : 해양경찰청 내부자료, 2011.

해수욕장은 집객 효과가 크므로 지역 경제에 상당히 좋은 영향을 주나 7~8월에 관광객이 일시에 집중되어 교통난, 바가지요금, 쓰레기 처리 문제, 방문객들의 윤리 의식 등 다양한 문제를 유발하기도 한다. 따라서 이러한 문제들을 해결하기 위하여 항만도시별로 종합적인 해수욕장 관리·운영 방안의 수립·시행이 요망된다. 안전한 해수욕 활동을 지원하기 위해 이안류, 해파리, 태풍 등 위험 상황에 대한 대비 방안을 마련하고, 조류, 수질, 파고 등 기초 기상정보를 제공하여야 한다. 또한 해수욕 이외의 해변 활동 수요가 커지고 있는 만큼, 항만 도시는 지역경제 활성화 측면에서 사계절 이용을 더욱 촉진할 수 있도록 각종 편의시설 조성을 비롯한 지원정책이 필요하다.

국내의 항만도시들의 경우 아직까지는 고유한 보유자원을 활용한 해수욕장의 차별화가 미흡한 편이다. 따라서 지역 내 독특한 자원을 해수욕장과 연계함으로써 해수욕장의 차별화·브랜드화를 이루기 위한 정책이 필요하다. 이런 점에서 부산 송도 해수욕장의 복원 사례는 시사점이 크다. '송도해수욕장' 복원 사업은 연안 정비사업 중 연안의 해양관광 기능을 정비한 대표적인 사례이다. 사실 송도해수

욕장은 국내 최초의 해수욕장으로 1910년대에 조성되어 당시에는 고급 휴양지로서 각광받았으나, 1980년대 이후 인근으로 항만이 발달하면서 송도 연안의 수질이 악화되어 해수욕장으로서의 기능을 상실하였다. 그러다가 해양수산부와 부산시 서구청은 2002년부터 2007년까지 총 430억 원의 예산이 소요된 연안 정비사업을 실시하여 송도해수욕장을 복원하였다. 초기에는 잠제·양빈 등 연안 보전 사업을 통해 해변을 정비한 후 2005년부터는 해수욕객을 위한 친수 공간 조성사업을 실시하였다.

〈그림 6-5〉 송도해수욕장의 정비 사업 위치도

자료 : 부산 중구청, 송도해수욕장 중간보고(요약), 2005. 9 (①은 수중의 이안제로 침식 방지시설, ⑥은 양빈 사업, 나머지는 기타 정비사업)

이 사업을 통해 폐장되었던 송도해수욕장은 2005년에 재개장하였으며, 이후 약 500만 명의 해수욕객이 찾는 대표적인 하계 휴양지가 되었다. 즉 사업이 실시된 후 몇 십만 수준이던 해수욕객은 2005년 320만 명, 2009년 445만 명, 2010년 473만 명(해양경찰청 집계) 등으로 대폭 늘어나게 되었다.

2) 크루즈

크루즈는 국내외 항만을 정기 또는 부정기적으로 운항하는 선박에서 다양한 등급의 숙박·음식 및 식당 시설, 다양한 위락 활동 등에 필요한 시설을 갖추고, 수준 높은 관광 서비스를 제공하면서 기항지를 안전하게 순항하는 여행[2]으로 정의되고 있다. 항만도시는 주로 국제적인 거점이 되는 관계로 다양한 국제 크루즈 선박이 입출항하게 된다. 우리나라에서는 한중일을 오가는 국제 크루즈 선박이 부산, 제주, 인천, 속초 등 항만도시에 기항하고 있으며 이러한 경향은 더욱 늘어날 것으로 보인다.

과거의 국제 크루즈는 몇 달씩 국가와 대륙 간을 순회하는 노선이 주류를 이루어서 주로 나이 든 은퇴자들이 많이 이용하였으나 최근에는 1주일 이내의 단기 상품이 많이 출시되면서 젊은이들의 이용도 높아진 편이다. 2010년을 기준으로 전 세계에 250여 척의 대형 크루즈 선이 운항되면서 1,842만 명[3]이 이용하였고 이는 급격히 증가 추세에 있다. 특히 과거에는 북미, 카리브, 유럽 등의 국제 크루즈가 성행하였으나 최근에는 동북아 지역의 경제 발전을 바탕으로 국제 크루즈 선사들은 중국을 중심으로 한일 간을 운영하는 노선들을 개발하기 시작하였다.

예전에 성행했던 국제 크루즈 시장이 포화 상태가 되면서 각 크루즈 선사는 해외의 시장을 개척하고 있는데 그중에서도 가장 유망한 시장은 소득이 급격히 증가하고 있는 동북아 지역이며, 이에 따라 세계 3대 크루즈 선사인 카니발, 로얄캐리비안, 스타크루즈 등은 동북아에 집중적으로 크루즈선을 배치하고 있다. 크루즈 선사들은

---

2) 이경모, 『크루즈 관광산업의 이해』, 대왕사, 2004, pp.28~33.
3) 김성귀, 『해양관광론』, 현학사, 2013. 2(3판), p.159.

현재 카리브해나 유럽에 10만 톤급 이상의 최신형 크루즈선을 대체 투입하면서 여기서 나오는 7~8만 톤급 크루즈선을 주로 동북아에 배치하고 있다.

〈표 6-4〉 우리나라 크루즈 연도별 입출항 현황

구분	부산항		제주항		인천항		기타		합계	
	입항	관광객	입항	관광객	입항	관광객	입항	관광객	입항	관광객
2001	19	11,783	28	12,805	1	484	–	–	48	25,072
2002	28	13,237	8	2,760	2	515	39	7,016	77	25,528
2003	18	6,396	4	1,445	2	1,279	55	14,321	81	23,441
2004	22	9,930	2	753	–	–	–	–	24	10,683
2005	29	24,582	6	3,205	3	432	5	2,076	43	30,295
2006	36	20,928	21	10,477	3	1,652	7	1,345	69	33,651
2007	31	15,642	5	17,192	3	1,624	11	2,180	49	36,638
2008	14	24,934	17	21,772	6	2,567	6	2,252	43	51,525
2009	34	26,744	37	38,147	15	7,197	7	1,022	93	73,110
2010	77	106,312	53	77,173	13	7,536	8	968	153	191,989
2011	42	59,238	74		31	30,454	1		149	183,647
2012	135	180,475	81		8	6,538	15		224	282,843

자료 : KMI, 「2010 부산해양전망대회 자료집」, 2010. 1, 「2013 상반기 크루즈 관광협의체」, 한국관광공사, 2013. 2, 부산국제여객터미널 홈페이지, 인천항만공사 내부 자료 등

한중일 각국 정부와 항만도시들도 이러한 국제 크루즈 노선의 유치에 열을 올리고 있다. 특히 기항지보다는 모항에서 관광객들과 화물을 대부분 싣고 내리므로 경제적인 효과가 커 항만도시들은 모항지로서 선정되기 위하여 다양한 서비스를 경쟁적으로 내놓거나 관광 상품을 만들어 관광객들의 이용을 높이려고 노력하고 있다. 아울러 앞으로 늘어나는 국제 크루즈 관광객들의 편의를 도모코자 전용 크루즈 터미널을 확충하기 위한 노력도 기울이고 있다. 우리나라에서도 현재 부산 동삼항과 제주항 2개소에 전용 크루즈터미널 2개

선석을 건설하여 운영하고 있으며 국가항만계획에 의하면 2020년까지 총 9개 선석으로 늘릴 계획을 가지고 있다.[4] 이와 같이 항만도시들은 '물류(物流)'의 항만에서 '인류(人流)'의 항만으로 전환하기 위해 부단한 노력을 기울이고 있는 중이다.

〈그림 6-6〉 부산 동삼항에 정박 중인 로얄캐리비안 크루즈사의 레전드호(7만 톤)

〈그림 6-7〉 부산의 광안대교와 연안 크루즈에 이용되는 팬스타 크루즈 호

유수한 항만도시들의 경우, 국제 크루즈선 외에도 도시 연안 내에서 중요한 도서나 경관지를 오가는 소형 관광 크루즈 선박들도 많

---

4) 국토해양부, 『무인도서의 지속가능한 개발 방안 연구』, 2012. 2, p.437.

이 운항되고 있다. 싱가포르에는 중국 범선 또는 초현대식 요트를 이용하여 도시의 스카이라인과 항구 그리고 싱가포르 남쪽의 섬들을 구경하는 다양한 코스가 있다.5) 홍콩에서는 빅토리아항에서 홍콩의 야경을 배경으로 운항하는 소형 연안 크루즈에서부터 4만 톤급 대형선 크루즈 등 다양한 상품들이 연안 크루즈로 이용되고 있다. 현재 부산에서는 팬스타 원나잇 크루즈 등 몇 가지 연안 크루즈 상품들이 있는데 인천 등 타 항만 도시에서는 주로 소형 연안 크루즈 위주이고 대형선을 이용한 크루즈는 크게 활성화되어 있지 못한 편이다. 앞으로 항만도시마다 차별화되고 다양한 연안 크루즈 상품의 개발이 요망된다.

3) 마리나와 해양레포츠

소득 수준 향상과 함께 해양레저·스포츠의 대중화를 통한 연안 공간에서의 관광활동 기회가 다양화되면서 해양에 대한 국민적 관심도 높아지고 있다. 이에 따라 해양레저의 기본 시설이 되는 마리나 건설도 주목받고 있다. 마리나 시설은 도시민들의 해양레저 기회 제공과 더불어 지역 차원에서는 해양레저·스포츠의 공급 기반(마리나 등 기반시설 조성, 해양레저 서비스업 육성, 관련 장비산업 지원) 마련을 통한 연안 지역 경제발전 도모와 새로운 일자리 창출의 발판이 될 수 있다.

마리나(marina)는 요트나 레저용 보트의 정박시설과 계류장, 해안의 산책길, 상점 식당가 및 숙박시설 등을 갖춘 항구를 말한다.6)

---

5) 김성귀, 『해양관광론』, 현학사, 2007. 2, p.174.
6) 위키피디아 자료 (www.wikipedia.org) (접속일 2013. 5)

선진국 사이에서 마리나 항의 운영 실태는 고급 해양레포츠의 수준을 가늠하는 지표가 되고 있으며, 최근 한국에서도 마리나 건설, 운용이 확산 추세를 보이고 있다.

미국, 유럽, 호주 등 선진국에서는 마리나를 중심으로 하는 기반시설 조성을 통하여 연안 지역 관광 활성화와 해양레저산업의 촉진을 도모하고 있다. 구체적으로 보면 미국의 레저보트 참여 인구는 약 7천만 명이며 레저보트 및 관련 서비스 시장 규모는 약 338억 달러 수준(2008년)이라고 한다. 유럽은 연간 3천 6백만 명이 레저보트 활동에 참여하며 레저보트의 제조와 장비산업을 통하여 연간 6만 개의 일자리가 발생하고 있다.

현재 우리나라에는 18개소의 마리나가 조성되어 운영 중이고 정부의 계획에 의하면 2020년까지 이를 45개소로 늘린다고 한다. 이에 따라 각 항만도시들도 마리나 건설에 박차를 가하고 있다. 부산시에서는 기존 구항 지역의 친수공간화를 진행하면서 마리나를 신설하고 이외에 백운포 등에 마리나를 조성할 계획이며 과거 88올림픽 시절 요트경기장으로 건설된 수영만 마리나도 민간 자본을 유치하여 재개발할 계획이다. 아울러 인천에서는 2014년 개최될 아시안 게임에 대비하여 경기장용 마리나를 을왕리 왕산에 건설 중이다. 이와 같이 항만도시에서 마리나는 각종 행사의 유치와 관련되어 건설되는 경우도 있지만 대부분은 도시민의 레저 공간으로서, 그리고 관광객을 유치할 수 있는 공간으로 조성되고 있다.

아직 우리나라의 마리나는 초기 단계로서 선진국에는 미치지 못하는 수준이다. 그러나 3만 달러 소득과 주 5일 근무가 정착된 이때에 해양레포츠의 중심 기지로서 활용 가치가 높다고 할 수 있다.

특히 항만도시의 마리나는 외국에서 들어오는 레저 보트를 수용할 수 있어야 하고 국제적인 경기를 치를 수 있는 대표적인 시설로서 국내외 인적 교류의 중심적인 역할을 해야 할 경우가 많다. 따라서 다양한 규모의 마리나 시설이 해양레포츠 시설로 활용될 수 있지만 특히 항만도시에는 중·일·러 등 인근 국가들과의 해양레포츠 등 인적 교류(人流)가 가능하도록 동서남해의 주요 지역마다 국제 거점형 대규모 마리나의 건설이 중요하다.

〈그림 6-8〉 부산 수영만 마리나 현재(좌), 재개발계획(우)

4) 바다낚시터

바다낚시는 바닷가 갯바위, 항만 및 어항 지역의 방파제, 바다낚시 어선(일명 유어선)으로 등록된 유어선 낚시 등이 많이 활용되고 있다.

바다낚시의 경우 방파제, 갯바위 낚시 등에서 높은 파도에 의해 낚시객들이 인명 피해를 입는 등 안전사고가 많이 발생되는 문제가 있다. 이에 일본에서는 특히 항만도시나 도시 인근에서 낚시 잔교 등을 설치하여 가족들이 안전하게 즐길 수 있는 시설들이 도입되고 있다. 해상에 철제 콘크리트 구조물을 이용한 낚시 전용 잔교를 건설하여 안전하게 바다낚시를 즐길 수 있도록 하는 것이다. 이 시설들은 낚시객들을 위한 소공원 형태의 해상부잔교나 교각형 잔교인데 안전하게 낚시를 즐길 수 있어 가족 단위의 행락객들이 많이 이용한다. 우리나라 항만 도시에서도 이러한 시설의 도입이 요망된다.

〈그림 6-9〉 일본 코베시 수마(須磨) 해상낚시터

5) 해양문화 관광

항만도시에는 과거로부터 내려온 다양한 해양 역사와 문화가 있는 경우가 많다. 따라서 이러한 다양한 역사 문화 소재들을 바탕으로 각종 관광 활동이 이루어지게 된다. 이러한 관광 소재는 먹을거리, 볼거리, 즐길 거리를 주는 해양박물관(수족관 포함), 해양 축제, 수산물 시장, 해양관련 사적지 등으로 다양하다. 이하에서는 이러한 소재들을 중심으로 항만도시들의 관광이 전개될 수 있는 방향을 보고자 한다.

(1) 해양박물관

박물관은 수집, 연구, 전시를 통해 궁극적으로는 국민의 교육, 여가, 문화를 담당하는 사회교육기관으로 국민의 문화 복지 향상에 기여한다. 박물관은 수익성 사업이 아니므로 민간 차원에서 투자가 이루어지기 어려우며, 따라서 국가 차원의 투자가 필요한 부분이다. 대부분의 해양 선진국들은 해양박물관을 가지고 있으며, 설립 주체는 대부분 국가이거나 국가 지원을 바탕으로 한 해양 관련 재단 등에 위임되어 건립·운영되고 있다.

〈그림 6-10〉 부산해양박물관 전경

자료 : 국립해양박물관 홈페이지 (접속일 2013. 5)

해양박물관의 성격은 해양산업, 해양문화, 해양환경·생태, 해양과학 등이 망라된 종합적 성격을 띤다. 그러나 이들 각 부분은 기존의 국립중앙박물관, 국립민속박물관, 과학사 박물관 등에서 자세히 다루지 못하는 분야이므로 전문적인 해양박물관에서 직접 다루게 된다.

항만도시들 중 영국 런던은 유구한 역사의 국립해양박물관이 있으며 호주 시드니 달링하버에도 국립해양박물관이 수족관과 더불어 위치하고 있다. 동경 만에는 선박과학관, 요코하마 워터프론트에는 범선으로 된 해양박물관이 조성되어 있다. 우리나라에서도 2012년 부산에 국립해양박물관이 개관하여 다양한 해양문화를 전시하는 선도기관으로 역할을 하고 있다. 목포에는 신안 앞바다에서 발굴된 고대 중국 무역선을 전시하여 당시의 해양문화와 교류사를 전해 주고 있다. 기타 지역에도 국·공립기관에서 지원하여 건립된 등대박물관(포항), 어촌민속관, 해양과학관 등 다양한 형태의 전시관들이 있다.

그러나 우리나라 항만도시들에는 아직도 여타 선진국들에 비해 대표적인 해양박물관을 보유하고 있는 데가 그리 많지 않다. 따라서 각 항만도시마다 지역을 대표할 수 있는 해양박물관들을 조성하여 지역 해양문화의 창달에 기여할 수 있게 하여야 할 것이다.

〈그림 6-11〉 목포 국립해양문화재연구소 전경 및 내부 전시물

자료 : 국토해양부, 『무인도서의 지속가능한 개발 방안 연구』, 2012. 2, p.399.

(2) 해양 축제

2010년 현재 전국에 개최되는 축제는 813개로서 해양문화 체험과

관련된 해양문화 축제는 전국적으로 113개가 정도가 개최되고 있다.[7] 해양축제 중 수산물을 소재로 한 축제(43%)의 비중이 높은 편이며 단순히 해변이나 어항 공간을 활용한 축제가 대부분을 차지하고 있다. 부산의 경우에는 부산영화제 외에 해양 분야에서는 자갈치축제, 영화제, 바다 축제, 불꽃 축제 등 다양한 축제가 있어 관광객들에게 많은 즐거움을 안겨 주고 있다.

〈표 6-5〉 부산 지역별 해양축제 현황

지역	축제명	개최시기	주요 내용
부산광역시	부산바다 축제	8월	불꽃축제, 가요제, 퍼레이드, 해변무용제, 민수영학교, 해상가요제, 해변달리기, 후리어로 작업 재현 등
	해맞이 부산 축제	8월	시민의종 타종, 송년음악회 신년메시지, 시민대합창 등 해맞이 일출행사 공연, 뒤풀이
	부산불꽃축제	10월	멀티미디어와 주변 경관을 이용한 불꽃 축제
서구	송도 바다축제	8월	송도해상가요제, 해변음악회, 바다운동회, 모래조각전
	송도 해신당집 축제	정월대름	용왕제 제례행사, 민속놀이, 해상집 태우기
영도	풍어제	4월	서낭굿, 상황당맞이굿, 조상굿등 공연, 용왕 매감굿, 선상이벤트
남구	오륙도 축제	10월	기원제, 전통혼례, 음악회, 체육대회, 걷기대회, 작품전시회, 백일장, 민속놀이, 사생대회
부산시 문광부, 농식품부, 중구청 공동	부산자갈치축제	10월	도전 세계 최대 회비빔밥(2100인분) 만들기, 수산물 요리 경연대회, '물고기 위령제, 자갈치아지매 3종경기, 가족체험장, 어린이놀이존 조성, 모터보트 조정경기, 나도 가수다, 추억의 7080, 동아리경연대회, 실버 예술 등 바다 소재 프로그램 운영
해운대구	해운대 바다축제	8월 초	콘서트, 해변가요제, 아쿠아에어로빅, 푸른음악회, 해변영화제, 뮤직뱅크
강서구	가덕도 대항숭어들이 축제	4월	숭어들이 시연, 숭어요리 시연 및 시식회, 가덕도 관광, 사진전시회 등
	명지전어축제	9월	전어할인판매, 주부단축마라톤대회 등
수영구	광안리 어방축제	4월	전통행사 진두어화 재현, 길놀이, 생선회 할인장터, 생선요리 작품 경연 등
기장군	해맞이 기장축제	1월1일	지신밟기굿, 모듬북 공연, 태평무, 어선 해상불꽃 퍼레이드, 대북타고식 등
	기장멸치 축제	4월	갈놀이, 멸치회 시식회, 멸치털기 및 멸치잡이 체험
	기장갯마을 마당극축제	8월 초	성황제, 자유무대, 시민참여마당, 초청연극 테마마당극 '갯마을
	연화리 붕어축제	10월	전야제, 붕장어 무료시식회, 붕장어잡기 체험, 바다체험 등

자료 : 위키백과(부산시 축제 중 해양부분만 발췌한 것임) (접속일 2013. 3)

---

[7] 홍장원 등, 『해양문화콘텐츠 활용방안 연구』, 한국해양수산개발원, 20103. 12. 31, p.74.

(3) 해산물 시장과 먹거리 등

항만도시에는 각종 해산물이 넘치고 해변을 따라 각종 해산물 식당이 자리 잡고 있다. 그래서 항만도시는 항상 풍성한 먹거리를 제공하게 된다. 특히 한국인들은 어식 문화가 발달하여 수산물에 대한 인식이 높아 항만도시 방문 시 어시장과 횟집 방문은 거의 빠트릴 수 없다.

부산의 경우에는 자갈치시장 외에도, 민락회촌, 기장대변항 회촌, 기장 죽성리 회촌, 청사포 회거리, 청사포 숯불조개구이촌, 삼락동 재첩거리, 오륜동 민물고기촌, 다대포 생선회 먹거리타운, 미포 횟거리, 문오성 횟촌, 조방 낙지거리 등 다양한 해산물을 즐길 수 있는 명소들이 있다.

이와 같이 항만도시들은 이러한 지역의 주요 해양수산 자원들을 하나의 관광거리로 개발하는 노력을 게을리 해선 안 된다.

〈그림 6-11〉 현대화된 자갈치 시장(좌)과 자갈치 축제 모습(우)

(4) 해양문화 소재 개발

항만도시에는 역사 자원, 해양 민속, 해양 문학 작품, 해양문화

자원 등 다양한 유형의 해양문화 자원이 있어 이를 관광자원으로 활용하여 상품화할 수 있다. 과거부터 대외교류가 이루어지던 장소나 유적들이 관광자원으로 활용될 수도 있고 항포구와 관련된 생활상의 모습을 보여줄 수도 있다. 각종 해양 민속놀이를 재현하는 사업을 통하여 이를 관광자원화 할 수도 있다. 그리고 각종 해양문학 작품의 소재와 배경으로 이용될 수 있는 여건도 갖추어져 있다. 특히 나폴리항의 '돌아오라 소렌토로' 등과 같이 '가고파', '목포의 눈물' 등 항만도시의 다양한 노래는 지역을 대표하는 상징으로서 이용되기도 한다.

관광 분야에서는 최근 지역의 역사문화 자원을 이용한 '스토리텔링'이 중요한 요소로 부각되고 있다. 앞에서 언급된 다양한 해양문화 자원들은 이러한 도시 스토리텔링의 주요 자원들이다. 보석은 꿰어야 보배가 되고 관광은 스토리가 잘 만들어져야 성공할 수 있다. 이러한 관광 자원을 잘 엮을 수 있는 스토리텔링에 항만도시들은 노력하여야 한다.

〈표 6-6〉 해양문화자원 사례(부산을 중심으로)

자원	내용
역사자원	동래포 포구 역사, 부산왜관 및 상호 교류자료 부산 경유 고대 중국 및 일본 뱃길, 임란시 (부산포)해전지/6·25 피난살이 등
문학작품	심청전 등 바다를 배경으로 한 시·소설·연극·영화 등의 배경, 박경리 등 유명 작가 유적, 항구 중심의 해양 소설
문화자원	오륙도를 비롯한 연안 및 섬 문화, 항구문화 등 바다를 중심으로 한 생활상을 확연히 드러나는 자원
해양민속	부산에서 당제, 어방놀이, 띠뱃놀이 등 전통 놀이가 남아 있는 곳을 찾아 발굴하는 작업 필요(예: 가덕도 숭어잡이 관련 등)
문화콘텐츠 자원	오륙도, 이기대/태종대, 영도다리 등 소재로 하는 애니메이션/만화 개발

3. 세계 미항들의 해양관광 자원화[8]

세계 미항들은 자체의 아름다움과 인위적인 매력 포인트들을 첨가하여 세계의 관광객들을 끌어들이고 있다. 그래서 이들이 가지고 있는 특징들을 검토해 보면 다른 항만도시가 해양문화와 관광을 키우기 위한 방안들을 도출할 수 있을 것이다. 이하에서는 세계의 3대 미항과 홍콩 등을 중심으로 미항으로서의 여건들을 검토하여 일반 항만도시의 미항 만들기를 위한 방향 설정에 활용하고자 한다.

1) 이탈리아 나폴리항

나폴리항은 이탈리아의 나폴리만 안쪽에 있는 천연의 항구로 배후는 베수비오 화산기슭까지 이르고, 오렌지 나무가 끝없이 이어지는 모래 해안으로 형성된 미항이다. 역사, 신화와 전설의 나폴리에는 랜드마크 건축물로서 카스텔 누오보('새로운 성'이라는 뜻), 왕궁(Palazzo Reale), 부르봉가의 산 카를로 극장, 대성당 두오모, 산 엘모 성(케이블 카 이용) 등이 있다.

또한 지중해의 크루즈 중심지로서 국제 크루즈, 연안 크루즈의 기종점이 되고 있고, 마리나도 나폴리 항내에 존재하여 시민들과 관광객들의 관광 거점이 되고 있다. 아울러 주변에 아름다운 도서가 많아 잘 개발되어 있는데 그중에서도 국제적으로 유명한 섬은 카프리섬(나폴리만에서 배로 1시간 정도 소요)으로 경관이 아름다워 과거부터 로마 황제의 휴양지 등으로 사용되며 역사 유적으로 남아 있

---
[8] 이하의 내용은 김성귀(「세계4대 미항 여수 만들기 시민대토론회 프로시딩」, 여수시청 대회의실, 2012년 3월 30일)의 논문을 요약하여 정리한 것임.

고 주변의 풍광은 관광객들을 압도한다.

　나폴리항 남쪽으로는 유명한 소렌토 해변이 있어 아름다운 경관을 자랑하고 있다. 나폴리 동쪽에는 로마 시대에 분출된 베수비오 화산으로 인해 묻혔다가 최근 발굴된 폼페이 유적이 있어 역사적 유물로서 관광객들을 많이 끌고 있다. 나폴리는 지역 고유의 먹거리로는 나폴리 피자가 유명하다. 또한 아름다운 경관을 바탕으로 다양한 가곡과 노래의 소재가 되어 더욱 유명한데 산타루치아, 오 솔레미오, 무정한 마음, 물망초 등은 관광객들에게 크게 어필하고 있다.

〈그림 6-13〉 이탈리아 나폴리의 모습들

나폴리 연안부두(상) / 카프리 해변(하)

소렌토 해안 / 카스텔 누오보 / 산 엘모 성 / 나폴리 전통시장

2) 호주 시드니항

호주 시드니는 달링하버의 경관이 유명한데 원래 항구로 쓰이다가 입출항하는 선박의 크기가 커지면서 외항을 만들어 친수공간으로 개발되었다. 이 근처에는 랜드마크 건축물로서 오페라하우스(시드니 타워)가 있어 지역의 명물이 되고 있다.

이곳에는 아직도 연안 크루즈, 국제 크루즈 등 크루즈선이 지나면서 관광객들에게 아름다움을 제공하고 있다. 달링하버 인근에 개발된 마리나는 세계 3대 요트레이스의 하나인 시드니-호바트 요트레이스의 출발점이 되고 있다.

시드니 도심 인근에는 본다이 비치, 맨리 비치 등 곳곳에 해수욕장이 있어 도시 해변 관광의 중심이 되고 있다. 또한 시드니 도심을 관통하는 교량인 하버브리지를 관광자원화 하고 이를 오르는 관광코스를 개발함으로써 관광객들은 해상에서 시드니의 연안 전경을 만끽할 수 있다.

달링하버를 재개발함으로써 인근 해변에는 해양수족관, 해양박물관, 모노레일, 소형 크루즈터미널, 식당가, 친수공간이 조성되었다. 이러한 개발과 연계하여 도심 재정비를 통해 바다와 조화된 새로운 도심 스카이라인 형성하였다.

그 밖에 전 세계적 이벤트로 개최된 제27회 시드니 올림픽(2000) 이후 이 시설들의 사후 활용[9]을 도모하였다. 시드니 올림픽은 환경 올림픽을 표방하여, 사격장·양궁장 등 대부분의 경기시설을 가건물로 짓고 반(反)환경소재를 최소한으로 줄였으며, 철재와 목재를 최대한 활용하였고, 자연 채광과 자연 환기를 최대한 활용할 수 있도록 설계되었다. 또 올림픽파크는 쓰레기처리장 위에 세워서 주변

---

9) 제27회 올림픽경기대회(The 27th Olympic Games), 네이버 백과사전.

환경과의 조화를 고려하였으며 1회용 종이컵뿐만 아니라 알루미늄 호일, 플라스틱 음식용기, 랩 등을 사용할 수 없게 하고 대회 기간 중에는 천연가스 연료를 사용하는 버스를 운행하여 쾌적한 도시로서의 이미지를 만들어 나갔다.

〈그림 6-14〉 호주 시드니의 모습

오페라하우스와 도심 스카이라인(상) / 하버브리지(하)

시드니항 크루즈부두/ 국립해양박물관(달링하버)/ 달링하버 광장 / 달링하버 워터프론트(위로부터)

3) 브라질 리우데자네이루항

브라질의 리우데자네이루는 과나바라 만 입구에 위치하고 있고 브라질 상파울루에 이은 브라질 2위의 도시로 남미 제일의 관광도시이다.

지역의 랜드마크 건축물로서는 코르바도르 언덕 위(해발 690미터)에 있는 성모마리아 상(38미터 높이)이 유명하다. 아울러 인근에 있는 팡 데 아수카르(Pao de Acucar)는 높이 396미터의 원추형 바위산으로 1915년 완공된 케이블카(정상까지 1,400m, 중간 환승지 있음)로 올라 갈 수 있고 인근의 구아나바라 만 등 아름다운 도시 조망과 바다 조망이 가능하여 많은 관광객들을 유치하고 있다.

주변에는 레노·코파카바나·이파네마·레블론 등의 아름다운 해변(해수욕장)이 많아 관광객들이 끊이지 않고 있다. 각종 연안 크루즈 활동은 물론, 정기적인 국제 크루즈 기항도 이루어지고 있다. 마리나 개발 및 요트 활동도 활발한 편이다. 또한 리우 데 자네이루는 리우 카니발/축제 등 남미 최초로 카니발이 시작된 곳이어서 그 축제가 세계적으로 유명하다.

또한 이곳은 리우회의(Rio Sustainable Developemnt, 1992), WSSD(World Summit on Sustainable Development, 2002, 지속가능 개발회의), 2012년 Rio+20회의 등 유수의 국제회의가 개최된 남미 컨벤션의 중심지로서 국제적인 방문객들이 많다.

〈그림 6-15〉 브라질 리우데자네이루의 모습

코르바도르 언덕과 내안 / 팡 데 이수카르봉 / 팡 데 이수카르로 가는 케이블카 / 리우시 도심과 해수욕장(위로부터)

4) 홍콩

홍콩은 '세계 건축 박물관'이라고 할 만큼 높이와 생김새가 제각기 다른 각양각색의 건물이 밀집되어 있는데도 전체적으로 조화를 이루고 있는 항만도시다. 바로 도시 디자인 가이드라인 덕분이다. 홍콩 스카이라인의 균형 발전을 유지해주는 도시 디자인 가이드라인은 빅토리아 피크의 능선을 원형대로 보존하기 위한 '융기선(ridgelines) 계획'과 바다를 무분별하게 매립하여 해안선을 잠식하지 못하도록 하는 '해변(waterfront) 계획'으로 이루어져 있다.10)

〈그림 6-16〉 홍콩의 모습

2002년 4월부터 발효된 '스카이라인 규제 정책'은 도시가 전체적으로 균형을 이루는 데 중점을 두고 있다. 아파트 등 고층 건물의 신축을 허가할 때 일률적으로 층수와 높이를 규제하는 경직된 건축법은 적용하지 않는다. 대신 블록 단위로 균형 있는 모양을 갖추어 전체적으로 조화를 이루기만 하면 설사 아주 높게 짓더라도 허가를 내준다. 홍콩만과 빅토리아 피크 사이의 협소한 부지 문제를 고층 빌딩 건립으로 해결하면서도 도시 디자인 가이드라인에 의해 스카

---
10) 조선일보, 2013. 2. 8.

이라인이 균형을 이루며 발전해 오고 있다.

홍콩 시민과 관광객들은 매일 홍콩 섬의 야경을 한 눈에 조망할 수 있는 거리에 모여 오후 8시를 기해 20분 간 각 건물의 레이저 조명이 일제히 켜지는 '심포니 오브 라이트' 장면을 지켜보며 환호한다. 빅토리아항구와 컨벤션센터, 제각각 다른 수많은 빌딩이 일제히 쏟아내는 화려한 레이저 불빛은 홍콩의 밤을 아름답게 장식한다.

홍콩에서는 홍콩 해양공원이 있어 수족관, 워터파크, 놀이 시설 등이 있어 다양한 볼거리를 제공한다.

〈그림 6-17〉 홍콩 해양공원

또한 홍콩의 에버딘(Aberdeen) 항은 과거에는 어항으로 쓰였지만 현재는 세계 최대의 해상 부유식 점보식당이 있어 해산물을 비롯한 다양한 먹거리와 볼거리를 제공하는 기능을 하고 있다. 또한 이 항에는 각종 호화 요트들이 즐비한 마리나가 있어 해양레저 활동의 중심지가 되고 있다.

〈그림 6-18〉 홍콩의 유명한 해상 점보식당

100여 년 전에 만들어진 트램(tram, 기차의 일종)을 타고 해발 554m의 빅토리아 피크에 올라가면 전체 홍콩의 주야 경관과 바다 경관이 한 눈에 들어 와 관광객들의 눈길을 끈다. 아울러 국제 크루즈 터미널이 있어 인근 지역을 연계하여 크루즈를 즐길 수 있으며 소형 선박을 이용한 연안 크루즈도 성한 편이다.

〈그림 6-19〉 홍콩 피크트램과 전경   〈그림 6-20〉 홍콩 야경과 크루즈 선박

이외에도 해수욕을 즐길 수 있는 리펄스베이, 각종 살거리를 제공하는 스탠리 마트 등 곳곳에서 해변을 조망할 수 있는 친수공간이 많이 조성되어 해변에서의 조망과 다양한 해양 레저생활을 즐길 수 있도록 하고 있다.

〈그림 6-24〉 리펄스베이와 스탠리 마트 전경

5) 관광 미항의 공통점

앞에서 본 관광 미항들에는 몇 가지 공통점들이 있다. 먼저 랜드마크가 되는 건축물들이 많다. 그래서 이들 건축물들이 이루어내는 도시경관이 수려하다.

또한 천혜의 아름다운 경관을 주축으로 연안 크루즈, 국제 크루즈 등 크루즈의 주 루트로서 해상 관광업이 발달되어 있어 인적 교류(인류)의 중심이 되고 있다. 인근에는 마리나 등 해양레저 기반 시설이 완비되어 있으며 집객력이 높은 해수욕장들이 인근에 많이 존재하고 있어 인적 교류의 역할을 잘 수행하고 있다.

그 밖에도 뛰어난 해양 자연경관이라는 천혜의 자원을 국제행사 유치에 활용함으로써 컨벤션 산업이 성하고 역사 유산 등을 이용한 이벤트의 관광 자원화를 꾀하고 있다. 아울러 지역 고유 먹거리, 노래 등 개발하고 최근에는 주간 경관뿐만 아니라 야간 경관의 개발에도 많은 신경을 쓰고 있다.

이처럼 세계적인 관광 미항들의 주요 공통점들을 살펴보면서 앞으로 우리나라 항만도시의 관광 활성화를 위한 몇 가지 조언을 해두고자 한다.

첫째 자연자원, 인공자원 등 다양한 관광 자원의 확보를 위해 노력해야 한다. 자연자원으로서 도시 경관, 하버 및 마리나, 도서, 비치, 산(화산) 등의 조화가 필요하다. 그리고 인공 자원으로 랜드마크 건축물, 교량, 마리나(요트), 야경, 크루즈선, 역사유물 보전 등이 필요하다. 둘째로는 관광의 소프트웨어의 구축도 필요하다. 이에는 축제, 국제적 이벤트, 음식, 노래 등, 민속, 해양도서와 크루즈 등이 있으며 이의 적극적인 개발과 상품화가 요망된다. 셋째로는 법제도적인 정비가 필요하다. 즉 장기적인 도시계획(도시 혹은 항만 등 재정비), 지속적인 경관 조성·유지 지원, 주민들의 의식 제고 등이 요망된다. 넷째로 사례로 든 도시들은 대개 국제 크루즈나 항공, 철도의 거점이 되는 곳이고 요트, 비치, 각종 국제행사 및 교류 등 각종 인적 흐름을 유발하거나 이를 끌어들일 수 있는 위치에 있는 도시들이다. 따라서 항만도시는 이러한 인적 흐름을 유발하고 다양한 모드에 의해 연계할 수 있는 시스템을 갖추고 이를 효율적으로 운영하여야 한다.

이와 같은 조건들이 잘 갖추어진다면 항만 도시들은 과거의 물류 중심에서 인적 교류(人流) 중심의 항만 도시로 바뀌면서 지역 경제의 활성화와 일자리 창출에 커다란 기여를 할 것으로 판단된다.

4. 해양관광의 중심, 항만도시의 미래

항만도시들은 아름다운 자연과 역사인문자원, 산업자원 등 다양한 자원을 보유하고 있을 수 있어 이를 잘 활용하면 도시의 관광 인프라가 확보되고 이를 통해 부가가치와 일자리 창출 등 새로운 성장 동력을 갖추게 된다. 특히 항만도시들은 이러한 하드웨어적인 내용도 중요하지만 항상 교류의 창구로서 이용되므로 각종 소프트웨어를 갖추어 축제나 이벤트 등을 통하여 성장할 수 있다. 최근에는 문화적 스토리텔링이 관광의 중요한 요소로 떠오르고 있어 도시 전체의 이미지를 스토리텔링으로 강화시킬 수 있도록 하여야 할 것이다.

이를 위하여 체계적인 계획 수립과 개발·이용이 구체적으로 추진될 수 있도록 시스템도 갖추어야 할 것이다. 이렇게 되면 항만도시는 기존의 항만물류 중심 도시에서 새로운 성장 동력인 해양관광을 중심으로 인적인 흐름과 교류를 촉발하여 새로운 도시 경제의 축을 구축함과 동시에 미래지향적인 관광문화 도시로서 새로이 재탄생할 수 있게 될 것이다.

07

제7장
항만의 변화와 항만도시의 재생

PORT & CITY

07
항만의 변화와 항만도시의 재생

이한석

1. 항만과 도시의 관계

항만도시는 항만으로부터 출발하여 항만을 중심으로 형성되어 왔다. 항만은 도시의 어느 부분보다 빠르게 성장하였고 경제적 기회와 기술적 혁신에 의해 연속적으로 변화하였으며 급속도로 확장되었다. 이와 함께 철도, 화물야적장, 교량, 고속도로 등이 항만과 그 주변에 들어섰으며 점차 다목적 부두를 대신하여 특별화물 전용부두가 나타났다. 또한 부두와 도크는 바다로 더 멀리 나가 설치되었으며 항만 배후에는 다양한 지원시설이 들어섰다.

한편 항만은 선박 대형화와 항만 성장 등으로 인해 도심에서 멀어져 갔으며 확장된 항만은 도시와 바다를 단절시켰고 도시 기능과 갈등을 일으켰으며 도시 환경과 삶의 질 향상에 골칫거리가 되었다. 20세기 후반에 들어서 항만 및 선박 관련 기술이 발달함으로서 기존 항만이 전통적인 기능을 잃어가고 항만도시의 활력이 쇠퇴해감에 따라 항만과 도시를 통합하려는 움직임이 나타났다.

도시 외곽에 새로운 항만을 개발하면서 기존 항만을 재개발하여 도시에 의미 있는 친수공간으로 만들고 항만과 도시를 가로막던 철도, 화물야적장, 창고, 고속도로 등을 제거하여 도시와 항만을 통합하고자 하였다. 이러한 항만재개발은 궁극적으로 항만도시를 재생시키는 사업으로서 항만을 도시 워터프론트로 조성하여 공공 접근성을 확보하고 해안의 생태적 안정화를 꾀하며 도시의 경제적 활력을 되찾으려는 다양한 목적을 가지고 있다.

모든 항만도시는 역사, 경제 그리고 문화적인 측면에서 독특하고 분명한 정체성을 가지고 있다. 따라서 항만재개발은 그 도시의 정체성과 조화되며 동시에 도시의 질(質)을 높여서 도시의 가치를 향상시키는데 의미가 있다.

항만재개발은 세계적으로 도시재생1)의 가장 효과적인 수단으로서 항만도시를 둘러싼 국제적 환경에 대응하고 첨단 과학기술을 활용하여 새로운 경제적 기회를 포착하며 시민을 위한 공공장소를 조성하여 도시 이미지를 향상시키는 도시 프로젝트이다. 성공적인 항만재개발은 항만의 브랜드 가치를 상승시키며 도시의 환경을 개선하고 도시 경제를 활성화시킬 뿐 아니라 시민들의 집단 자아상(自我像)을 높이는 영향력을 가지고 있다.

도시공간의 측면에서 항만재개발은 본질적으로 도시 워터프론트에 관계된 사업이다. 항만이 차지하던 수변을 생활환경과 친수공간으로 정비하고 교통 및 정보통신시스템 등 도시 기반시설을 개선하여 새로운 정보와 문화를 수신·발신·교류할 수 있는 창의적 도시공간으로 재생하는 것이다.

2차 세계대전 이후 항만도시에서는 항만·산업시설·철도 등 교통시설이 도심에서 빠져나가고 이로 인해 도심에 대규모 빈 공간이 생겼으며 활력을 잃어가는 항만도시를 활성화시키기 위해 이 넓은

---

1) '도시재생'이란 첨단산업의 도입 및 신도시 개발 등으로 인해 낙후된 기존 도시에 새로운 기능을 도입·창출하여 쇠퇴한 도시를 새롭게 경제적·사회적·물리적으로 회복시키는 도시사업을 의미함(PMG지식연구소, 『시사상식사전』, 박문각, 2012 참조).

공간을 새로운 용도로 재개발하려는 요구가 증대되었다.

대규모 무역항뿐 아니라 어항이나 작은 항구들도 주변 여건이 변하고 주된 생산 활동이 쇠퇴함에 따라 친수공간을 비롯한 다목적 도시공간으로 재개발되어 시민과 관광객에게 어메니티(amenity)와 레저를 제공하는 매력적인 워터프론트로 변모하고 있다.

〈그림 7-1〉 도시 워터프론트 사례

A. 이태리 제노아항 워터프론트   B. 영국 카디프항 워터프론트

'워터프론트(waterfront)'는 본래 도시 수변 가운데 항만과 그 주변의 산업 지역을 주로 의미하였으나 최근에는 활력을 잃어버린 항만 및 그 주변을 재개발하여 시민들이 자유롭게 이용할 수 있도록 정비된 친수공간을 의미하는 개념으로 사용되고 있다.

항만재개발은 지금까지 수변에 자리하고 있던 노후화되고 황폐된 항만이나 산업단지를 재개발하여 워터프론트로 조성하여 도시 환경 정비와 경제적 활성화를 시도하는 것은 물론 더 나아가 도시의 공간구조, 산업구조, 문화구조를 재구축하는 것이다.

수변공간으로서 항만은 사람들의 도시 생활을 편리하게 이끄는 '이수성(利水性)'과 사람들의 마음이나 정서에 영향을 미치는 '친수성(親水性)'을 가지고 있으며 이에 따른 집객성(集客性), 토지 이용성,

경제성 등 재개발의 잠재력을 충분히 가지고 있다. 특히 항만의 중요한 특성으로는 공공성이 있다. 항만은 개인이 배타적으로 소유할 수 없는 공공재이기 때문에 항만재개발에 의해 시민 누구나 자유롭게 출입하고 이용할 수 있는 공적(公的) 공간이 된다.

반면에 항만은 도시로부터 접근성이 떨어지고 태풍이나 해수면상승 등 자연재해에 취약하며 도시 기반시설이 제대로 정비되지 못하여 도시공간으로서 재개발하기에 불리한 공간이기도 하다. 또한 항만재개발을 통해 항만에서 일하던 노동자들의 일자리가 사라지고 항만 인근에서 살던 주민들이 주거지를 빼앗기며 항만으로서의 장소성과 역사를 잃어버리게 되는 어두운 측면도 있다.

〈그림 7-2〉 우리나라 항만의 모습: 부산항

자료 : 부산항만공사 홈페이지(www.busanpa.com) (접속일 2013. 5)

일제강점기에 개항하여 1970년대 이후 국가의 경제성장과 함께 본격적으로 전개된 항만 개발로 인해 오늘날의 모습을 갖추게 된 우리 항만은 최근에 급격한 변화를 맞고 있다. 대규모 화물 컨테이너를 처리하기 위해 새로운 항만이 건설되면서 도심에 위치한 구항만의 기능 재배치와 공간 조정이 필요하게 되었다. 더욱이 우리 항만도시는 항만을 중심으로 발전해온 도시이기 때문에 도시 수변의 대부분을 항만이 차지하고 있으나 항만은 도시와 단절되었고 도시 구조에 부적합한 상황이다. 이것은 항만을 문화적 정체성과 창의성이 살아있는 새로운 도시 워터프론트로 재생해야 함을 뜻한다.

이와 같이 우리 항만은 더 이상 물류공간으로만 머물지 않고 시민들이 가까이 갈 수 있으며 그곳에서 거주하고 일하며 즐길 수 있는 워터프론트로 변화되어 건강하고 활기찬 도시 일부분이 되어야 한다. 따라서 항만재개발은 도시경제에 커다란 활력소가 되는 것은 물론이고 항만과 도시공간의 부조화로 인해 발생한 많은 도시 문제들을 해결하는 데 결정적으로 기여할 수 있으며 또한 시민들의 친수공간에 대한 욕구와 바다에 대한 갈망을 충족시킬 수 있다.

이 장에서는 항만재개발을 항만도시의 재생과 관련하여 바라보고 그 구체적인 방안으로서 워터프론트의 회복을 제시하고자 한다. 위기와 기회를 동시에 맞이하고 있는 우리 항만도시가 항만재개발에 의한 워터프론트의 회복을 통해 도시재생의 기반을 마련했으면 하는 바람이다.

2. 항만재개발의 의미

1) 항만재개발의 배경

그동안 항만도시에서는 항만과 그 주변이 도시 발전의 원동력으로 작용했으나 근래 항만을 둘러싼 환경이 급격하게 변화하고 도시가 성장 및 확대되어 감에 따라 항만은 원활한 도시 기능을 가로막는 공간적 장애가 되기에 이르렀다. 도시 중앙부에 항만 시설이 입지함에 따라 도시의 교통 문제 및 가용 용지의 부족 등 많은 도시 문제가 발생하였고 따라서 항만의 공간 및 시설 재배치와 함께 도심 항만의 재개발에 많은 관심이 집중되었다.

결국 항만도시는 항만재개발을 통해 그동안의 도시 문제를 해결하고 시민에게 열려있는 워터프론트를 조성함으로써 도시 전체를 다시 활성화하려는 것이다. 현재 항만도시에서 도심 항만으로 인해 발생하는 문제들을 짚어보면 크게 다음과 같이 요약할 수 있다.

첫째, 항만이 도심에 입지함으로써 교통 혼잡, 용지난과 같은 고질적인 도시 문제가 발생하고 이와 함께 공간이 협소해진 항만에서는 화물처리가 원활하지 못하다.

둘째, 항만과 관련 시설들이 도심 수변을 차지함으로 인해 시민을 위한 친수공간이 부족하고 도시 수변공간의 효과적인 활용이 어렵다.

셋째, 항만을 드나드는 화물차량의 도심 통과로 인해 도시 환경이 악화되고 철도, 육상교통, 해상교통 사이에 연계가 미흡하다.

넷째, 닫힌 항만으로 인해 도시 수변 전체에 걸쳐 시민이 이용할 수 있는 보행로, 녹지, 오픈스페이스 등 공공공간의 연결 체계가 부족하다.

　세계의 항만도시들은 이런 문제점들을 해결하여 총체적으로 도시경쟁력을 향상시키고 시민들에게 쾌적한 친수공간을 제공하며 도시의 경제적 회복을 위한 바탕을 마련하기 위해 항만재개발을 적극적으로 시도하고 있으며 그 결과 세계적으로 항만재개발은 성숙단계에 이르렀다.

　항만에는 풍부한 자연환경과 다양하고 오래된 역사·문화가 존재하며 시민의 친수 욕구를 충족시킬 수 있는 수변공간이 존재한다. 또한 항만에는 언제나 새로운 정보, 부가가치가 있는 정보, 특수한 정보, 개성 있는 정보가 풍성하다. 이런 잠재력으로 인해 재개발된 항만은 도시의 라이프스타일을 재구축하는 중심지가 되고 있다.

　항만재개발을 통해 도시재생에 기여할 수 있는 구체적인 가능성은 우선 항만의 지리적 위치에서 찾을 수 있다. 항만은 도심에 위치하고 있으며 도시가 시작되는 곳이기 때문에 공공교통망을 이용하여 쉽게 접근할 수 있고 시민들이 쉽게 조망할 수 있는 매우 친숙한 장소이다. 또한, 항만에는 수변공간이 존재하며 도시를 위한 공공용지 확보가 쉽다. 이 광활한 수변공간은 시민들이 원하는 수상레저 및 레크리에이션 등 친수 활동을 위한 공간으로 새롭게 활용할 수 있다.

　다음으로, 항만의 주변에는 도시에서 역사적으로 가장 오래되고 문화가 넘치는 지역이 존재한다. 항만 주변의 거리, 건물, 광장 등은 도시의 문화적 배경을 형성하며 항만재개발로 태어나는 워터프론트에 생명을 불어넣는다.

　이밖에도 항만은 물을 가지고 있다. 물은 인간의 영혼을 감동시키는 매력을 가진 자연요소로서 항만은 시민과 관광객을 위한 최적의 장소가 될 수 있다. 즉, 바다와 연계하여 창의적인 친수공간을 개발할 수 있는 가능성이 무한하다.

이와 같이 도시재생의 성공가능성을 내재한 항만이 실제 재개발로 이어지는 데는 몇 가지 중요한 요인이 있다.[2]

우선 경제적인 요인으로서, 도시에서 광범위하게 산업의 공동화가 일어난다는 점이다. 항만이 기존 도심에서 이탈하는 현상이 일어나고 있으며 철도, 조선소, 공장들도 항만 주변에서 철수하면서 그 결과로서 항만과 그 주변에는 재개발을 위한 커다란 공간이 생기게 되었다. 다음은 사회적 요인으로서, 도시에서 시민과 관광객의 레저 및 관광을 위해 더 많은 공공공간이 필요하게 되었으며 더욱이 최근에는 '문화관광(cultural tourism)'이나 '생태관광(eco-tourism)' 등 체험관광이 중요시 되었다.

현대 도시인에게 최대 관심사는 육체의 건강, 마음의 건강, 정신의 건강이며 이를 위해 문화생활과 레저의 중요성이 크게 부각되었고 이에 따라 주거지 가까운 곳에 언제나 가족과 함께 쉽게 접근할 수 있는 레저공간이 필요해졌다. 또한, 관광객들이 직접 도시의 고유한 문화나 자연생태계를 체험하고 해양스포츠를 즐길 수 있는 수변관광지의 요구가 크게 증가하고 있다.

이러한 사회적 요인들은 항만에서도 친수공간, 레저시설, 상업시설(상가, 카페, 식당 등) 등을 요구하게 되었으며 이러한 복합시설은 시민들에게 문화적인 매력을 선사하게 되었다.

---

[2] Ann Breen, Dick Rigby, 『The New Waterfront』, McGraw-Hill, 1996, pp.15~17.

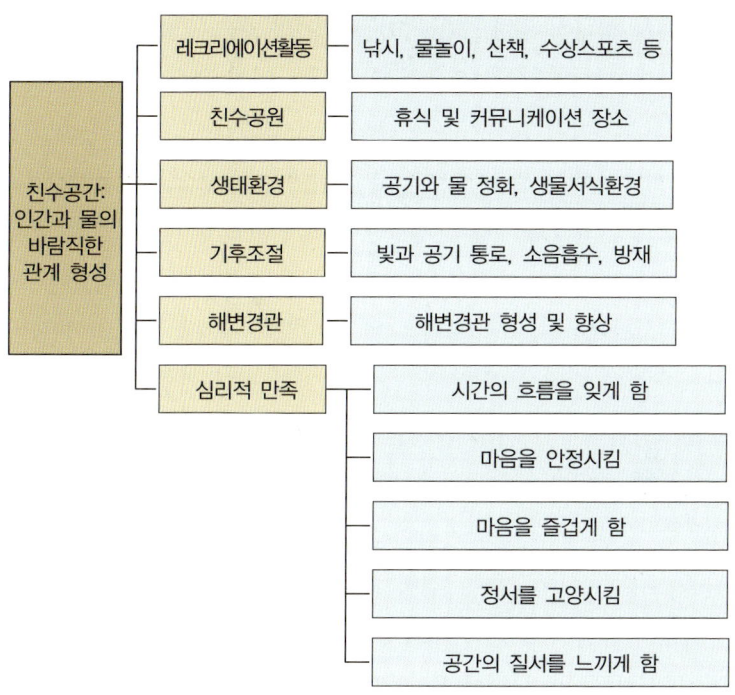

〈그림 7-3〉 친수공간의 효과

이와 같은 현상에서 주목할 만한 것이 바로 축제다. 최근 항만에서 벌어지는 축제의 수가 증가하고 있다. 항만에 공원이나 극장과 같은 공연 장소가 만들어지고 이와 더불어 항만은 시민이 모여 음악, 음식, 문학, 춤 혹은 해양문화를 즐기는 문화체험의 중심지가 되고 있다.

한편, 사무 작업을 위한 기술 변화로 인해 사무 공간이 도심에 밀집하는 경향이 사라지고 도시 전체로 확산하는 움직임도 중요한 사회적 요인의 하나이다. 도심은 지가가 높고 출퇴근하기도 불편하고 주차도 어려운데다가 사무 작업을 대부분 컴퓨터로 처리하면서 사무공간이 도심을 떠나 수변으로 옮겨가고 있다.

그리고 컴퓨터와 인터넷이 범람하는 일상생활에서 좀 더 인간적인 행위 즉, 책을 읽거나 사람들과 접촉하는 것이 필요하게 되고 생활공간에서 역사적 정체성과 문화적 향기가 중요하게 되었다. 따라서 도시 내에서 옛 것을 복원하고 살리는 일이 중요해졌으며 이와 함께 친환경적이고 지속가능한 삶이 강조됨에 따라 도시의 출발점이요 역사·문화 공간인 항만과 그 주변이 주목을 받게 되었다.

다음으로 환경적 요인을 살펴보면, 1970년대 이후 세계적으로 경제성장보다 건강, 복지, 깨끗한 환경에 대한 관심이 일어나게 되었다. 이로 인해 항만에서 깨끗한 환경을 만드는 것이 재개발 사업의 핵심이 되었으며 특히 수질을 정화하는 노력이 가장 먼저 이루어지고 있다.

또한, 항만에서 역사적 유물을 보존하고 재활용하려는 움직임이 일어났는데 이것은 콘크리트로 뒤덮인 도시환경에 대한 반작용이라고 할 수 있다. 또한 문화관광이 활성화됨에 따라 역사적 건물이나 경관을 보존하고 복구하는 것이 경제적으로 타당성을 가지게 되었다. 역사적 유물의 보존에 대한 이러한 인식의 변화로 인해 항만에 남겨진 시설물이나 건축물을 새로운 시각에서 조명하게 되었으며 항만재개발에서도 노후화된 항만 시설물의 보존에 큰 관심을 가지게 되었다.

이상의 요인들과 함께 항만재개발에서 빼놓을 수 없는 요인이 있다면 그것은 시민들이 물에 가능한 한 가까이 접근하고자 원한다는 것이다. 지금까지 항만에는 울타리가 쳐지고 항만 시설, 공장, 조선소, 창고 등이 자리하고 있어서 시민들이 물가로 접근하는 것이 어려웠다. 그러나 항만을 둘러싼 경제적 및 문화적 환경의 변화에 따라 시민들은 자유롭게 물에 접근하며 물가를 따라 걷고 즐길 수 있는 것을 요구하고 있으며 이에 부응하여 항만도 점차 개방되고 있을 뿐 아니라 재개발을 통해 물에 온전하게 접근할 수 있는 워터프론트로 변화되고 있다.

〈그림 7-4〉 도시 워터프론트 사례

A. 일본 하코다테항　　　　　　B. 호주 멜버른항

　이와 같은 요인들에 의해 시도되는 항만재개발이 도시에 미치는 직접적인 결과는 항만과 도시의 관계 회복이며 파괴된 항만경관과 자연생태계의 복원이다. 항만재개발에 의해 항만과 도시를 분리했던 도로나 철도가 철거되거나 터널 속으로 들어가고 도시와 항만은 직접 연결된다. 또한 거대한 항만 구조물과 공장 시설은 철거되거나 수경(修景)처리됨으로서 항만과 해안의 경관이 회복되고 항만에는 새롭게 녹지와 광장이 형성되며 수변에는 모래해변 · 간석지 · 생태공원 등이 새롭게 조성되어 해안생태계가 복원된다.

　한편 항만재개발은 항만산업과 관광산업을 통합한다. 항만을 두고 서로 다투어 온 이 두 가지 산업이 공존하며 특히 항만 운영자가 재개발사업에 뛰어들어 항만을 도시 및 관광기능으로 재개발함으로써 도시와 조화롭고 살기 좋은 항만을 만들고 이로 인해 발생하는 레저 · 관광 · 상업 활동은 도시경제를 활성화시키는 데 기여한다.

　이와 더불어 항만 주변에 남아있는 산업 시설들도 철책을 없애고 공공 접근로를 정비하며 관광코스 및 프로그램을 개발하고 항만을 조망할 수 있는 전망 장소를 만들어 시민과 관광객들에게 개방한다.

　해상 크루즈관광 역시 항만 기능과 관광 기능을 통합시키는 데 중요한 역할을 하며 이 경우 항만은 해상교통과 육상교통이 만나는 환승 지역으로서 항만에서의 화물 처리 이외에 관광객들로 인해 도시 경제에 큰 영향력을 미친다.

그러나 항만도시는 수많은 세월을 통해 자기만의 독특한 방식으로 형성되어 왔으며 각자의 기억과 스토리를 풍성하게 가지고 있기 때문에 다양한 항만재개발을 일반화하면서 특정한 성공사례를 모방하는 것은 실패의 중요한 원인이 된다.

또한 항만재개발이 공급자 중심으로 진행되면서 체계적으로 규제를 하지 못하거나 전체적인 계획 없이 개별 프로젝트에 따라 그때마다 대응해 나가는 접근방식으로는 지역사회의 정체성이 파괴되고 장소의 특성을 잃어버리게 된다.

그리고 항만이 수변공간으로서 가지고 있는 훌륭한 잠재력을 제대로 활용하지 못하고 수변을 향한 공공접근성에 매우 인색함을 보이거나 넘쳐나는 오락 시설, 항구의 스케일과 조화되지 못하는 고층 건물, 쓸데없이 넓은 주차장, 상업성 위주의 시설 등은 또 다른 실패의 원인이 된다.

2) 항만재개발의 필요성

항만재개발은 항만의 패러다임이 '화물 중심'에서 '인간 중심'으로, '경제 중심'에서 '삶의 질 중심'으로, '물류공간 중심'에서 '친수공간 중심'으로 변화되는 것을 의미한다.

오늘날 거대해진 항만도시에서 항만은 더 이상 도시의 중심이 아니라 변두리에 위치하고 있다. 항만은 도시 외곽으로 물러나고 도심 수변은 시민을 위한 공공공간이 되고 있는 것이다.

과거 항만에만 주로 의존했던 도시 경제도 이제는 여러 해양산업으로 다양화되고 있으며 항만 자체도 화물 위주의 기능에서 친수·관광·레저·문화 등을 포함하는 복합기능의 항만으로 변하고 있다. 앞으로 항만도시의 발전은 항만재개발을 통해 도시 워터프론트를 새롭게 조성하고 이곳에 생활환경과 도시 기반시설을 정비함으로써 새로운 산업과 기능의 요구에 맞는 도시공간을 창출하는 데 달려있다.

또한 항만도시에서는 해양관련 정보·문화·과학을 중핵으로 하여 지적 소유권을 창출하는 창의적인 해양산업이 주목받고 있으며 창의적인 해양산업의 구축을 위해서는 끊임없는 정보교류와 동시에 창의적인 사람들의 감성과 지혜가 필요하다. 이런 의미에서 옛날부터 사물과 정보가 교류되고 집적된 항만과 그 주변은 항만도시의 창의적 산업을 구축하기 위한 새로운 도시공간으로서 중요하게 되었다.

항만재개발은 도시공간과 단절되었던 항만을 적극적으로 도시에 통합시키고 이와 함께 이곳에는 매력적인 도시공간을 만든다. 즉 항만도시는 항만 및 그 주변의 재개발을 통해 워터프론트를 되살림으로써 도시공간을 효율적으로 개편하고 창의적인 해양산업을 구축한다. 이곳에는 공항·항만·육상터미널이 삼위일체가 된 물류 기능, 정보를 교류하고 새로운 정보를 생산하는 정보 기능, 시민에게 윤택함과 풍요로움을 제공하는 생활 기능이 일체화된 도시공간이 만들어진다.

한편 항만재개발은 산업사회를 지나 탈산업사회로 이행하는 사회 변화의 움직임에 따른 항만도시의 대응 전략으로 볼 수 있다. 탈산업화는 우리들이 사는 방식, 일하는 방식, 일상생활에서 일어나는 변화를 포괄하는 광범위한 문화현상으로서 탈산업사회의 도시는 생산보다는 서비스에, 결과보다는 과정에, 물리적 힘보다는 지식의 힘에, 집중된 공장보다는 흩어진 사무 환경에 깊이 관계되어 있다.

항만재개발은 탈산업사회에서 정보 교류와 문화 발신의 새로운 거점을 항만에 구축하려는 것으로서 항만에 기존 물류 기능뿐 아니라 정보 교류와 문화 발신의 기지로서 중요한 역할을 요구하고 있다.

이와 함께 항만재개발의 세계적 현상은 정보화 시대에 바다를 매개로 하는 새로운 항만도시 네트워크의 구축을 향한 움직임과 관련이 있다. 세계화 시대에 정보와 서비스 흐름이 국가의 경계를 무너뜨리면서 항만도시는 새로운 국면을 맞이하고 있다. 사람과 정보가 항만에 모여 교류하면서 이곳에는 새로운 정보와 문화를 만들어내는 창의성이 존재한다. 따라서 국경이 없는 세계화가 진전될수록 항만은 더욱 주목을 받고 있다.

일제강점기에 기초가 놓이고 한국전쟁으로 인해 팽창하였으며 경제성장기에 급속히 확장된 우리 항만도시에서는 도시의 골격을 구성하는 도로·강·바다·수변이 각각 독립된 공간으로 분리되어 서로의 관계를 잃어버렸다. 따라서 도시는 삶을 위한 장소로서 품격을 잃었다.

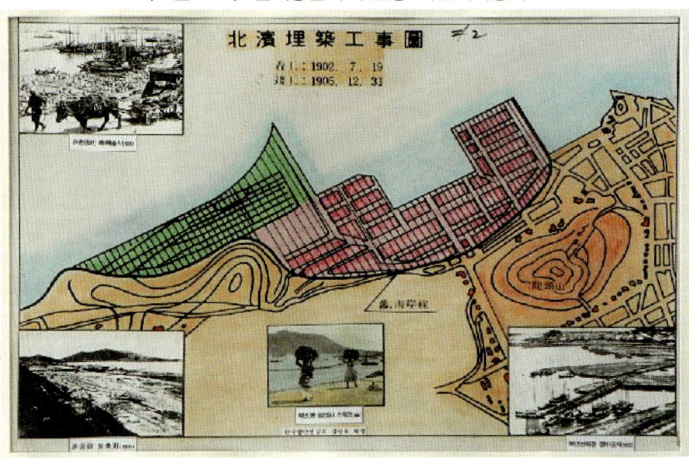

〈그림 7-5〉 일제강점기 부산항 북빈매축공사도

자료: 부산항만공사 홈페이지(www.busanpa.com) (접속일 2013. 5)

반면 탈산업시대에 우리의 항만도시는 길과 강과 바다와 수변이 각자 바람직한 모습을 되찾고 서로 유기적으로 잘 통합됨으로써 품격 있는 도시가 되어야 한다. 도심 구항을 대체하는 신항이 건설되고 구항이 항만재개발에 의해 도시 워터프론트로 변화함에 따라 도시구조 자체에도 커다란 변화가 일어난다. 항만을 중심으로 도시 워터프론트 전체 밑그림이 다시 그려지고 항만의 기능 및 공간 재배치로 인하여 하늘·육지·바다의 교통체계가 재구성된다.

이러한 항만재개발이 성공할 경우에 사람·문화·물자·정보들이 항만도시로 모여들고 항만은 새로운 문화와 정보의 발신지로 도약하게 된다. 또한 항만은 기존 화물과 물류 중심에서 사람 중심의 건강한 휴식과 문화가 있는 워터프론트로 재탄생한다.

3. 항만재개발의 전개

1) 항만개발 과정

모든 문화권과 지역에서 사람들은 일찍부터 바닷가에 거주하였고 여기에 교류의 중심으로서 항구가 자연적으로 생겨났다. 작은 항구는 산업혁명 이후 거대한 항만으로 성장하였으며 산업생산력이 커지고 무역이 증가하면서 항만은 지역 경제 활동에서 핵심 역할을 하게 되었다.

또한 항만은 거친 기후 조건으로부터 안전한 곳이며 외부에서의 접근이 자유로워 정주하기에 적당하고 배후 지역으로 진출할 수 있는 전초기지가 되었다. 경제적 활동이 더욱 활발해지면서 초기 항만은 고도의 물류 기능을 갖춘 항만으로 발전하였고 주변 지역의 성장을 이끌게 되었으며 항만 주변에는 도시가 발달하였다.

이와 더불어 항만에 대규모 부두 시설, 화물처리 시설, 창고, 철도 등이 들어서면서 항만은 더욱 현대화되었고 도시에서 일어나는 모든 활동의 중심지가 되었다. 특히 철도는 다른 운송수단보다 값이 싸고 빠르기 때문에 항만에 꼭 필요한 존재가 되었으며 철도와 항만이 통합되어 서로의 기능을 강화시켰다.

이와 같은 성장과 발달로 인해 항만은 도시의 경제적 중심지일 뿐 아니라 사회생활과 문화활동의 중심지가 되었으며 새로운 아이디어와 정보가 교류하는 장소가 되었다.

그러나 항만은 도시와의 관계를 고려하여 주의 깊고 일관되게 계획된 경우는 드물었다. 항만의 성장은 그때그때 상황에 의해 개별적으로 진행되었으며 여러 기관과 기업들이 저마다 결정하고 행동한 결과가 어수선하게 나타나게 되었다. 이에 따라 항만은 자신만의 독특한 형태와 역사를 지니게 되었으며 도시와의 관계에 있어서도 경제적 상황뿐 아니라 지리적 여건, 사회적 상황, 문화적 교류 등 다양한 조건에 따라 특수한 관계를 형성해 왔다.

이상에서 설명한 바와 같이 항만이 개발되고 이에 따라 항만도시가 성장하는 일반적인 패턴을 정리해 보면 다음과 같다.[3]

처음에는 화물선과 여객선을 위한 천혜의 항구가 존재하며 이 항구에 소규모 목제(木製)부두(jetty)가 건설된다. 선박들은 대부분 앞 바다에 정박하고 화물은 작은 배를 이용하여 부두로 운반되며 거주지는 자연해안에 면하여 부두를 중심으로 구성된다.

---

3) Laurel Rafferty and Leslie Holst, 「An Introduction to Urban Waterfront Development」, 『Remaking the Urban Waterfront』, pp.8~9.

다음 성장단계에는 항구에 선박이 정박할 수 있는 부두(pier)가 제대로 만들어지고 많은 건물과 주택들이 격자 모양의 항구 거리를 따라 세워지며 해안도로, 방파제, 안벽들이 건설된다.

그 다음 단계에는 거주 지역이 빠르게 도시로 확장하고 항구는 항만으로서 모습을 갖추게 된다. 해안도로는 도시의 번화가로 바뀌고 창고나 그 밖의 건물들이 해변에 열을 지어 나타난다.

이어서 대형 선박의 출현으로 무역은 급속히 증가하며 항만에서는 매립으로 더 큰 부두가 만들어지고 정박시설과 계류시설들이 확장된다. 한편, 항만의 팽창으로 인해 도시와 바다 사이의 거리는 점점 멀어지게 된다.

이와 함께 항만에는 더 많은 창고와 시설물이 건설되고 철도가 등장하면서 항만은 획기적으로 성장한다. 특히 철도가 항만에 도입되면서 많은 공간이 철로, 역사, 화물보관소로 이용되며 이러한 변화로 인해 도시와 바다는 사실상 단절된다.

항만이 계속 확장됨에 따라 도시는 바다와 사실상 분리되고 항만과 그 주변은 교통이 혼잡해져서 통과하기가 어렵게 된다. 이런 혼잡을 피하기 위해 항만 주변에는 고가(高架)도로나 도시고속도로 등이 설치된다.

이러한 확장 및 발전의 과정을 거치면서 항만은 그 규모가 아주 커지며 이와 보조를 맞추어 도시도 복잡해지고 교외로 확대된다. 그러면서 항만과 도시 사이에는 공간, 환경, 교통 등의 측면에서 공존보다 갈등의 양상이 점차 분명하게 나타난다.

항만의 경우에는 대형 컨테이너를 운반하는 선박과 트레일러들이 쉽게 정박하고 운항할 수 있는 충분한 공간 및 많은 컨테이너를 적치할 만한 넉넉한 공지를 확보하지 못하게 된다. 반면에 도시에서는 도시 기반시설을 위한 공지, 시민의 친수욕구를 충족시키기 위한 친수공간 등이 부족하게 되고 항만으로 인한 교통 혼잡, 안전 위협, 환경오염 등의 문제가 발생하며 항만을 제외하고 수립되는 모든 도시계획은 미완성으로 끝나고 만다.

결국 항만은 기존의 위치를 버리고 수심이 깊고 넓은 부지를 얻을 수 있는 도시 외곽으로 이전하게 되고 항만이 떠나간 그 공간은 본격적으로 도시 기능에 편입되게 된다.

〈그림 7-6〉 호주 시드니 이스트달링하버 재개발계획

A. 재개발 전 모습   B. 재개발계획안

이상과 같이 작은 항구가 대규모 항만으로 발전하면서 도시와 맺어지는 관계의 패턴은 세계 항만도시에서 유사하게 나타나고 있으며 최근에는 화물 중심 항만에서 인간 중심 항만으로의 변화가 공통적으로 발생하고 있다.

이것은 항만재개발이 항만의 발달과 성장의 결과로부터 자연스럽게 이어지고 있음을 의미하며 이러한 항만재개발이 공통적으로 거치는 과정을 정리하면 일반적으로 다음과 같다.

자연적으로 발생한 항만이 발달하고 성장하면서 항만 기술의 발전, 선박의 대형화, 항만과 도시의 갈등, 기존 항만 기능의 쇠퇴, 시설 노후화 등이 발생하고 이로 인해 항만이 도시 외곽으로 옮겨가면서 기존 항만에는 유휴지가 발생한다.

이와 함께 시민들의 경제적 수준 향상, 도시 환경에 대한 인식 제고, 도시 확장에 따른 새로운 공간 수요 발생, 친수공간의 필요 등으로 인해 항만의 유휴지에 대한 재개발의 요구가 일어나고 지역 예술가나 일부 시민들이 항만 유휴지로 이동한다.

다음으로 도시 회복 측면에서 항만에 대한 재개발 요구가 무르익으면서 항만 관리 주체와 시민들 사이에 갈등이 증폭된다. 이 갈등을 해결하기 위해 중앙정부나 지자체가 본격적으로 개입하게 되고 토지 매입이나 재개발계획 수립 등이 이루어진다.

이어서 항만에는 도시 기반시설이 정비되고 도시 용지로 정비된 토지가 조성되며 민간에서는 개발자금을 제공하여 본격적으로 재개발사업이 시작된다. 항만재개발 사업의 결과로서 항만에 새로운 주거공간, 공공공간, 친수공간, 문화공간 등이 창출되고 시민들이 자유롭게 항만을 이용하게 된다.

이러한 항만재개발을 통해 항만은 단순히 방문하는 곳이 아니라 생활하기에 적합한 장소가 되며 시민들이 물에 접근하기 원하는 친수욕구가 충족되도록 각종 장애물(물리적 장애물, 소유권 장애물, 심리적 장애물 등)이 제거되고 도시의 공공영역이 확충된다.

2) 항만재개발의 전개

산업혁명 이후 항만은 물류, 교통, 수산 등의 주요 산업을 위한 공간으로만 인식되었지만 탈산업사회가 됨에 따라 레저나 주거 역시 항만에서의 중요한 활동으로 여겨지고 있으며 이러한 변화에 따라 항만에는 새로운 도시공간이 만들어지고 있다.

이와 같이 항만이 도시의 잠재적인 자산으로서 인정받기 시작한 것은 최근의 일이다. 이러한 변화는 세계 곳곳에서 일어났는데 초기에는 영국 런던과 리버풀, 미국 시애틀, 샌프란시스코, 볼티모어 등에서 일어났다.

1950년대에 산업공간으로부터 도시공간으로 항만의 변화를 위한 실험적인 계획들이 세워지게 되었고 1960년대에는 실제로 항만재개발사업이 일어나기 시작하였으며 1980년대에는 항만재개발의 성공사례들이 본격적으로 나타났다.

이런 결과로서 그 이후 항만재개발은 전 세계로 확산되어 호주, 일본, 환태평양 국가, 스칸디나비아반도 그리고 유럽 전체에 확산되었으며 오늘날에는 라틴아메리카, 중동, 남아프리카 등에서도 도시재생의 차원에서 전개되고 있다.

특히 제2차 세계대전 이후에 항만시설·교통시설·산업시설 등이 도심 항만에서 빠져나갔고 한편으로 항만도시가 교외로 급속히 확장되면서 침체된 도심을 활성화시키기 위해 항만재개발이 필요하게 된 것이다.

항만재개발을 불러오는 또 하나의 중요한 환경변화로는 물류산업과 관광산업 사이에 치열한 경쟁을 들 수 있다.

오늘날 세계경제시대에 물류산업은 화물처리를 위한 항만공간이 크게 필요하다. 또한 물류는 고객의 가정 현관까지 적당한 가격으로 적시에 물건을 운송해야 하므로 이미 기반시설이 갖추어져 있고 소비자가 몰려있는 도심의 항만이 비용과 시간 측면에서 유리하다.

한편, 세계의 경제성장에 따라 관광수요 또한 엄청나게 증가하면서 항만도시는 아름답고 매력 있는 워터프론트를 많이 만들기 위해 수변에 위치한 항만공간을 요구한다. 뿐만 아니라 도시 이미지 측면에서도 관광산업은 물류산업으로 인해 훼손된 항만의 환경 및 경관을 회복하기 원한다.

따라서 오늘날 항만도시에서는 도심 항만을 어떻게 시민들이 사랑하고 주변과 조화로운 도시공간으로 만들어서 물류와 관광이 공존하게 하는가가 매우 중요하게 되었다.

이상에서 살펴본 것과 같이 항만을 둘러싼 환경 변화로 인해 발생하는 항만재개발은 세계 항만도시에서 공통적인 현상으로 그 사례를 모아 분석해보면 다음과 같은 일반적인 전개과정을 발견할 수 있다.[4]

항만재개발에서 제일 먼저 일어나는 현상은 항만을 시민에게 개방하는 것이다. 이것은 항만재개발의 선결조건으로서 이를 위해 중앙정부나 지자체 등 공공기관에서 해당 토지를 소유하고 환경을 개선하며 도시 기반시설을 설치한다.

다음으로는 도시에서 항만으로의 접근성을 확보한다. 특히 보행자의 접근이 중요하며 이를 위해 도시 보행로와 연계된 다양한 도로망을 구성한다. 그리고 항만을 둘러싼 장애요소와 방해물을 제거하고 육상 및 해상 교통수단을 마련하여 쉽게 접근하도록 한다.

세 번째로는 항만을 도시에서 가장 특별한 장소로 만든다. 즉, 항만의 수변공간에서 물과 접촉할 수 있고, 물과 도시를 향해 조망할 수 있으며, 다양한 친수활동이 가능하도록 하여 항만도시의 특성을 나타낸다.

이를 위해 물과 접하는 부분에는 산책로, 피어, 부두, 공원 등 친수공간을 조성하고 또한 주변경관을 즐길 수 있는 특별한 조망장소, 도시 및 항만의 역사와 문화를 체험하고 배우는 장소도 만든다.

네 번째로는 항만에서 다양한 친수활동을 위한 환경, 특히 그중에서도 수질을 확보한다. 수질은 환경적인 측면에서나 경제적인 측

---

4) Rinio Bruttomesso, 「Complexity on the urban waterfront」, Richard Marshall(ed.), 『Waterfronts in Post-Industrial Cities』, Spon Press, 2001, p.45.

면에서 모두 중요한 요소로서 수질이 좋아지면 수변에서 생태환경이 회복되고 다양한 생명활동이 일어난다.

〈그림 7-7〉 항만 친수공간 사례

A. 캐나다 밴쿠버 그랜빌아일랜드   B. 호주 시드니 달링하버

이러한 전개과정을 거쳐 진행되는 항만재개발의 성공적인 결과들을 분석하여 그 성공요인을 추출해 보면 다음과 같이 정리할 수 있다.

먼저, 사회적 요인으로서 성공한 항만재개발은 시민과 주민의 요구를 충족시키고 지역주민에게 경제적인 이익을 돌려준다.

공간적 요인으로서 성공적으로 재개발된 항만은 도시 가운데 섬처럼 존재하던 상황에서 벗어나 기존 도시 맥락에 따라 도시 공간구조에 적절하게 통합된다.

환경적 요인으로서 항만에 존재하는 자연자원, 기존 공간 및 시설을 최대한 활용하여 생태환경을 회복하고 지역의 문화적 특성을 살린다.

과정적 요인으로서 항만 전체를 대상으로 한꺼번에 대단위 재개발사업을 시도하는 것이 아니라 단계적으로 균형 잡힌 개발로 시간의 흐름에 따른 점차적인 변화를 수용한다.

기능적 요인으로서 주거를 비롯하여 복합용도의 개발이 이루어짐에 따라 항만에서 시민의 다양한 행위가 사계절, 주야간을 불문하고 끊임없이 발생한다.

디자인적 요인으로서 뛰어난 도시, 건축, 환경디자인으로 인해 친수공간의 매력이 한껏 발휘되어 많은 사람을 끌어들인다.

참여적 요인으로서 지역사회의 전문가와 시민 참여가 매우 중요하다. 재개발의 초기 단계부터 지역 예술가, 문화인, 디자이너, 시민의 다양한 참여가 제도적으로 보장되며 인터넷, SNS 등 정보통신 기술을 활용하여 관련 정보를 시민들에게 신속하게 알리고 시민의 의견을 모은다.

이와 같이 항만이 제공하는 새로운 기회를 이용하여 항만도시를 회복시키고자 하는 항만재개발은 단 한 번으로 끝나는 사업이 아니라 항만과 주변 상황의 변화에 따라 반복되는 현상으로 이해해야 한다. 즉 항만도시에서 경제적·사회적·문화적 변화가 발생하고 도시 비전에 갈등이 발생하면 항만에도 변화가 불가피하게 일어난다. 이때 항만 변화가 도시를 위해 시민의 능동적인 뜻에 따라 계획적으로 발생하고 이것이 곧 항만재개발이다.

4. 항만재개발의 방향

1) 친수공간의 개발

(1) 친수공간의 개념

우리 항만도시가 세계적 경쟁력을 갖추고 살기 좋은 친환경 문화도시로서 도약하기 위해서는 항만이 '친수항만'으로 거듭나야 한다.

'친수항만'이란 시민을 위한 항만으로서 친수와 문화가 스며있는 깨끗하고 매력 있는 미항(美港)을 의미한다.

외국 항만의 사례를 살펴보면 일본 시미즈항의 경우에는 1980년대부터 후지산을 배경으로 항만색채계획을 통해 세계에서 가장 '아름다운 항만 만들기'를 시행하고 있으며 일본 나고야항은 일본 최대 공업항으로서 공업항의 이미지를 개선하고 시민 삶의 질 향상을 위해 '시민에게 다가가는 항만 만들기', '환경과 공생하는 항만 만들기'를 추진 중이다.

또한 미국 시애틀항은 미국 북서부 최대 항으로서 친수공간 및 해양레크리에이션 시설이 조화를 이룬 '친근한 항만 만들기'를 시행하고 있으며, 프랑스 마르세이유항은 프랑스의 대표 항만으로서 도심과 인접한 구항에 고풍스러운 '역사문화항만 만들기'를 추진하고 있고 독일 함부르크항은 북유럽의 베니스로서 항만을 재개발하면서 문화예술 공간이 풍성한 '문화항만 만들기'를 시도하고 있다.

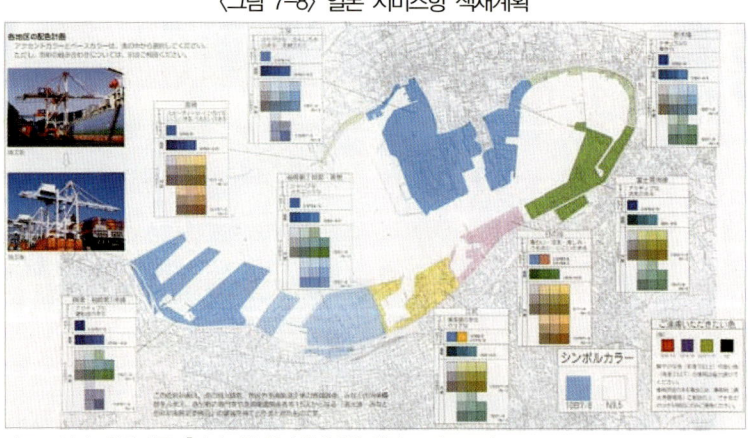

〈그림 7-8〉 일본 시미즈항 색채계획

자료 : 시미즈항관리국, 「시미즈항 항만색채계획 책정 조사보고서」, 1992.

〈그림 7-9〉 일본 나고야항 경관기본계획

나고야항 경관특성
· 물류경관   하역의 풍경에 항만의 활동감, 활기를 느낌
· 생산경관   큰 스케일, 특이한 형태에 비일상성을 느낌
· 생활 · 교류경관   항만도시나 문화 · 교류 · 어뮤즈먼트시설에서 활기나 정취를 느낌
· 도시현관으로서 경관 나고야권의 바다현관으로서 세계와 연결을 느낌
· 물 · 수목 · 생물 경관 풍요로운 물이나 수목, 숨 쉬는 생물에게서 평온함을 느낌
· 역사경관   나고야항의 발전사를 말해주는 풍경으로 역사의 깊이를 느낌

기본이념
'로망과 활기'

「로망」 창출
· 친근함이나 정취, 국제성, 이국정서 등이 더욱더 요구됨

「활기」 창출
· 중부권 산업과 생활을 지탱하는 항으로서 나고야항은 더욱더 중요함

경관형성 기본목표
· 산업이나 생활을 지탱하는 활력이 넘치는 항구
· 즐거움, 변화함이 있는 항구
· 세계를 향한 꿈이 확산되는 항구
· 물 · 수목 · 생물과 접하며, 평온함을 느끼는 항구
· 역사의 깊이를 느끼는 항구

자료 : 나고야항만관리조합, 「나고야항경관기본계획」, 1998.

〈그림 7-10〉 친수항만으로의 변화 사례

A. 미국 시애틀항   B. 독일 함부르크항

이상에서 해외 항만의 사례를 통해 살펴본 바와 같이 기존 물류 중심 단일기능의 항만이 복합기능의 '친수항만'으로 변화하기 위해서는 구체적으로 친수공간의 개발이 무엇보다 필요함을 알 수 있다.

'친수공간'이란 해변·강변·호변 등 비교적 규모가 큰 수역을 사이에 두고 육역과 수역이 유기적으로 결합된 공간으로서 인간이 활동하는 공간을 말한다. 이러한 친수공간은 최근에 수면·연안선·육역 등에 대한 수요가 높고 용도가 다양하여지면서 문화의 중심공간이 되고 있다.

특히 18세기 이후 산업화에 따른 항만, 공단 등 산업적 이용에 집중되다가 최근에는 새로운 레저문화공간으로서 각광을 받아 각종 임해공원, 마리나 등 친수시설, 상업시설들이 들어서고 있다.

친수공간과 유사한 개념의 '수변환경'은 연안지역·하천변·강변·호수가와 같은 일정 규모 이상의 물을 담고 있는 영역 주변이 육역으로 정의된다.[5] 이에 반해 친수공간은 수역 자체뿐 아니라 수변의 건축물·도로·보행로·공원·연녹지 등과 공간적인 연결성을 가지면서 도시와 유기적으로 결합되는 공간을 의미하고 있다.

이러한 유기적 결합성은 수변의 다양한 환경에서 활동을 영위하고 있는 사람들이 친수공간을 통해 심리적으로 안도하고 만족을 느끼게 하는 기능을 포괄한다. 이뿐 아니라 친수공간은 물리적으로 생산성·다양성·위락성·방향성과 정신적으로 개방성·어메니티성·문화성·역사성 등을 지니고 있다. 또한 물은 태초로부터 존재해 온 근원적인 물질로서 물이 가지고 있는 다양한 특성은 인간의 시각·청각·촉각에 작용하여 자연스러움과 활력을 불어넣어 줌은 물론이고 공간을 변화시키는 매력 있는 경관요소로서 각광받고 있다.

이와 같은 친수공간을 개발할 수 있는 공간으로는 ① 항만공간,

---

5) 국토개발연구원, 『도시 스마트성장 평가방식을 활용한 친수공간 계획체제의 합리적 구축 및 관리 방안 연구』, 2011, p.11.

② 어항공간. ③ 일반 연안공간 등이 있다. 특히 도시 내 항만재개발을 통해 친수공간이 개발되는 경우가 많으나 최근에는 어항 배후지나 도심 밖 한적한 연안공간에서도 많이 조성되고 있다.

한편 친수공간의 개발유형을 정리하면 다음과 같다.[6]

〈표 7-3〉 개발 유형별 친수공간

유형분류		개발내용
개발목적	쾌적성 활용형	도시민들이 자연을 접할 수 있는 공간이 되며 쾌적한 공간을 조성
	도시문제 해결형	주거문제 해결 이외에 토지의 절대량 부족에서 야기된 교통·환경·산업입지 등 문제를 해결
	유휴지 재생형	노후화된 항만공간을 보존·수복 또는 재개발하여 새로운 도시공간으로 변모
	시장성 도입형	판매시설·식당가·위락시설·문화시설 등 다양한 시설을 갖춤으로써 도시 활력과 번영을 제고
	도시기반시설 정비형	상·하수처리장·변전소·터미널 등 도시기반시설이 도시의 골격을 구성하면서 넓은 공간을 필요로 하는 경우
개발형태	신개발	수변개발의 가장 적극적인 형태로 연안매립과 인공섬을 만드는 방식
	재개발	항만 등을 그 주위 시설과 함께 새로운 목적으로 전용해서 도시생활의 중요한 지역으로 복원시키고자 하는 형태
	전용·보존·수복	전용은 보전의 일종으로 기존 건물에 최소한의 방법을 가미하여 원래 기능을 다른 것으로 변화시키는 것 수복은 토지이용을 원칙으로 개선하거나 변화시키고 좋지 않은 영향을 미치는 일부 건물이나 기능 등을 제거하고 지역의 양호한 스톡(자본, 건물)등을 부활·향상시키는 개발방법 보전은 현재 건물·기능 등을 그대로 남기는 것을 원칙으로 하고, 물리적인 변형을 최소화
개발입지	도심 입지형	점차 도시로부터 버려진 연안시설을 재개발이나 전용·수복·보존 등을 통해 개발하는 경우
	도시 주변형	도시민들의 근거리 여가, 위락 및 기반시설 정비 등을 할 수 있는 경우
	교외입지형	도시와 멀리 떨어진 어촌이나 작은 지방항 등에 입지하는 경우
조성시설	친수위락공간	물과 관련된 위락과 유희시설을 친수공간에 집중시켜 개발
	친수상업공간	도시민의 유인력을 바탕으로 백화점부터 소규모 판매점에 이르기까지 판매시설 위주 개발
	친수주거공간	주거방식에 대한 욕구를 효과적으로 충족시키기 위해 개발
	친수문화공간	도시 역사나 전통을 나타낼 수 있는 시설물 중심으로 개발
	친수교통공간	교통의 결절점이라는 특징을 바탕으로 개발

자료 : 김성귀, 『해양관광론』, 2007, pp.315~323.

---

[6] 橫內憲久, 『ウォーターフロント 開發と手法』, 東京 : 鹿島出版, 1990.

(2) 항만 친수공간의 개발

지금까지 시민들의 접근이 금지되었던 항만에 일반시민들이 친숙하게 접근 이용할 수 있도록 친수공간 조성의 필요성이 증대되고 있다. 그동안 우리나라의 항만은 부족한 화물처리 시설 위주로 개발되어 친수공간은 거의 조성되지 못하였다.

최근에는 주민들이 쉽게 바다를 접할 수 있고 바다에 관하여 보고 배우며 즐길 수 있도록 자연적·인공적 시설을 갖춘 문화휴식공간으로서 친수공간을 항만에 조성하고 있다.

정부는 항만 본연의 기능을 유지하면서 미시적 관점의 워터프론트 개발이라는 기본 방향을 설정하고 항만 친수·문화공간 개발계획을 수립하고「신항만건설촉진법」은 해양친수공간의 건설 및 운영을 신항만건설사업 내용의 하나로 규정하고 있다. 특히 최근 여건 변화에 따라 기존 항만 내 유휴부지나 구 항만지역의 노후화된 시설 부지에 친수공간 조성이 촉진되고 있으며 신규 항만에는 사업 초기 단계부터 계획적인 친수공간 조성을 의무화하고 있다.

2011~2020년간 시행될 '항만재개발계획 수정계획'에 따르면 대상 항만마다 '해양문화관광지구'를 포괄하여 설정하고 기존에 별도로 설치되던 관광·휴양, 상업·업무, 문화·전시, 도로·공원 등 시설이 이 지구 내에 설치될 수 있도록 하였다.

그리고 정부는 2010년 '항만친수시설의 조성 및 관리지침'을 제정하여 차별화된 항만을 연출할 수 있도록 했다. 여기에는 친수시설 공간 확보 및 시설 조성, 친수공간 조성계획 수립, 사업 시행주체 및 유지·관리 등에 관한 내용이 담겨있다.

이 지침에 따르면 정부는 항만별 친수공간 조성 방향과 개발계획 등이 포함된 '친수공간 조성계획'을 수립하여 항만기본계획에 반영토록 했으며 항만의 신설이나 개·보수 시 적정규모의 친수공간을 확보하고 체험형·조망형·생태형·레저형·교육형·휴게형 등의 시설을 조성토록 했다. 또한 정부는 항만별 친수공간 조성 방향 및 개발 계획 등이 포함된 '친수공간 확보 및 조성 계획'을 수립하여 항만기본계획(국가항 및 연안항)에 반영하고 우선적으로 광양항, 마산항, 성산포항, 목포항 등 4개항을 시범으로 우선 추진할 계획이다. 특히 첫 번째 시범 사업지인 광양항의 개발 컨셉으로 "자연을 오감으로 즐기며 산책을 거닐다", "자연 그대로 물들이다", "휴식과 활력의 충전소"를 정하여 〈그림 7-11〉과 같이 친수문화공원을 조성할 계획이다.

〈그림 7-11〉 광양항 항만 친수공간 계획

자료 : 국토해양부 홈페이지(www.mltm.go.kr) (접속일 2013. 2)

이 밖에도 목포항에서는 목포 해경 뒤편 부지 4만 2000㎡에 친수문화공간을 조성할 계획이며 인천항에서는 내항의 기능이 송도 신항으로 옮기면서 1, 8부두를 중심으로 항만 친수공간 조성계획이 진행되고 있다.

또한 준설토 투기장인 해상매립지에도 항만 친수공간 조성이 추진되고 있는데 부산 동삼동 준설토 투기장은 해양 친수공원으로, 인천 영종도 준설토 투기장은 해양 복합테마공원으로, 창원 마산항 준설토 투기장은 해양 생태공원으로, 군산 해상 준설토 투기장은 복합 친수공간으로, 인천 송도 남항 제3준설토 투기장은 해양 친수공간으로 조성할 계획이다.

〈그림 7-12〉 군산항 해상투기장 친수공간계획(현재와 미래)

자료 : 전북도민일보, 2012. 7. 5.

항만에서 친수공간 개발의 구체적 방안으로는 항만구조물에 낚시시설, 전망장소, 산책로 등 친수시설을 조성하고 항만 내에 오염되고 버려진 장소를 되살려 생태공원이나 생태습지, 녹지 등을 만든다.

또한 항만의 수변공간에는 공원, 산책로, 광장을 조성하며 선박 항해 및 하역 작업에 지장이 없는 수역에는 해양스포츠 공간이나 마리나 등을 조성하여 시민과 관광객에게 개방한다.

〈그림 7-13〉 항만 친수시설 사례

A. 일본 다카마츠항 방파제   B. 일본 나고야항 마린파크

한편 문화공간에 대해서는 항만타워를 설치하고 이곳에 전망공간, 문화공간, 휴식공간, 항만역사문화관 등을 조성하고 오래된 창고 및 항만 시설물을 문화공간 및 상업공간으로 재활용하며 여객터미널과 같은 항만 시설에는 친수 문화공간을 조성한다.

〈그림 7-14〉 항만 문화공간 조성사례

A. 일본 나고야항 전망탑   B. 일본 하코다테항 창고 지역

이상에서 설명한 바와 같이 기존 물류 중심의 항만에는 변화가 불가피하다. 시민과 관광객의 요구에 따라 친수공간을 조성하며 깨끗하고 아름다운 에코항만으로 변화하고 항만과 도시의 역사·문화가 접목된 문화항만으로 거듭나야 한다.

이러한 변화는 지금까지 도시와 항만을 대상으로 한 계획의 전반적 재검토를 의미하며 지속가능한 생활환경으로서 항만 그리고 글로벌 교류의 장으로서 항만이라는 인식의 틀 안에서 새로운 항만계획의 수립이 필요함을 의미한다.

이와 함께 항만도시에서도 내륙을 중심으로 한 도시계획에서 벗어나 항만과 도시공간을 통합하고 도시 워터프론트와 수역을 모두 포함하는 그랜드 도시계획이 새로 마련되어야 한다.

특히 생태적으로 건강하고 안전한 물(水)의 도시로 거듭나기 위하여 하천과 바다의 수계(水系)를 연결하고 생태환경을 회복시키며 물과 수변을 안전하게 관리할 수 있도록 도시수변관리계획을 수립하여야 한다.

2) 항만재개발의 방향

지난 수십 년 동안 세계 항만도시들은 항만재개발에 많은 관심을 기울였다. 한 때 무역과 상업으로 번창했던 항만이 도시와 격리된 채 버려지고 황폐한 곳으로 남겨짐에 따라 항만의 역할을 재수립하고 항만의 새로운 잠재력을 발굴하고 있다.

이러한 항만재개발의 목표는 사업에 따른 경제적 이익 추구와 공공을 위한 도시공간의 조성이 조화를 이루는데 있다. 이 두 가지 목표를 위해 항만은 도시와 조화로운 장소가 되어야 하고 시설과 공간은 시민과 관광객에게 개방되어야 한다. 이로 인해 항만에서 새로운 산업과 레저 활동이 발생하고 도시는 활성화된다.

항만 주변의 산업시설도 시민과 관광객의 요구에 맞게 철책을 없애고 공공접근로를 정비하여 사람을 맞아들여야 한다. 특히 관광은 시민과 관광객이 항만을 만나는 또 다른 기회이므로 크루즈선박과 여객선을 이용한 관광산업의 활성화를 시도한다.

항만재개발을 통해 항만은 도시에서 의미 있는 장소가 되고 도시의 회복과 활력을 위한 무대가 된다. 또한 항만의 장소성이 강화되고 훼손된 자연이 치유되며 끊임없는 매력과 기념비적 특성이 살아남으로서 항만은 감동을 주는 공간이 된다.

그러나 세계적으로 항만재개발이 사업성으로나 도시회복의 측면에서 성공할 확률은 그다지 높은 편이 아니며 이 사업이 성공하기 위해서는 다음과 같은 전제조건을 고려해야 한다.

먼저 똑같은 항만은 하나도 없으며 같아서도 아니 된다. 따라서 항만재개발은 해당 항만의 본질적 특성을 파악하고 항만과 그 주변에 숨겨진 정체성을 찾아내어 그 특성을 강화시켜야 한다.

다음으로 도시와 항만 사이에 기존 장애물을 제거하는 한편 활용되지 않게 될 대규모 공간이나 주변과 어울리지 않는 시설물 등 새로운 방해물을 만들지 않는다. 또한 항만 역사와 문화를 기억하게 하는 것들을 보존하고 활용하여 항만도시의 문화적 다양성을 살린다. 뿐만 아니라 항만으로 보행자, 자전거, 차량 등이 접근 가능한 다양한 통로를 조성하고 동시에 다양한 목적을 이룰 수 있는 도시기반시설을 설치한다. 그리고 항만에서 수역의 잠재력을 찾아내어 그 역할을 활성화하고 육지와 수역이 일체가 되어 함께 활용하는 친수공간을 조성한다.

이와 함께 주거를 비롯한 도시기능을 항만에 접목하여 도시와 항만이 통합되도록 하고 수변공간으로서 항만이 도시 어메니티와 가치를 높이도록 한다. 또한 항만에 들어서는 시설물은 시각적으로나 접근 측면에서 투과공간으로 만들고 시설물 규모, 형태, 공간 구성은 바다를 향한 방향성을 고려하여 디자인한다.

한편 사업성이나 공공성 측면에서 모두 성공했다고 평가를 받는 세계적 항만재개발의 사례를 분석해 보면 다음과 같은 공통적인 교훈을 얻게 된다.

먼저 공공부문과 민간부문이 같은 목표를 가지고 진정한 협력관계를 형성하며 이를 끝까지 유지한다. 이와 함께 공공을 위한 프로젝트의 실행을 유도하고 이를 관리할 수 있는 시민과 지역사회의 감시 및 협력시스템이 존재한다.

또한 공공성과 사업성을 모두 고려해서 시민이 동의하는 토지이용계획이 필요하다. 이 계획에는 공공의 접근, 오픈스페이스, 도시

교통체계와 연계, 수역의 활용, 항만 주변의 이용, 수역과 육역의 경관, 기존 시설의 보전 및 활용 등이 포함된다.

다음으로 항만재개발기본계획을 실행하기 위한 실제적인 사업계획이 있다. 여기에는 시장(market)의 요구와 투자여건 등을 고려한 단계적인 개발계획이 필요하고 주변 환경에 내재된 가치를 이끌어 내는 디자인이 포함된다.

〈그림 7-15〉 부산항 북항 일반부두재개발 조감도

자료 : 부산항만공사 홈페이지(www.busanpa.com) (접속일 2013. 5)

우리나라에서는 부산 북항재개발을 시작으로 본격적인 항만재개발이 시작되었다. 2012년 4월 국토해양부가 확정·고시한 '항만재개발기본계획 수정계획'에서는 전국 57개 항만을 대상으로 노후·유휴화, 대체항만 확보 여부 등을 조사해 항만재개발 대상 예정지구 12개항 16개소 14,130천㎡를 확정하였다.

이러한 항만재개발의 추진에 따른 총 추정 사업비는 6.1조원 수준으로 구체적인 내용은 다음 표와 같다.

〈표 7-7〉 항만재개발 추정사업비(상부건축비 제외)

단위 : 백만 원

사업 대상	총사업비	사업 대상	총사업비
인천항 영종도	857,903	광양항	211,271
인천 내항	193,972	여수항	566,906
대천항	256,677	고현항	662,789
군산항	130,540	부산항 북항	2,038,837
목포항 내항	14,044	부산항 북항 자성대	804,049
목포항 남항	99,764	부산항 북항 용호부두	13,746
제주항	210,090	포항항	85,749
서귀포항	37,267	동해·묵호항(묵호지구)	146,631
합 계			6,097,625

자료 : 국토해양부, 「항만재개발 기본계획 수정계획」, 2012. 4.

그동안 정부에서는 노후·유휴한 항만과 그 주변 지역의 지속가능한 발전을 통해 국가경쟁력 제고 및 경제발전에 기여하도록 2007년 6월에 「항만과 그 주변지역의 개발 및 이용에 관한 법령」을 제정·시행했으며 이 법에 따라 2007년 10월 '제1차 항만재개발 기본계획'을 수립·고시하였고 2009년 12월에는 「항만법」과 「항만개발이용법」을 통합하여 '항만법'을 개정함으로써 항만재개발을 진행하여 왔다.

특히 '항만재개발기본계획 수정계획'에서는 항만과 도심간 융화발전 추진을 항만재개발의 주요 내용으로 삼고 있으며 세부적인 사항으로는 부족한 도심용지 확대 등 구도심 재생을 촉진하는 기회로 활용, 주변 관광자원 등과 연계하고 친환경 해양공간을 확보하여 해양레저관광산업 육성, 기존 항만 기능을 재배치하여 복합항만으로 기능 부여, 그리고 항만도시로서의 성장 촉진 등을 제시하고 있다.

이상에서 살펴본 바와 같이 항만재개발은 기타 복합용도 개발사업과 유사하지만 더 많은 시간과 비용이 요구되고 더 큰 위험이 따른다. 특히 우리에게 항만재개발은 유례가 없고 검증되지 않았기 때문에 신중한 계획이 무엇보다 필요하다.

이와 더불어 우리의 항만재개발에서는 도시 활력의 회복, 생태환경과 지속가능성의 중시, 시민의 일상생활과 인간 중심의 디자인, 도시의 문화적 정체성 회복 등이 중요한 목표가 된다.

우리 항만재개발이 성공하기 위해서는 먼저 이용자 중심의 항만재개발이 이루어져야 한다. 이를 위해 정부나 항만공사에서는 시민과 주민의 요구가 무엇인지 제대로 파악하여 이를 충족시키는 계획을 마련하고 사업으로 인해 발생하는 이익을 시민에게 돌려주도록 해야 한다. 또한 단계적으로 균형 잡힌 개발계획을 마련하여 시간에 따라 변화하는 시민들의 요구를 제대로 수용하도록 하며 도시의 균형발전을 고려하고 사회적 및 경제적 변화에 대응할 수 있는 장기 개발방안이 마련되어야 한다.

한편 시설내용으로는 주거를 비롯하여 복합용도의 개발이 필요하고 뛰어난 디자인으로 친수공간의 매력이 한껏 발휘되어 시민들에게 사랑받는 장소가 되어야 한다. 특별히 경관계획을 마련하며 도시와 조화된 아름다운 항만경관을 만든다.

무엇보다 정부나 항만공사 중심으로 이루어지고 있는 재개발사업에서 지자체나 시민의 역할 및 참여가 더욱 확대되어야 하며 토지는 정부나 공공기관이 끝까지 소유하여 사업성을 위한 민간의 무분별한 개발을 통제해야 한다. 또한 항만재개발기본계획은 도시의 교통계획, 토지이용계획, 경관계획, 녹지 및 오픈스페이스계획 등을 존중하여 이와 통합된 계획이 되도록 해야 하며 더욱이 도시 및 항만을 자연재난으로부터 보호할 수 있는 안전대책을 필요로 한다.

항만도시와 항만은 항상 바다로부터 안전을 위협받는 상황에 처해 있다. 특히 최근에는 지구온난화에 따른 기상이변으로 인해 해수면이 상승하고 강력한 슈퍼태풍이나 집중호우의 가능성이 높아지고 있다.

따라서 도시와 항만의 안전에 대한 위협은 더욱 커지고 있기 때문에 항만재개발에서는 도시 생존의 차원에서 자연재난 예방대책과 피난 및 복구대책 등을 체계적으로 수립해야 한다. 지금까지 항만개발은 주로 제방이나 호안 등 해안구조물에 의한 방재에 중점을 두었다면 이제 항만재개발은 도시 차원에서 시민의 생명 및 재산보호를 위한 대한 안전대책, 특히 강풍과 침수에 대비한 대책을 마련해야 한다.

결국 우리 항만재개발은 '도시와 통합된 워터프론트', '시민을 위한 워터프론트', '품격 있는 워터프론트', '안전한 워터프론트'를 조성하는 것이 그 근본 방향이라고 할 수 있다.

5. 항만도시의 미래와 항만재개발

산업사회에서 항만은 물류거점으로서 항만도시의 부(富)를 창출하는 근원지였다. 그러나 부를 창출하는 과정에서 환경훼손과 오염을 남겼으며 오늘날에는 도시의 소외된 공간으로 남겨지게 되었다. 따라서 항만도시를 활성화하려는 노력의 중심에는 항만의 활용과 환경회복이 있다.

탈산업사회에서 항만은 도시와 다시 통합되고 있다. 산업지역이었던 항만이 도시의 활력을 모으는 생활의 중심이 되고 도시 이미지를 재창조하며 사람들을 끌어들이는 곳이 된다.

그런데 항만은 규모가 크고 항만을 둘러싼 환경의 복잡성으로 인해 도시와 통합을 위한 혁신적인 방안이 필요하다. 바로 항만재개발이 항만과 도시에 대해 새로운 접근 방안을 제시하고 있다.

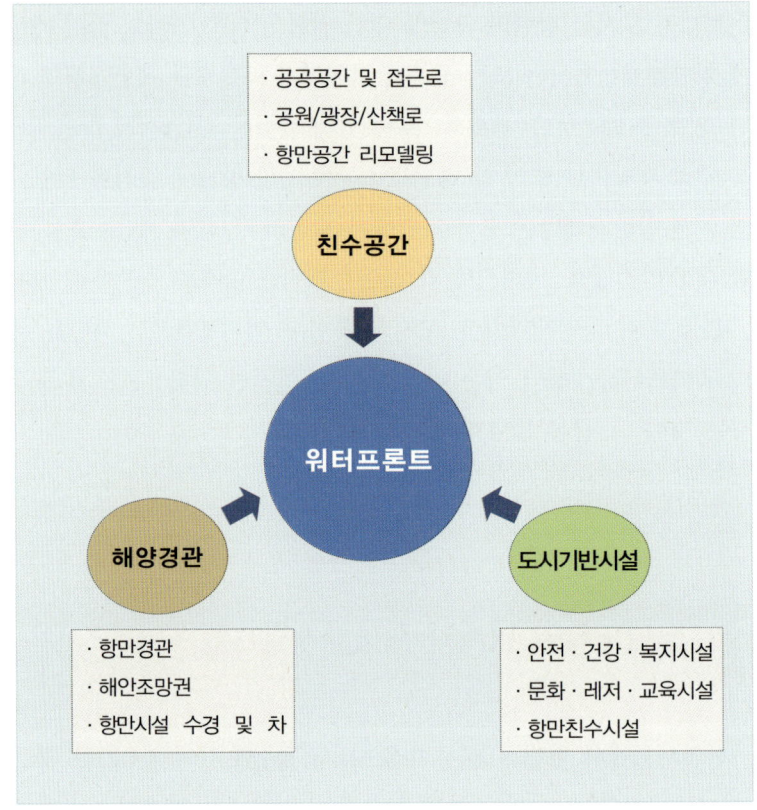

〈그림 7-16〉 도시 워터프론트 개발전략

항만재개발을 통해 항만은 도시의 심각한 문제를 해결하고 새로운 도시를 만드는 데 결정적 역할을 하며 항만과 도시는 기능과 공간이 통합되고 항만산업과 관광산업이 공존하게 된다. 그러나 최근 항만재개발이 항만도시의 모든 문제를 해결하는 만병통치약으로 취급되는 경향이 있으며 또한 항만재개발의 성공 결과만 보고 그 뒤에 숨은 문제와 어려움을 정확하게 파악하지 못하고 있다.

따라서 항만재개발에서는 반드시 해당 도시와 항만의 특수성, 그

---

7) 차경(借景) : 멀리 바라보이는 자연 풍경을 경관 구성재료의 일부로 이용하는 수법.

리고 모든 항만도시에 공통된 보편적인 성질을 모두 고려해야 한다. 항만재개발의 대상이 되는 항만은 정치와 경제적 이해관계 등 다양한 영향력이 만나는 곳이기 때문이다.

우리보다 앞서 진행된 항만재개발을 꼼꼼히 살펴보면 다음과 같은 중요한 질문을 얻게 된다. "항만재개발을 어떻게 할 것인가?", "항만재개발의 형태는 무엇이 적당한가?", "항만재개발에서 적절한 토지이용계획 및 시설내용은?", "항만재개발을 통해 도시와 항만을 어떻게 연결할 것인가?" 등이다.

이러한 질문에 대한 해답은 성공한 사례 그 어디에서 주어지는 것이 아니라 우리 스스로가 얻어내야만 한다. 우리 항만도시의 미래는 항만을 도시 워터프론트로 어떻게 되살리는가에 달려있다고 할 수 있다.

도시 워터프론트에 대한 새로운 비전과 계획을 통해 항만에는 시민의 안전·건강·복지의 실현을 위한 시설, 문화·레저·교육을 위한 기반시설이 정비되고 시민들의 친수욕구가 충실하게 반영되어야 한다.

한편 항만은 친환경적 '해양문화도시'의 중심지가 되어야 한다. 그동안 항만도시가 산업도시였다면 앞으로는 해양문화를 중심으로 한 문화도시가 되어야 한다. 이를 위해 항만재개발은 해양문화도시의 정체성을 살릴 수 있도록 해야 한다.

오늘날 국토공간의 중심축은 육지에서 바다로 옮겨가고 있으며 이러한 맥락에서 항만의 사회적 가치가 상승하고 있다. 이에 따라 항만재개발은 도시공간으로서 항만에 대한 새로운 인식과 가치관의 정립을 우리에게 요구하고 있다.

08

제8장
항만도시의 재난방재

PORT & CITY

08
항만도시의 재난방재

이재완

1. 항만도시의 재해유형

현대의 도시에서는 지진, 폭우, 대설 등 자연재해뿐 아니라 도시공간에서의 폭발사고, 대형화재, 시설 및 건축물 재해 등 기술의 취약성이나 관리의 소홀로 인한 인위적 재해가 발생하고 있다. 이러한 재난은 도시가 점차 비대해지고 복잡해지는 현대에 있어서 매우 중요하고 심각한 문제임에는 틀림없으나 육지에 있는 도시를 포함한 일반적인 도시가 가지고 있는 재난유형에 속한다. 본 장에서는 항만에 접하고 있는 도시에 있어서 특수한 재난방재를 기술하고자 하므로 이러한 재해에 대해서는 별도로 언급하지 않았다.

항만도시의 입지적 특성을 한마디로 말한다면 바다에 인접해 있다는 것이다. 그러므로 항만도시에서만 발생할 수 있는 재난 역시 바다에서 온다고 할 수 있다. 우리나라의 경우에는 첫째, 여름철 적도 부근에서 발생하여 바다로부터 에너지를 공급받으며 우리나라 부근으로 이동하는 강한 바람과 비를 동반한 태풍에 의한 재난을 들 수 있고 둘째, 저기압에서처럼 기압강하시의 해수면 상승이나 강풍에 의한 해수의 밀림현상으로 수면이 상승하는 현상 즉, 폭풍해일에 따른 재난이 있으며(주로 강한 태풍이 통과하는 경우 태풍의 오른쪽 반경에서 발생함) 셋째, 해양성 지진이나 해저 화산 폭발시 해저지반의 융기 또는 침강에 의하여 바닷물이 급격히 교란 전파되어 해안에서는 엄청난 수면상승을 가지고 오는 지진해일(쓰나미라고도 함)에 따른 재난이 있다. 마지막으로 지구 온난화에 따른 해면상승을 들 수 있으나 이는 우리나라의 경우 단기적으로 어떤 재난을 발생시키기보다는 장기적으로 우려되는 재난의 위협에 속한다고 할 수 있겠다.

지구온난화(global warming)의 원인에 대해서는 아직 애매한 부분이 있지만 대부분의 과학자들은 온실기체 농도의 증가와 화석연료의 사용이나 산림 벌채에 의해 발생하는 것으로 추측하고 있으며 기온상승으로 해수면이 상승하고 빙하가 감소하면서 인류는 또 다른 큰 문제에 직면하게 되었다. 세계 인구의 약 40%는 해안으로부터 100km 이내에 살고 있으며 1억 명에 달하는 사람들이 해발고도 1m이내 지역에서 살고 있음을 고려하였을 때, 이러한 기후변화는 인간의 거주 환경을 크게 바꿀 엄청난 비극이 될 가능성이 높다.

본 장에서는 '2.기후변화의 영향 및 대응 필요성'에서 지구 온난화에 의한 기후변화와 태풍의 강도 증가 등을 우선적으로 살펴보고, '3.항만도시의 재해피해'에서는 항만도시가 갖는 특수한 재해 피해 사례와 대응방안 또는 교훈을 태풍, 폭풍해일, 지진해일 및 인재에 의한 피해 순으로 조사·분석하였으며, 마지막으로 '4.항만도시의 재난방재 대응방향'을 기술하였다.

2. 기후변화의 영향 및 대응 필요성

1) 기후변화의 원인 및 현황[1]

기후변화의 원인은 자연적인 원인과 인위적인 원인으로 크게 나눌 수 있으나, 가장 큰 원인으로는 인위적인 원인 중 온실가스 증가에 의한 것으로 알려져 있다. 산업혁명 이후 급속하게 증가된 에너지 수요를 충족시키기 위해서 석탄, 석유와 같은 화석연료가 연소되어 발생한 이산화탄소 등 온실가스 증가로 인한 대기 구성성분의 변화가 기후변화(지구온난화)의 주요한 원인으로 지적되고 있다.

〈표 8-1〉 기후변화의 원인

기후변화 요인		내용
자연적인 요인	내적 요인	대기의 기후시스템(5가지 요소 : 대기권, 수권, 빙권, 육지표면, 생물권) 과의 상호 작용
	외적 요인	태양활동의 변화, 화산분화에 의한 성층권의 에어로졸(aerosol)[2] 증가, 태양과 지구의 천문학적상 위치관계 등
인위적인 요인	강화된 온실효과	대기조성의 변화로 화석연료 과다 사용에 따른 이산화탄소 증가
	에어로졸의 효과	인간 활동으로 인한 산업화가 대기 중 에어로졸의 양을 변화
	토지피복의 변화	과잉 토지이용(도시화) 증가 및 삼림파괴

자료 : 환경부/국립환경과학원, 환경보건포털

---

1) 국토해양부, 「기후변화에 따른 항만구역내 재해취약지구 정비계획」, 2011.
2) 에어로졸(Aerosol) : 지구 대기 중을 떠도는 미세한 고체 또는 액체 입자. 연기, 해무, 대기오염, 스모그 등.

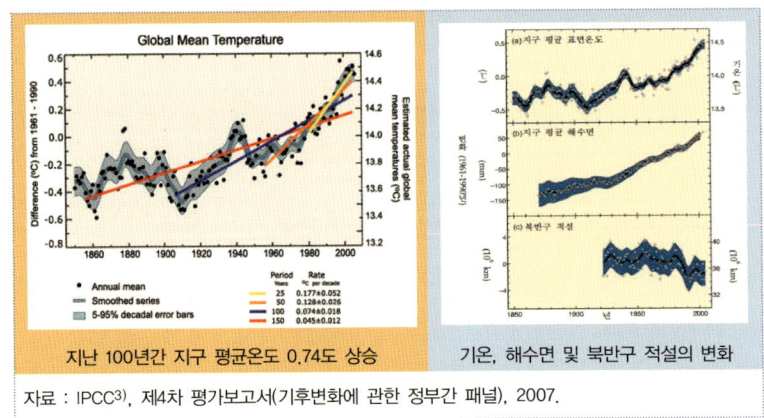

〈그림 8-1〉 기후변화에 따른 현상

지난 100년간 지구 평균온도 0.74도 상승   기온, 해수면 및 북반구 적설의 변화

자료 : IPCC[3], 제4차 평가보고서(기후변화에 관한 정부간 패널), 2007.

지구온난화에 의한 기온상승은 전 지구적으로 널리 일어나고 있으며 해수면상승은 온난화와 일치하여 나타나고 있다. 주된 원인은 지구온난화로 해수의 열팽창과 빙하 및 극지방의 융해에 의한 영향으로 지구 평균해수면은 1961년 이후 평균 1.8mm/yr, 1993년 이후 3.1mm/yr 속도로 상승하였다. 따라서 현재와 같이 화석연료에 의존하는 대량소비형의 사회가 계속된다면 1980~1999년에 비하여 금세기말(2090~2099년)에는 지구 평균기온 상승, 해수면 상승, 고온·호우 증가, 열대폭풍(태풍, 허리케인 등)의 강도 증가로 인한 각종 피해가 더욱 커질 것으로 예상하고 있다.

우리나라의 기후변화 현황은 세계 평균을 상회하고 있는 실정으로 지난 100년(1912~2008년 : 강릉, 서울, 인천, 대구, 부산, 목포 6개 관측지점 기준)간 연평균 기온은 1.7℃ 상승하였고, 연 강수량은 19% 증가하였다. 제주 지역의 해수면은 지난 40년간 22cm 상승하고 있으며 해수면 상승 폭은 세계 평균의 3배 높은 수치이다.

---
3) IPCC(Intergovernmental Panel on Climate Change) : 기후변화와 관련된 전지구적 위험을 평가하고 국제적 대책을 마련하기 위해 세계기상기구(WTO)와 유엔환경계획(UNEP)이 공동으로 설립한 유엔산하 국제협의체.

2) 기후변화와 자연재해의 관계

태풍은 북태평양 남서부에서 발생하여 아시아 동부로 불어오는 풍속이 32m/sec 이상인 맹렬한 열대 저기압으로 강도는 갈수록 강해지고 있다. 국가태풍센터가 지난 40년 간 한반도에 영향을 준 태풍들을 분석한 결과, 1971~2000년까지 태풍의 중심기압은 971.7hPa(헥토파스칼)에서 2001년 이후 10년 간 967.5hPa로 낮아졌다. 태풍은 중심기압이 낮을수록 위력이 커지며 태풍의 평균 최대풍속 역시 과거 초속 30.7m에서 최근 10년간 초속 32.7m로 강해지고 있다.

폭풍해일은 태풍이나 저기압의 기압강하에 따르는 해면의 상승작용이나 강풍에 의한 해수의 퇴적에 의해 해면이 평상시보다 상승하는 것으로 태풍의 중심기압이 낮고 풍속이 클수록 커진다. 따라서 폭풍해일은 태풍의 발생 빈도 및 강도 변화에 지배적인 영향을 미치는 기후변화와 밀접한 관계가 있음을 알 수 있다. 최근에 발생하는 태풍의 위력이 갈수록 강해지고 있는 추세이므로 폭풍해일 피해도 늘어나고 있는 실정이다.

3) 기후변화 대응 필요성

21세기 기후변화는 지구온난화 등 다양한 영향들의 중첩된 상호작용으로 그 영향도 점점 증가될 것으로 전망되고 있다. 지구온난화에 따른 해수면 상승, 태풍의 강도 증가 등은 수해(水害), 풍해(風害)와 폭풍해일 피해 규모를 꾸준히 증가시키고 있고 앞으로는 그 속도가 더욱 빨라질 것으로 전망되고 있으므로 항만도시에서는 이에 대한 선제적 대응방안이 구체적으로 수립되어야 할 것이다.

3. 항만도시의 재해 피해

1) 태풍 피해

우리나라에 영향을 미친 태풍[4] 중에서 1976년~2005년 사이 국내 항만에 크게 피해를 끼친 주요 태풍 24개를 살펴보면 〈표 8-2〉와 같다. 이 중에 1985년 태풍 '브렌다', 2002년 태풍 '루사' 및 2003년 태풍 '매미' 내습 시에 피해가 가장 컸던 것으로 알려져 있다.

〈그림 8-2〉 매미 위성사진(2003. 9. 10)

발생일	2003년 9월 6일
소멸일	2003년 9월 14일
최저 기압	910hPa
최대 풍속(10분 평균)	54m/s
최대 풍속(1분 평균)	75m/s (150kt)
최대 크기(직경)	460km (반경)
인명 피해(사망·실종)	135명

태풍 매미는 2003년 9월 12일 한반도에 상륙해 경상도를 중심으로 막대한 피해를 일으킨 태풍이다. 'Super Typhoon Maemi' 혹은 '2003년 태풍 제14호'라고도 불리며, 한반도에 영향을 준 태풍 중 상륙 당시 기준으로 가장 강력한 급이었다. '매미'는 조선민주주의인민공화국에서 제출한 이름으로 곤충 매미에서 온 이름이다.

태풍 매미의 최대 세력은 대한민국과 일본 기상청의 해석으로 중심 기압 910hPa, 최대 풍속 55m/s(105kt)이며, 풍속 값을 1분 평균으로 산출하는 미국합동태풍경보센터(JTWC, Joint Warning Center)의 해석으로는 중심 기압 885hPa, 최대 풍속 75m/s(150kt)가 된다. 그 위력은 2003년에 발생한 모든 태풍

---

4) 국토해양부, 「해일피해예측 정밀격자 수치모델 구축 및 설계해면추산 연구」, 2010. 8.

중에서 으뜸인 것은 물론, 그 해의 모든 허리케인5)과 사이클론6)을 통틀어도 가장 강했다. 이와 같이 기록적인 강풍이 일었던 원인은 물론 강력했던 태풍의 세력이 일차적이지만, 부가적인 요인으로서 다음을 꼽을 수 있다. 먼저 한반도 상륙 시 45km/h 정도로 상당히 빨랐던 태풍의 이동속도를 들 수 있는데, 이 이동속도가 태풍의 풍속(상륙 시 최대 풍속 40m/s)에 더해져 위험반원7)에서 바람의 힘을 그만큼 더 강하게 했다. 반시계 방향으로 회전하는 태풍의 특성상 진행방향의 오른쪽, 다시 말해 위험반원에서는 태풍의 회전과 진행방향이 중첩되어 태풍의 이동속도가 그대로 풍속에 더해지기 때문이다.

수도권 일대를 제외한 전국 대부분의 지역이 '특별재해지역'으로 선포되었다. 태풍의 상륙 시각이 남해안의 만조 시각과 겹쳐 가공할 만한 해일이 발생, 마산에서는 지하 노래방에 갇힌 사람들이 그대로 익사하는 등 10명이 넘는 인명 피해를 냈다. 부산에서는 해일에 가까운 높은 파도가 해안가를 휩쓸었는데 이에 대한 신속한 대피가 이루어져 인명 피해는 최소화 할 수 있었지만 해운대에 위치한 부산아쿠아리움이 침수되고 해안가에 자리 잡은 많은 건물들이 폐허로 변해 재산 피해가 매우 컸다.

태풍이 통과하던 9월 12일에서 13일 사이에 쏟아진 폭우는 강원도 영동 지방과 경상남도 일부 지역에서는 400mm에 가까운 강수를 동반하였으며, 더욱이 이 강수량의 대부분이 한반도 내륙에 위치했던 6시간 동안에 집중되어 짧은 시간 동안의 강렬한 호우로 산간 지역에서는 산사태가 발생해 주택가를 덮쳐 많은 인명 피해가 나왔다.

---

5) 허리케인 : 북대서양, 카리브해, 멕시코만, 북태평양 동부에서 발생하는 열대성 저기압.
6) 사이클론 : 인도양, 아라비아해, 뱅골만에서 발생하는 열대성 저기압.
7) 위험반원 : 태풍진행 주변바람과 태풍중심 바람이 합성되어 풍속이 커지는 태풍진행 방향의 오른쪽.

〈표 8-2〉 국내 태풍 피해사례

번호	연도	기간	태풍명	피해 항만
1	1976	9/14~15	태풍7호 프랜	포항구항
2	1979	8/15~18	태풍10호 어빙	부산남항, 서귀포항
3	1981	9/1~4	태풍18호 애그니스	부산남항, 감천항, 화순항
4	1982	8/12~13	태풍11호 세실리아	서귀포항
5	1983	9/27~30	태풍10호 포레스트	제주항
6	1984	8/20~21	태풍10호 홀리	여수항
7	1985	8/14~15	태풍9호 리	인천항
8	1985	8/31~9/1	태풍13호 애드	울릉(도동)항
9	1985	10/5~6	태풍20호 브랜다	부산남항, 부산북항, 포항구항, 후포항, 삼척항, 울릉(도동)항, 주문진항, 속초항
10	1986	8/28~29	태풍13호 베라	후포항
11	1987	7/15~16	태풍5호 셀마	감천항, 거문도항, 삼천포항
12	1987	8/31~9/1	태풍12호 다이너	구룡포항, 포항신항, 후포항, 울릉(도동)항
13	1991	7/29~30	태풍9호 캐클린	구룡포항
14	1995	7/23~24	태풍3호 페이	여수항, 삼천포신항
15	1997	9/14~17	태풍19호 올리와	성산포항
16	1998	9/30~10/1	태풍9호 예니	거문도항
17	1999	8/2~4	태풍7호 올가	여수항, 서귀포항, 광양항
18	2000	8/31~9/1	태풍12호 프라피룬	서귀포항
19	2000	9/16~17	태풍14호 사오마이	울릉(사동)항
20	2002	8/30~9/1	태풍15호 루사	거문도항, 제주항, 성산포항, 화순항, 후포항, 묵호항
21	2003	9/12~13	태풍14호 매미	부산남항, 부산항 신항, 통영항, 여수항, 장승포항, 거문도항, 구룡포항, 삼천포항, 성산포항, 서귀포항, 후포항, 울릉(사동)항, 울릉(도동)항
22	2004	7/4	태풍7호 민들레	남양항(울릉도)
23	2004	8/19	태풍15호 메기	감포항
24	2005	9/7	태풍14호 나비	임원항, 강구항

2) 폭풍해일 피해

허리케인 카트리나(Hurricane Katrina)는 2005년 8월 28일, 미국 남동부를 강타한 대형 열대성 저기압으로 북대서양에서 발생한 허리케인 중 6번째로 강했다. 허리케인 카트리나는 플로리다 주 동쪽 약 280km에서 발생하여 마이애미에 상륙하기 전에 1등급 허리케인으로 커졌고 플로리다를 가로질러 남서쪽으로 멕시코 만으로 빠져나갈 때 5등급으로 약해졌다. 다음 날인 8월 29일 시속 225km의 강풍과 함께 3등급 허리케인으로 강해져서 다시 루이지애나에 상륙하였다가 미국 동부 시간으로 8월 31일 오후 11시 경에 캐나다와의 국경지대에서 소멸되었다.

〈그림 8-3〉 카트리나 위성사진(2005. 8. 28)

발생일	2005년 8월 23일
소멸일	2005년 8월 30일
최저 기압	902hPa
최대 풍속(10분 평균)	54m/s
최대 풍속(1분 평균)	75m/s (150kt)
최대 크기(직경)	700km (반경)
인명 피해(사망·실종)	2,541명

허리케인 카트리나로 인해 가장 큰 피해를 입은 지역은 미국 뉴올리언스(New Orleans)이다. 8월 30일 허리케인으로 인해 폰차트레인 호수의 제방이 붕괴되면서 이 도시의 대부분 지역에 물난리가 일어났다. 뉴올리언스는 지역의 80% 이상이 해수면보다 지대가 낮아 그 당시 들어온 물들이 빠지지 못하고 그대로 고여 있는 상황이었다. 이 지역에 살고 있는 주민 중 2만 명 이상이 실종되었으며 구조된 사람들은 인근 슈퍼돔에 6만 명 이상, 뉴올리언스 컨벤션 센터에 2만 명 이상 수용되었다. 또한 수용시설과 폐허가 된 시가지에서 약탈,

총격전, 방화, 강간 등 각종 범죄가 일어났고 이재민의 대부분을 차지하는 흑인들의 인종갈등 조짐까지 발생한 바 있다.

피해 원인으로서는 다음과 같은 3가지 이유가 주목되었다. 첫째는 해일에 취약한 지형 입지여건과 관련되어 있는 것으로서 뉴올리언스 북쪽의 폰차트레인 호수(Lake Pontchatrain)는 석호(潟湖)[8]로 리골렛 패스(Rigolets strait)[9]를 통해 멕시코 만과 연결되어 있다는 것과 관련이 있다. 폭풍 해일은 바람이 바다에서 육지 방향으로 상당기간 불어 올 때, 바닷물을 육지 쪽으로 밀어 올려 나타나는 침수 현상이다. 북반구에서는 바람이 태풍의 중심을 기준으로 반 시계 방향으로 불기 때문에 진행 경로의 오른쪽에서는 바람이 바다에서 육지 쪽으로, 왼쪽에서는 육지에서 바다 쪽으로 바람과 해일이 진행하게 된다. 카트리나로 인해서 가장 심각한 피해를 입은 지역은 걸프포트-빌록시(Gulfport-Biloxi)를 잇는 미시시피 주 해안으로, 역시 진행 경로의 오른편에 해당되었다. 뉴올리언스는 진행 경로의 서쪽에 위치하고 있음에도 불구하고 심각한 해일 피해를 입었는데, 그 이유는 카트리나가 뉴올리언스에 도착하기 전, 상당한 분량의 바닷물이 리골렛 패스를 통해 폰차트레인 호수에 유입되었고, 다른 한편으로는 뱃길을 단축시키기 위해 만들어 놓은 운하가 자연 습지의 해일 완충 효과를 마비시켜 운하 주변의 제방들을 붕괴시켰기 때문이다.

두 번째는 습지 간척과 지반 침하에서 찾아볼 수 있다. 1830년부터 10년 만에 뉴올리언스의 인구는 두 배로 증가했으며 미국 내에서 가장 부유하고 세 번째로 인구가 많은 도시가 되었다. 초기 뉴올리언스는 미시시피 강을 따라서 좁게 시가지가 형성되었다. 이는 도시 북쪽 지역이 배후습지인 관계로 거주에 불리하고, 상대적으로 홍

---

[8] 석호(潟湖) : 사주와 같은 장애물에 의해 바다로부터 분리된 연안을 따라 나타나는 얕은 호수.
[9] 리골렛 패스(Rigolets strait) : 루이지애나에 있는 12.9km의 해협.

수에 안전한 자연제방에 시가지를 건설하였기 때문이다. 미시시피 강 하구 지역은 거의 대부분이 습지들로 용지 공급에 부적합하지만, 미시시피 강으로의 화물 환적을 위해 반드시 활용되어야 했다. 직접적으로 물과 접해 있는 제방 지역은 계속된 보강 공사로 미시시피 강과 폰차트레인 호수(Lake Pontchatrain) 수면 이상의 고도를 유지하였지만 도시 내부는 오히려 주변부보다 낮아진, 이른바 '사발모양[10])의 지형이 되고 말았다. 때문에 뉴올리언스는 자연배수가 불가하고, 펌프를 상시 가동하지 않으면 도시 기능을 수행할 수 없는 취약지역으로 변하고 말았다.

세 번째는 운하 건설로 인한 제방의 유실에 있다. 1900년대 중반, 미 해군과 선박 운송업자, 수산업 및 정유사들과 건설업자들의 이익이 맞아떨어져 수많은 운하를 팠다. 카트리나 피해와 직접 관련된 뉴올리언스의 운하는 산업운하(Industrial Canal, 1923), 멕시코 만 연안수로(Gulf Intracoastal Waterway: GIWW, 1949), 그리고 미시시피 강 출구운하(Mississippi River Gulf Outlet: MRGO 속칭 '미스터고', 1964)가 있다. 운하가 없었다면 뉴올리언스 동편에는 16km의 완충 습지가 존재했고, 때문에 기록된 4.7m의 최고 해일에서 약 1.3m 정도의 해일 감소 효과를 기대할 수 있었다. 또 제방 붕괴의 위험성도 상당 부분 줄어들었을 것으로 분석된다. 그러나 습지를 관통한 뱃길은 자연습지의 해일 완충 효과를 완전히 파괴하였고, 오히려 저항이 약한 수로를 따라 더욱 많은 바닷물이 몰려드는 이른바 '폭풍해일의 고속도로'로 전락하고 말았다.

---

10) 사발효과 : 도시가 해수면보다 낮은 곳에 있어 도시를 둘러싼 둑이 터질 경우 물이 계속 차오르게 되는 현상.

〈그림 8-4〉 폭풍해일 방벽 건설

자료 : 위키피디아(www.wikipedia.org) (접속일 2013. 4)에서 수정

해일 피해대책 강구 방안으로 2009년 7월 23일 1,120만 달러(약 134억 원)의 비용을 들인 '미시시피 강 출구 운하 폐쇄공사'가 완료되었다. MRGO 운하 한복판을 가로지르는 약 460m 길이의 폭풍 해일 방벽이 건설되었고, 따라서 운하를 통한 선박 운송은 불가능하게 되었다. 알려진 바와 같이 MRGO 운하는 미시시피 강과 멕시코 만 사이 뱃길을 단축하려는 목적으로 건설되었다. 수십 년에 걸쳐서 이 운하는 자연 방파제 역할을 하는 습지를 훼손하고 생태계에 부정적 변화를 가져왔다. 또한, 미 육군공병단은 운하 주변의 습지 복원이라는 보조 계획을 수행하기 위하여 연방 정부와 주 정부로부터 지원금을 요청하였다. 한편, 미스터고 운하와 GIWW(멕시코 만 연안 수로)가 합류하는 지점에서는 2011년 완전 개폐형 폭풍해일 갑문 공사가 완공되었다.

갑문 공사는 카트리나 이후 100년 홍수에 대비하기 위한 제방 공사의 일환으로 2008년부터 시작되었으며, 설계와 거의 동시에 공사가 진행된 보기 드문 기록을 남기기도 했다. 공사비 약 7억 달러(8,400억 원)에 달하는 초대형 프로젝트이다. 이 사업의 결과 뉴올리언스 인근 지역에서 해일에 가장 취약한 뉴올리언스 동부, 뉴올리언스 도심, 제 9구역 하단, 그리고 세인트 버나드(Saint Bernard) 지역에 해일 피해는 저하될 것으로 기대하고 있다.

〈그림 8-5〉 폭풍해일 갑문시설

IHNC 폭풍해일 갑문 공사   IHNC 폭풍해일 갑문 조감도

3) 지진해일 피해

(1) 남아시아 지진해일(인도네시아)[11]

2004년 12월 26일 오전 8시(한국시각 오전 10시) 인도네시아 수마트라 섬에서 리히터 규모 9.0의 강진과 강진이 만들어낸 거대한 해일로 동남아 일대에서 23만 명에 달하는 사망·실종자가 발생했다. 이날 지진으로 최대 피해국인 인도네시아에서만 무려 11만 명 이상이 사망하고 약 5만 명이 실종됐으며 스리랑카, 인도, 태국 등의 해안지대는 해일이 덮쳐 약 5만 명의 사상자와 9천 명의 실종자가 발생하여, 1970년 방글라데시 홍수, 1976년 중국 탕산 지진과 더

---

11) 조선일보 자료(www.chosun.com).

불어 세계 3대 자연재해로 기록되었다.

지진 발생은 연간 5㎝가량 북쪽의 유라시아판 쪽으로 아주 서서히 이동하던 호주·인도판의 일부(약 1,000km)가 이날 수마트라 부근에서 유라시아판과 급격하게 충돌하면서 발생했다. 지각판이 맞부딪쳐 균열하고 뒤틀리는 해구성(海溝性) 지진[12]은 격한 진동을 되풀이하면서 거대하고 급속한 격변을 해저에서 일으키고, 이에 따라 발생하는 지진해일(津波, Tsunami)이 진행되어 가면서 오히려 멀리 떨어진 곳의 해변에 닿을 무렵에 가공할 파괴력을 발휘한다.

영국 해군은 2004년 12월 26일 남아시아 지진해일을 일으켰던 인도네시아 수마트라 섬 해저 진앙(epicenter)[13] 부근에 생긴 거대한 계곡과 산등성이 모습을 담은 디지털 영상을 공개했다. 영국 함정 스콧호는 1월 말부터 지진해일 분석을 위해 수마트라섬 해저에서 음파 탐지작업을 해왔다. 영상에서 짙은 보라색 부분은 수심 4,000m 정도의 깊은 곳이며, 주황색 부분은 수심 1,000m쯤 되는 얕은 곳이다. 스콧호 함장 스티브 맬컴은 "버마판이 인도판 밑으로 들어가면서 해저에 거대한 등성이가 생겨나 물을 위로 밀어 올려 해일을 일으켰다"며 "카펫에 주름이 잡혀 솟아오르는 것과 같은 과정을 거쳤을 것"이라고 말했다.

지진이 발생한 지 30여 분 만에 해일이 440km를 달려가서 태국의 휴양도시 푸켓(Phuket)에서는 10m가 넘는 엄청난 파도가 육지로 밀려 올라가 해안지대의 막대한 인명과 재산피해를 입혔다. 푸켓이 해일의 공습을 받은 지 3시간 뒤, 수마트라 섬 서쪽 1,600km 떨어진 스리랑카 동남해안에 지진해일이 밀어닥쳤으며, 이어서 인도 남부도시 마드라스(Madras)와 섬나라 몰디브(Maldives)가 지진해일의

---
12) 해구성 지진 : 심해저의 급사면에 둘러싸인 움푹 들어간 좁고 긴 해저지형인 해구에서 발생하는 지진.
13) 진앙 : 지진이 발생한 지하의 진원 바로위에 해당하는 지표상의 지점.

공격을 받았다. 그러나 동쪽으로는 푸켓에, 이후 6시간쯤 뒤 말레이시아 해변을 강타한 뒤에는 더 이상 전진하지 못했다. 반면, 인도·몰디브에 이어 방글라데시까지 치고 간 지진해일은 27일 오전 0시에는 진앙에서 5,700km 떨어진 아프리카 소말리아 해안에 상륙했다. 이는 지진 발생 14시간만에 벌어진 일로서 시속 약 400km의 속도로 거침없이 달려간 것이다.

지진해일의 교훈은 첫째, 쓰나미 경보시스템 부재를 들 수 있다. 해일이 도달하는 데 인도네시아의 해안 지대는 최소 1시간, 스리랑카는 2시간, 남부 인도는 3~4시간, 아프리카 동부 연안의 경우는 6시간이 걸렸다는 점을 보면 경보만 제대로 발령이 됐다면 대비할 시간적 여유는 충분하였다. 그러나 해당 국가들에게 경보는 제대로 전달되지 못했다. 경보센터측이 인도양 연안국들과는 상시 접촉 채널을 갖고 있지 않은 탓이었다.

둘째, 담당 책임자들의 방심으로서 태국의 경우는 비상회의가 소집될 당시 기상청 관리들이 세미나에 참석하느라 대거 자리를 비운 것으로 알려졌다. 지진의 실제 파괴력은 9.0으로 밝혀졌으나 초기에 리히터 규모 8.1로 전해진 것도 태국 측을 방심케 한 요인이었다. 전문가들은 상당수 인도양 국가들이 경제 사정이 좋지 않다는 데는 동의한다. 하지만 시스템 구축이 시급하다는 의견을 '양치기 소년'의 외침으로 보던 이들의 안이한 태도도 문제였다고 지적하고 있다.

셋째, 시스템 대안의 부재로서 제네바에 자리 잡고 있는 유엔 재해경감 국제전략사무국(UN ISDR)[14]은 성명을 통해 인도양 국가들을 위한 경보 시스템의 부재가 피해를 키웠다며 시스템 확대를 적극 추진할 방침이라고 밝혔다.

---

14) UN ISDR(The United Nations International Strategy for Disaster Reduction) : 재해경감 국제전략 사무국.

넷째, 비상대처계획 사전 수립과 정기적인 대피 훈련으로 지진해일 복구를 위한 계획을 사전에 수립함으로써 피해 직후 도착하는 구호물품을 효과적으로 수송하여 피해주민 구호에 차질이 없도록 해야 한다는 점이다. 또한 피해 예상 지역의 주민들을 대상으로 정기적인 대피훈련을 시행함으로써 경보발령 시 신속하게 대처할 수 있도록 경각심을 불러일으키도록 해야 한다.

(2) 동일본(東日本) 지진해일

동북 지방 태평양 지진은 2011년 3월 11일 14시 46분 18초(한국시간)에 발생, 일본의 관측 사상 최대 규모인 9.0를 기록했다. 이로 인하여 파고 10m 이상, 최대 높이가 38.9m에 달하는 대규모 해일이 발생, 일본의 동북 지역의 태평양 연안에 치명적인 피해를 초래했다. 또한 지진 자체보다 해일에 의해 각종 인프라 시설인 도로와 철도도 큰 피해를 입었다. 지진과 그에 따른 해일의 복합적인 손상에 의해 후쿠시마 제1원자력 발전소 설비가 손상되어 대규모 원자력 사고가 발생되었다. 4월 5일 기준으로 일본 정부에서 집계한 공식 사상자는 사망 1만 2321명, 실종 1만 5347명에 달하였다.

그 외에 미야기현 게센누마(気仙沼) 시에서는 시가지를 포함한 광범한 지역에서 화재가 발생하였다. 그리고 이바라키현(茨城縣) 185곳, 지바현(千葉縣) 151곳의 도로가 파손되었고 도쿄의 고속도로도 상당수 파괴되었으며, 도쿄 전력은 11일 오후 5시 현재 아오모리현(靑森縣), 아키타현(秋田縣), 이와테현(岩手縣) 전역과 야마가타현(形縣), 미야기현의 대부분에 있는 440만 가구에 정전이 발생했다고 밝혔다. 또한, 도쿄 전력에서 정리한 관동 지방의 정전은 405만 가구에 달하였다.

(3) 동해안 지진해일(한국)

우리나라는 삼면이 바다에 접해 있어 지진해일로 인한 피해가 발생할 수 있다. 특히, 동해는 수심이 깊고 지진이 자주 발생하는 일본에 인접해 있어 지진해일 발생 가능성이 높다. 실제로 1983년과 1993년에 일본

〈그림 8-6〉 임원항의 지진해일 피해

서쪽 해역에서 발생한 지진해일로 인해 우리나라 동해안 지역에서 인명과 재산 피해가 발생한 바 있다. 1900년대 이후 우리나라에서 관측된 지진해일은 모두 네 차례였으며 이는 모두 일본의 서쪽 해역 즉, 먼 동해에서 발생한 지진에 의한 것이었다. 그중 1983년과 1993년에 발생한 지진해일은 우리나라 동해안에 상당한 피해를 남겼다.

1983년 5월 26일 일본 아키다현 서쪽 해역에서 발생한 규모 7.7의 지진으로 동해상에 큰 지진해일이 발생하였다. 이 지진해일은 우리나라뿐만 아니라 일본과 러시아에도 많은 피해를 남겼다. 가장 피해가 컸던 우리나라 동해안의 임원항에서는 '꽝'하는 폭음과 함께 깊이 5m의 항구 바닥이 드러날 정도로 한꺼번에 물이 빠져나갔다가 10분쯤 후 '쏴'하는 소리와 함께 다시 밀려왔다고 한다. 이 지진해일로 1명이 사망하고 2명이 실종되는 인명 피해와 배 81척이 파괴되고 건물 44동이 부서지는 등의 피해가 발생하였다.

그 후 10년 뒤인 1993년 7월 12일 일본 홋카이도 오쿠시리섬 북서 해역에서 발생한 규모 7.8의 지진으로 지진해일이 발생하여 우리나라 동해안 지역에서는 최대높이 1~2.5m의 지진해일을 기록하

였다. 이 지진해일로 인한 인명 피해는 없었으나 배 35척이 부서지는 피해가 발생하였다. 1983년 일본의 아키다현 서쪽 해역에서 발생한 지진해일이 시간이 지남에 따라 전파되는 양상을 살펴보면 지진이 발생한 후 77분 만에 울릉도에, 100분 후에는 동해안에 지진해일이 도착하였다.

 기상청은 한반도 인근 해역에서 일정 규모 이상의 지진이 발생하거나 지진해일의 가능성이 있을 때 해안지역에 지진해일 특보를 발표한다. 동해의 지진해일 감시를 위하여 울릉도에 해일파고계를 설치·운영하고 있다. 지진해일에 의한 피해를 예방하는 가장 경제적이며 효과적인 방법은 지진해일에 의한 피해가 예상되는 해안선을 따라 예상 범람구역을 설정하여 이를 토대로 예·경보 체계를 구축한 후, 실제 지진해일의 엄습이 예상될 때 범람구역으로부터 재빨리 주민을 대피시키는 것이다.

〈그림 8-7〉 해일파고계 설치·운영 (울릉도)

4) 인재(人災) 피해[15]

■ 허베이 스피리트호 기름 유출 사고

〈그림 8-8〉 사고 전경

허베이 스피리트(Hebei Sprit)호[16] 원유 유출사고는 2007년 12월 7일 아침 7시 6분경 충남 태안군 원북면 신도 남서 측으로부터 약 6.0마일 해상에서 발생하였는데 예인선 2척이 해상 크레인 부선을 병렬로 연결하여 항해하던 중, 좌측 예인선의 예인줄 절단으로 바지선이 밀리면서 대산항 입항 대기 중이던 허베이 스피리트호와 9차례 걸쳐 반복적으로 충돌하였으며, 이로 인해 허베이 스피리트호 좌현의 3개 화물창에 파공이 발생하여 원유 약 10,900톤(12,547ℓ)이 해상에 유출된 사고였다. 인천지방해양안전심판원 특별 심판부는 충돌의 직접 및 간접 원인을 보면 기상악화 예보 파악 소홀, 당직자의 근무 태만, 외부에 신속한 연락 미이행, 안전관리 체계 결여 등 각종 재해에 대하여 대처 능력 부족에서 온 인재인 것으로 결론지었다.

사고당시 방제작업은 해경경비 함정 및 해양오염 방제조합 방제선 등이 진행하였으며 방제를 위한 인력 4,220명, 함정 59척, 방제선 59척, 항공기 6대, 유회수기 50대, 오일펜스 11,845km, 유흡착제 14,079Kg, 유처리제 115,888L(유관기관 포함)를 동원하였다.

또한, 국민들의 자발적 참여로 원유 방제 작업 및 복구 작업에 총

---

15) 국토해양부, 『유류오염사고 백서』, 2010.
16) Hebei Spirit호 : 중국, 홍콩 국적인 총톤수 146,848톤의 단일선체 대형 유조선(사고당시 적재량, 약 263,944톤).

123만 명의 자원봉사자가 참여하였다. 미국 비영리 자원봉사기구인 포인츠오브라이트 인스티튜드(POL)은 이때 태안에서 보여줬던 우리 국민들의 자원봉사 열정을 기리는 의미로 태안을 '세계 자원봉사의 등대'(The light house of volunteerism)로 공표하기도 하였다.

〈그림 8-9〉 방제 작업 중인 자원봉사자

■ 유류 운반선 두라 3호 폭발 사고

유류 운반선 두라 3호 폭발사고(2012년)는 2012년 1월 15일 오전 8시 5분 경 인천 옹진군 자월도에서 북쪽으로 약 5.6km 떨어진 해상에서 부산 선적 4,191t급 유류운반선인 두라 3호(선체

〈그림 8-10〉 두라3호 사고 전경

길이 105m) 갑판 밑에 설치된 유류탱크가 청소 과정에서 폭발하면서 발생했다. 이 사고로 유류탱크에서 가스와 기름 등을 제거하던 선원 5명이 숨지고 이 작업을 돕던 6명은 실종됐다. 사고는 유류탱크 안에 남아 있는 가스(유증기)를 빼는 '가스 프리' 과정에서 발생한 것으로 평소 경유를 운반하던 선박을 휘발유 운용용으로 사용하다가 평소 운반하던 경유 찌꺼기가 남아 있는 유류탱크에 휘발유 가스 등이 섞인 상태에서 이를 제거하는 과정 중 폭발했다.

이는 위험물 관리가 제대로 이루어지지 않은 대표적인 예로 폭발성이 강한 휘발유 찌꺼기나 가스 등과 같은 인화물질을 따로 보관하지 않고 한곳에 보관하여 서로 다른 종류의 물질이 접촉하여 폭발반응을 초래한 인재였다.

■ 울산항 기름유출 사고

울산본항 위험물 양하 중 해양유출사고(2006년)는 러시아 선적 일반화물선 St. Olymp호(총톤수 3,988톤)가 울산 본항에서 알루미늄괴를 하역 후 공선 상태로 출항하던 중 2006년 5월 24일 21:00시 항로를 이탈하여 항행 제한구역 내에 위치한 SK(주) No.1 원유부이의 수상호스를 타고 넘어가면서 수상호스에 손상을 입히고 수상호스 내의 이란산 원유를 해상으로 유출시킨 사고였다.

당시 SK(주) 소속 해상순찰선 SBM 5호는 St. Olymp호가 No.1부이에 접근하는 것을 동일 20:55경 사전에 인지하고 VHF에 의해 무선호출을 시도하고 탐조등을 사고선박 조타실로 비추는 등 경고조치를 취하였음에도 불구하고 사고선박은 No.1 원유부이 주위로 설정된 항행 제한구역 내로 진입하여 수상호스를 추돌하였던 것이다. 이 사고로 SK No.1 원유부이의 수상호스가 손상되고, 기름에 의한 해양오염이 발생하였다.

울산본항의 항로는 충분한 수역을 갖추고 있고, St. Olymp호의 경우 어떠한 선박과 마주치더라도 안전하게 통과할 수 있으며, 매일 106척의 선박이 이용하고 있다. 또한 SK No.1 원유부이 주위로 제한구역이 설정되어 있고 해도에 명확하게 표시되어 있다. 따라서 이 사고는 항로를 이탈하여 위험물 취급 시설인 수상호스가 있는 제한구역을 침범, 시설물을 손상시킨 선장과 당직 항해사의 부주의가 불러온 사고이다. 안전수칙을 준수와 제반 규칙을 숙지하고 정확히 이행했더라면 미연에 방지할 수 있었던 사고이다.

위에서 예로 든 바와 같이, 허베이 스피리트호 원유 유출사고, 유류 운반선 두라 3호 폭발사고 및 울산 본항의 해양 유출사고 등을 모두가 사전에 방지할 수 있었다는 점에서 대표적인 인재로 꼽힌다. 허베이 스피리트호 원유 유출사고의 경우 철저한 안전교육과 선박검사, 신속하고 정확한 안전관리체제 도입 등 인재를 막기 위한 예방대책 마련도 반드시 필요하지만, 지속적인 생태계 복원 작업이 이루어지도록 하여야 한다는 것을 교훈으로 남겼다. 즉, 미래지향적 지역발전 전략 등을 정리하여 종합적인 예방과 복구 대책을 수립하여야 할 것이다.

4. 항만도시의 재난방재 대응방향

1) 해일 대응방안[17]

해일 대응방안은 구조적 방안과 비구조적 방안으로 구분할 수 있다. 구조적 해일 대응방안은 항구적 재해방지를 위한 하드웨어 측면의 방호벽, 방재언덕 및 각종 게이트 등을 설치하는 것으로 그 종류는 선적 방어, 면적 방어 그리고 구조적 방어로 분류할 수 있다. 비구조적 해일 대응방안은 해일 범람 시 시설물을 설치하여 내습하는 해일을 방어하는 구조적 방안과는 달리, 일부 지역은 범람하더라도

---

17) 한국방재협회, 「풍수해 비상대책 계획수립」, 2013. 2.

사전에 인명을 대피시켜 인재 발생을 방지하는 방안으로서 소프트웨어 측면의 대책에 해당되며 해일을 예보하고 침수 예상지역을 설정하며 비상대책 계획을 수립하는 것을 주요 내용으로 한다.

〈표 8-3〉 해일 대응방안

구조적 방안	선적 방어	방호벽, 마루높이 증고, 방재형 화단옹벽 등
	면적 방어	매립형 방재언덕, 친수·매립형 완충녹지
	구조적 방어	각종 게이트(섹터, 플랩형, 리프트형 등)
비구조적 방안		해일예보 시스템, 해안 침수예상도 및 피난지도 작성, 재해관련 규정 정비

2) 구조적 방안[18]

(1) 선적 방어

'선적 방어'(선단위 개념) 시설은 기존 시설을 이용한 소극적 방어로 현실 충족 방안이라 할 수 있으며, 시설로는 방호벽, 마루높이 증고, 방재형 화단옹벽 등이 있다. 선적 방어의 한 예로 나로도항에 수립된 재해 취약지구 정비계획(아라미르 프로젝트)을 들 수 있다. 나로도항 북측 신규 매립 지역의 지반고가 낮아 조위 DL(+)4.00m 이상 시 월류에 의한 침수가 발생되는 곳에 방호벽 설치를 계획한 것이다.

---

18) 국토해양부, 『기후변화에 따른 항만구역내 재해취약지구 정비계획 수립용역 보고서』, 2011. 5.

〈그림 8-11〉 폭풍해일시 피해예측(나로도항)

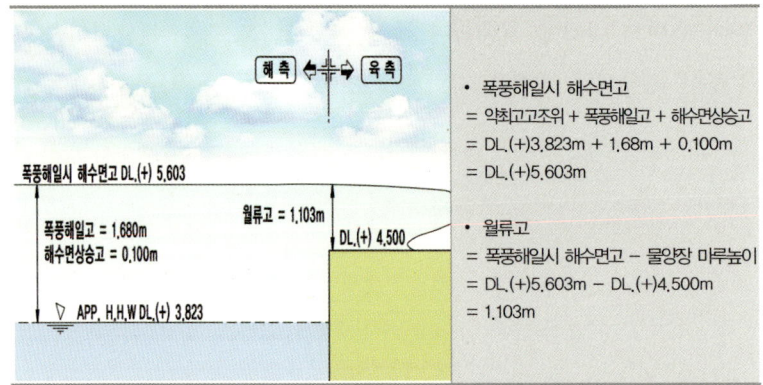

자료 : 국토해양부, 『해일피해 예측 정밀격자 수치모델 구축 및 설계해면 추산 연구』, 2010. 8.

〈그림 8-12〉 월류에 의한 침수도(나로도항)

예상 침수구역은 해안변을 따라 항만시설이 위치하고 배후지역으로 나대지 및 주거 지역이 위치하고 있으며 재해 대응시설 필요성 검토 결과 폭풍해일 내습 시 침수고가 0.5~1.6m까지 예상되었다.

〈그림 8-13〉 선적 방어시설(나로도항)

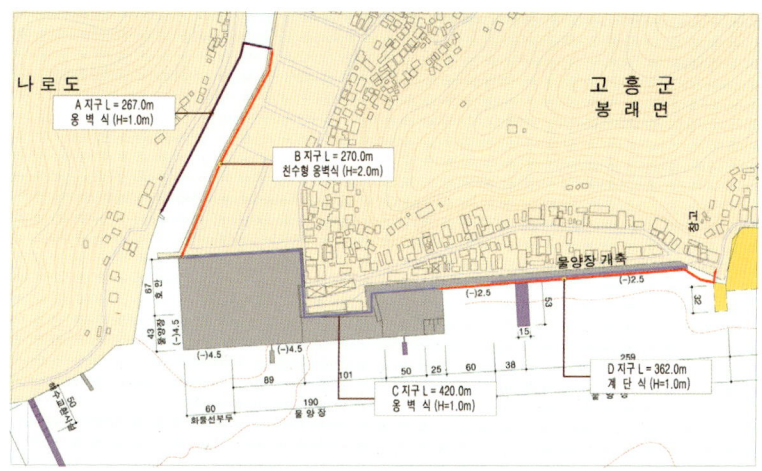

자료 : 해양수산부, 「전국연안항 항만기본계획 수정계획 고시도면」, 2007. 12.

〈표 8-4〉 선적 방어시설 계획

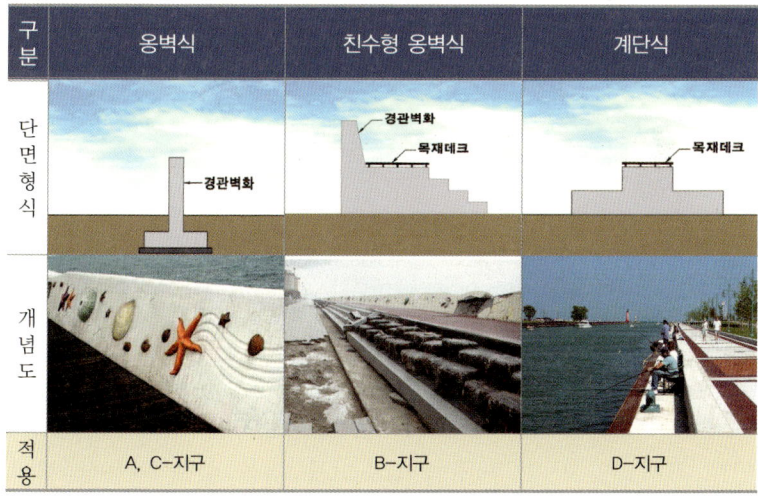

(2) 면적 방어

'면적 방어'(면단위 개념) 시설은 매립을 수반한 적극적 방어로서 친수 및 해안정비형 대응방안이며 방재언덕, 월류수 순환형 친수제방, 매립형 완충녹지 등을 들 수 있겠다. 면적 방어의 한 예로 부산 남항에 수립된 재해취약지구 정비계획을 들 수 있다. 부산남항은 태풍 '매미' 내습 시(2003. 9) 폭풍해일과 동반된 내습파랑 및 방파제 월파에 의한 전달파로 자갈치 시장과 공동 어시장 일대가 침수(0.482㎢)된 적이 있다.

〈그림 8-14〉 침수피해 현황(태풍 매미 내습 시)

자료 : 부산광역시,「해일피해 영향분석 및 피해방지 계획수립용역」, 2005. 12.

침수지역 산정을 위한 설계조위의 결정은 약최고고조위와 100년 빈도 폭풍해일고 및 해수면 상승고를 더한 값을 사용한 결과 DL.(+)2.718m로 산정되었으며 설계조위와 기존 시설물의 표고를 비교할 때 약 0.968m 월류가 발생하는 것으로 분석되었다.

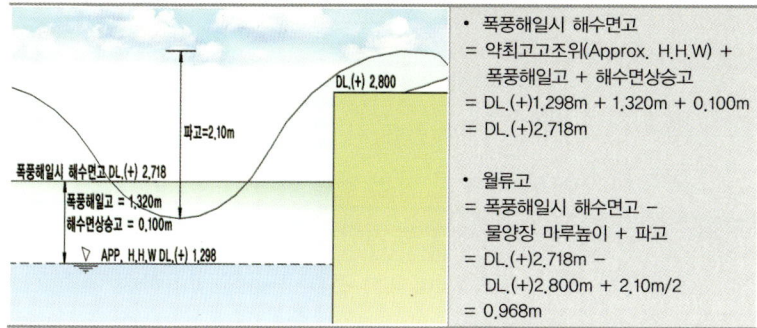

〈그림 8-15〉 폭풍해일시 피해예측(부산 남항)

자료 : 국토해양부, 「해일피해 예측 정밀격자 수치모델 구축 및 설계해면추산 연구」, 2010. 8.

　부산남항 주변은 폭풍해일에 의한 침수보다는 내습하는 고파랑에 의한 월파로 물양장과 배후지의 침수가 일부 발생할 것으로 예상되어 고파랑에 의한 월파를 차단할 수 있는 방재대책으로 친수호안을 겸한 면적 방어계획을 수립하게 되었다.

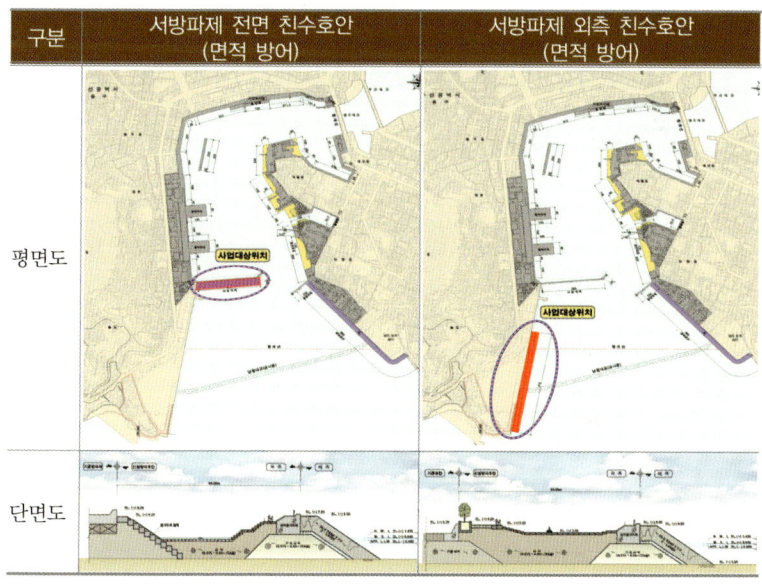

〈그림 8-16〉 면적 방어 시설(부산남항)

(3) 구조적 방어

구조적 방어는 침수 예상지역 전면에 재해대책 구조물을 설치하는 것으로서, 시설로는 해일 범람 시 하천으로 역류하여 내륙을 침수시키는 것을 방지하기 위한 하천 역류 방지용 방수문, 태풍 시 수면상승 및 파랑을 외해에서 일부 차단하여 육지 측 피해를 최소화하는 고조방파제, 항 입구처럼 비교적 좁은 지역에 설치하여 내측으로

〈표 8-5〉 구조적 해일대책 시설

구분	Sector gate (섹터형)	Flab gate (플랩형)	Lift gate(리프트형)	
			수직형 (Vertical)	아치형 (Visor)
형상				
특성	• 거대한 양쪽 여닫이 라운드형 방호문 형태 • 평상시 양측면에 거치 • 해일 예보시 방호문을 닫아 해일에 대응	• 함체 및 부체를 수중에 설치 • 평상시 수중에 가라앉은 형태로 있음 • 해일 예보시 압축공기 주입으로 수문을 세워 해일에 대응	• 평상시 게이트를 상부에 올려놓았다가 재해예보 시 게이트를 내려 해일 대응 • 구조형태에 따라 수직형과 아치형으로 구분됨 • 비교적 항로 폭이 작은 하천이나 항내에 설치	
효과	• 도시 및 항만 전체를 대상으로 해일 방어 • 게이트건설이 선박운항에 지장이 없고, 유지관리 및 경제성 우수 • 지역의 랜드마크화 유리	• 도시 및 항만 전체를 대상으로 해일 방어 • 환경변화 요인을 최소화한 상태 유지 가능 • 자연훼손이나 추가 공간확보가 필요 없음	• 개별하천 및 항만 일부만 해일 방어 가능 • 지역의 랜드마크화 및 관광자원화 가능	
설치 지역	• 네덜란드: 마에슬란트 (Maseslant)	• 이탈리아:베니스(Venice) • 대한민국:마산항(계획)	• 일본:도쿄 (東京)	• 일본:오사카 (大阪)

의 해일 범람을 방어하는 게이트 등을 들 수 있다. 구조적 방어시설의 국외 설치 현황은 〈표 8-5〉와 같으며 국내에서는 기 설치된 시설은 없고 마산만 입구에 계획된 바 있다.

마산만의 형상은 좁고 긴 형태로 폭풍해일에 매우 취약한 지형여건으로 태풍 '사오마이'(2000. 9)와 '루사'(2002. 9) 내습 시에는 강풍과 월파로, 태풍 '매미'(2003. 9) 내습 시에는 해일 및 강풍으로 인한 대규모 침수와 인명 및 재산피해가 발생하였다. 마산항의 폭풍해일 내습 시 침수고는 1.827m로 검토되었으며 이에 태풍 내습 시 피해 재발을 근원적으로 차단할 수 있는 대책으로 만 입구부에 플랩형 게이트를 계획하였다.

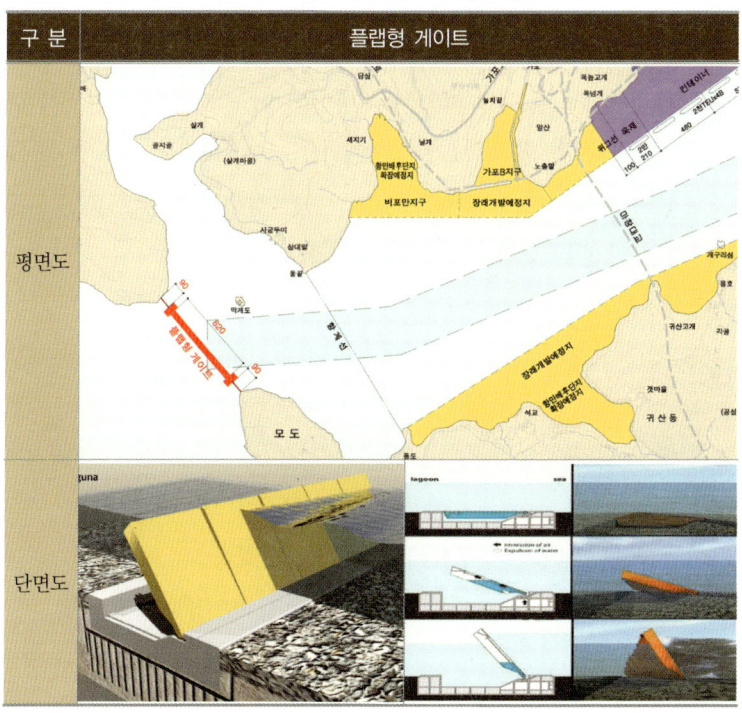

〈그림 8-17〉 구조적 방어시설(마산항)

3) 비구조적 방안

　기후변화에 따른 자연재해의 규모 증가로 인하여 해양재해의 위험성이나 파괴력이 훨씬 커지는 상황에서, 항만도시에서 발생하는 모든 재해를 구조적으로 방어하는 데는 한계가 있다. 이럴 경우에는 재해 발생 시 예상되는 취약지구, 시간 및 재해의 규모를 미리 예측하고 선제적으로 대응함으로써 생명과 재산 손실을 최소화 할 수 있을 것이다. 이러한 재해에 대한 신속한 방재활동을 수행할 수 있도록 사전에 최선의 준비를 하여 재해의 피해를 저감하기 위해서는 태풍·해일 사전예보 시스템, 침수 예상도 및 피난지도 작성 그리고 재해 발생 시 비상대처계획(EAP, Emergency Action Plan) 수립 등 비구조적 해일 대응방안이 필요하다.

　태풍이나 해일이 우리나라에 영향을 주기 전에 그 규모가 어느 정도이고 예상되는 피해 지역은 어디이며 어느 시각일 것인지를 예측하는 것이 태풍, 해일 사전예보 시스템이며, 이렇게 영향을 줄 경우 예상되는 침수 지역은 어디이며 침수될 경우 어떤 경로로 어디로 피난하면 안전할 것인지를 알려주는 것이 침수예상도 및 피난지도 일 것이다.

　EAP[19]는 비상대처계획을 의미하며 갑작스럽게 발생 가능한 자연현상이나 재난을 조사하고 해석한 후 이를 토대로 방재대책을 수립하여 인명 및 재산피해를 최소화하는 것을 핵심으로 하고 대체적으로 다음과 같은 내용을 수록하게 된다.
　　ㅇ 해난재난 발생 시 주요 기관의 비상연락망
　　ㅇ 해양재난 발생 시 비상 안내방송 실시 및 정보전달 방법

---

[19] 한양대학교 산학협력단(안산), 『해양재난예보시스템 구축방안 연구』, 2010, 제5장 해양재난 EAP 작성 및 대피 시뮬레이션.

○ 해난재난 발생 시 정부기관 및 지방자치단체의 임무
○ 해난재난 발생에 따른 대응 단계별 임무
○ 대피소의 위치 및 대피경로 안내

일본 그리고 미국 등과 같은 선진국의 해양재해 방지대책은 현재 개념 정립 단계를 지나 기술 안정화 단계에 도달하여 있다고 보여지나 우리나라의 경우는 비구조적 방안에 대한 구체적인 실천 계획을 연구하고 있는 등 기술 초기 단계에 있다고 보는 것이 타당하다. 참고로 현재 연구용역 사업으로 추진되고 있는 항만에서의 해양재해 예측 및 방지대책 수립에서 작성된 삼천포항 폭풍해일 재해정보도, 침수 흔적도와 예상도를 보면 다음과 같다.

〈그림 8-18〉 폭풍해일 재해정보도(삼천포항)

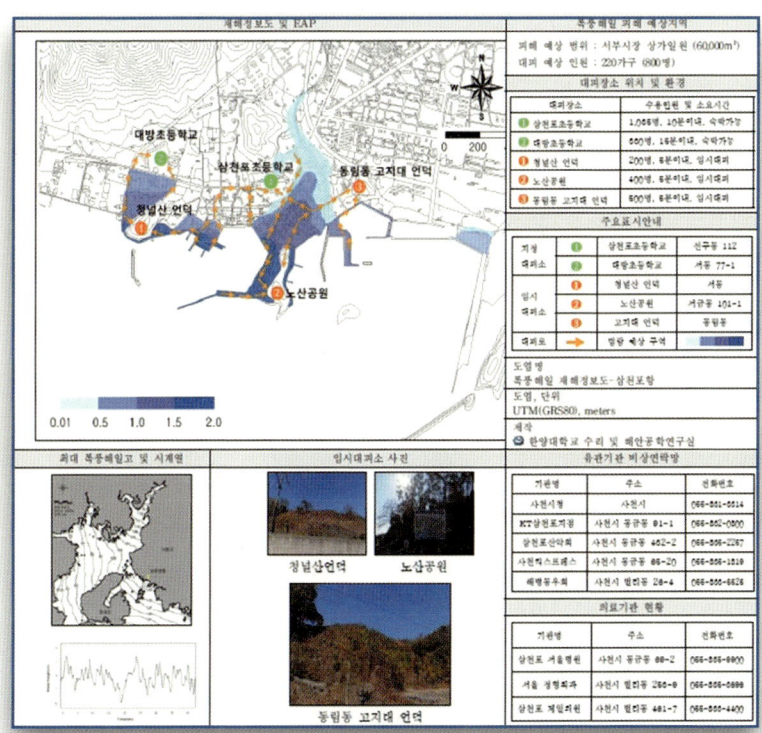

〈그림 8-19〉 삼천포항 침수 흔적도 / 침수 예상도

4) 재해관련 규정 정비

　항만도시에서의 해양재해와 이에 따른 방재계획을 다룰 수 있는 관련규정은 도시계획 분야, 항만 분야 및 재난방재 측면으로 구분하여 설정되어 있다고 하겠다. 도시계획에서는 광역도시계획, 도시기본계획, 도시관리계획 수립 시 부문별 계획으로 방재계획을 수립토록 하고 있고 항만 분야에서는 항만법, 저탄소 녹색성장법, 연안관리법 등을 기본으로 하여 방재시설을 설치할 수 있다.
　재난 및 안전관리기본법상의 방재도시계획[20]은 각종 재난으로부터 국토를 보존하고 국민의 생명·신체 및 재산을 보호하기 위하여 국가와 지방자치단체의 재난과 안전관리체계를 확립하고, 재난의 예방·대비·대응·복구 그 밖에 재난 및 안전관리에 관하여 필요한 사항을 규정하기 위하여 제정되었는데, 도시 방재대책의 하나로「시·군·구 안전관리기본계획」을 수립토록 하고 있다. 자연재해대책법상의 방재도시계획은 태풍·홍수 등 자연현상으로 인한 재난으로부터 국토를 보존하고 국민의 생명·신체 및 재산과 주요 기간시설을 보호

---

20) 문채(성결대학교),『우리나라 방재도시계획의 운영실태에 관한 연구』, 2006.

하기 위하여 자연재해의 예방·복구 그 밖의 대책에 관하여 필요한 사항을 규정한 것으로 자연재해위험지구 정비계획, 풍수해저감 종합계획, 지진재해 경감대책 등의 재해예방대책을 수립토록 하고 있다.

  항만도시에서의 해양재해와 이에 따른 방재는 항만과 도시를 모두 통합하는 개념이 필요하다. 특히 어떤 시설물을 설치하여 재해를 예방하는 구조적 방어인 경우는 개별법에 따라 시행이 가능할 수도 있지만 태풍·해일을 사전에 예보하고 예상 침수도 및 피난지도를 작성하는 고도의 기술적 작업이 필요한 사항과 이에 따른 비상대책을 수립하고 필요시 시행하는 제도적 노력이 필요한 비구조적 방어인 경우는 개별법에 따라 시행하기는 곤란하므로 통합되고 일관된 수행을 위해서도 관련규정의 정비가 필요하다고 하겠다.

제9장
항만과 도시의 상생방안

PORT & CITY

09
항만과 도시의 상생방안

임영태 · 류재영

1. 항만과 도시의 상생 필요성

급변하는 글로벌 경제환경 변화는 세계 교역을 촉진하고 이로 인해 항만을 중심으로 한 물류산업의 빠른 성장을 가져오고 있다. 과거 항만물류산업은 항만을 중심으로 일어나는 단순 하역 및 보관 관련 활동을 지원하는 단순한 형태의 서비스를 제공하였다. 그러나 국제분업 심화에 따른 FTA 체결 확대, 기업 간 글로벌 경쟁 심화, 글로벌 소싱 위주의 생산 등으로 보다 복잡한 항만기능이 요구됨에 따라 항만물류산업 또한 다양한 서비스를 제공하는 형태로 변모 중이다.

항만기능의 확대는 한편으로 항만을 중심으로 한 항만물류시설 및 기업들의 집적을 의미한다. 항만기능의 확대는 항만시설과 기업들에 대한 수요를 파생시키고 이에 따라 항만을 중심으로 항만시설 및 기업들의 변화가 일어난다. 항만기능 변화는 항만배후도시의 중요성을 부각시키고, 이러한 맥락에서 유럽과 아시아 주요국들은 항만과 도시의 통합적 개발차원에서 항만배후단지, 친수공간 개발 (waterfront) 등의 개념을 도입하고 있다. 또한, 이를 반영한 도시계획, 항만계획 및 국토계획을 수립하고 있다.[1]

---

1) 이성우, 『Interaction between ports and cities in Asia』, 서울시립대 박사학위논문, 2005, pp.1~3.

우리나라도 이러한 글로벌 환경 변화에 맞추어 지난 2000년 이래 항만배후단지 개발, 제2종 항만배후단지 개발, 부산 북항 재개발, 항만산업클러스터 등 항만계획과 국토 및 도시계획에 해당 개념을 반영하고자 노력 중이다. 그러나 아직 관련 연구 및 경험 부족으로 본격적인 항만과 도시의 통합적인 개발의 추진이 미흡한 편이다. 이로 인해 관련 국가정책 수립 시 국내의 지식 축적을 통한 정책 방안의 강구보다 해외 사례나 유사 분야에 대한 벤치마킹에 의존 중이다. 최근 전국 무역항의 항만배후단지 개발이나 부산, 인천항의 항만재개발 등 항만과 도시를 연계한 개발들만 보더라도 대부분 해외 사례를 참조하고 있다. 이러한 개발은 도시와 항만의 유기적인 성장과 통합적 개발 관점에서 우리나라의 실정을 반영하지 못하는 문제점을 지니고 있다.[2]

이처럼 항만의 기능 변화가 배후도시에 미치는 영향력이 크므로, 항만과 배후도시는 협력 및 상생의 차원에서 계획을 수립해야 한다. 그러나 현재 우리의 실정은 항만과 도시를 개별 관점에서 보고 계획을 수립하여 개발을 하는 것이 아직까지 일반적이다. 이를 통해 양산된 항만도시의 기형적인 성장구조는 향후 국가 및 지역 차원의 문제를 야기할 가능성이 높다고 하겠다.

오랜 전부터 항만도시에서 항만공간과 도시공간은 상호보완과 충돌을 거치며 성장해 왔다. 항만공간이 성장할 때는 도시공간은 보조자로서의 역할을 해왔고, 반대로 도시공간이 성장할 때는 항만공간이 보조자 역할을 해왔다. 하지만 기술적, 시대적, 사회적 변화에 기인하여 항만공간은 서서히 도시공간의 외곽으로 밀려나고 있는 실정이다. 우리나라는 아직 항만도시에서 항만공간으로부터 도시공간으로의 심각한 전이현상을 경험하고 있지는 않지만 최근 비슷한 형태의 경험을 하고 있다.

---

2) 김춘선, 『항만성장에 따른 인천시 항만물류산업 입지 및 도시공간구조 변화에 관한 연구』, 가천대 박사학위논문, 2012, p.1.

부산, 인천 등 국내 항만도시는 도심 확장과 도시 용지 확보가 항만공간에 의해 많은 장애를 받아 왔다. 항만공간의 폐쇄성, 도심 교통유발, 공공공간 점유, 환경오염, 항만의 중앙정부 관리 등으로 인해 도시계획가들에게 많은 문제로 인식되어 왔다. 반면, 항만은 초기 도시를 발전시켜온 중심 공간으로서 대부분의 항만도시들이 항만을 중심으로 도심이 발달하였고 유기적으로 성장하여 왔으므로 단순히 개별 공간으로 생각하면 안 된다.

따라서 궁극적으로 항만공간과 도시공간은 분리되어야 하는 공간이 아니고 유기적으로 발전해야하는 공간이므로 이에 대해 중앙정부, 지자체, 도시계획가, 항만 전문가 등이 협의하여 상호 공간간의 충돌 해결에 대한 방향을 모색하는 것이 필요하다. 특히, 부산항, 인천항의 경우 2004년부터 지자체 산하에 항만공사가 설립되어 조금씩 중앙정부의 권한이 지자체로 이전되고 있어 더욱 도시 공간 내 항만공간의 활용이나 전이 과정이 많이 일어날 것으로 예상된다. 따라서 이러한 도시공간과 항만공간의 조화로운 통합 발전과 항만재개발 시 적절한 도시공간으로의 편입을 위해 기존 항만지역의 문제점 조명과 함께 이러한 문제점 해결을 위한 정책방향을 제시함으로써 지역주민과 친화적인 항만과 도시의 상생방안을 모색해 나가야 할 것이다.

〈그림 9-1〉 항만과 도시의 연계과정

자료 : 노홍승, 「항만 클러스터 및 관련 항만물류과정에 대한 일반적 시스템 모형 수립에 관한 연구」, 2006.

2. 항만과 도시의 상충 문제

1) 항만정책의 문제점

우리나라 항만계획 전개상 나타나는 항만정책의 문제점을 관리운영 측면과 법제도 측면에서 살펴보자. 먼저 관리운영 측면에서 볼 때 사업 추진의 효율성이 요구되나 항만재개발에 대한 인식 부족으로 인하여 체계적인 개발계획의 수립이 곤란했다는 점이다. 인력 측면에서는 항만재개발 사업에 대한 전문성과 개방성이 요구되나 전문 인력이 부족한 실정이었고, 도시발전에 기여하는 측면보다는 해상운송 발전에 더 기여했다고 평가할 수 있다. 한편 법제도 측면에서 볼 때, 여태까지 항만사업 항만재개발 사업의 범위에 부합되지 못하는 좁은 의미로 사용되고 있어 재개발 사업의 추진에 문제가 되었다고 볼 수 있다. 즉, 항만사업은 실질적인 항만시설 및 지원시설과 그 시설의 개수, 보수, 유지 수준에 머물러 온 것이 사실이다.

2) 항만개발 및 운영상의 문제점

항만개발 및 운영 측면과 주요 항만도시의 문제점을 구분하여 살펴보자. 우선 항만개발과 관련해서는 항만 건설과정과 구조물 등에서 발생하는 폐기물로 인해 수질 악화와 해저 오염 그리고 경관 악화, 해류 및 생태계 변화 등의 환경문제가 발생한다. 또한 수질·대기질·경관 악화, 폐기물 발생, 사회문화적 영향 등으로 인해 선박 통항, 화물 취급 및 연안 산업활동을 저해하게 되어 항만 운영에 미치는 영향 역시 심각해지게 된다. 한편 부산과 인천 같은 주요 항만도시의 경우 1인당 지역내총생산(GRDP) 또한 전국 평균보다 저조한 것으로 나타나 과거보다 항만도시의 지역경제 기여도가 약화되고 있다. 부산시와 인천시의 지역내 총생산의 경우 전국 16개 시·도 가운데 부산이 13위, 인천이 9위를 차지하고 있음이 이를 반증하고 있는 셈이다.

〈표 9-1〉 부산시·인천시 지역내 총생산(GRDP)

전국		부산시				인천시			
GDP (10억원)	인당 GDP (만원)	GRDP		인당 GRDP		GRDP		인당 GRDP	
		10억원	비중(%)	만원	순위 (16개 시도)	10억원	비중(%)	만원	순위 (16개 시도)
888,818	20,287	51,169	5.6	14,944	13	44,017	4.8	18,286	9

자료 : 통계청, 『통계연보』, 2007, 경상가격 기준

그 밖에 항만 인프라의 문제점도 있는데, 디자인 측면에서 살펴볼 때 다음 3가지로 정리할 수 있다. 첫째는 중심 시가지와 수변공간과의 연계성 부족으로 도시민의 활동이 집중되는 도심 지역과 수변공간과의 연계성이 부족하다는 점이다. 둘째는 해상운송의 중점으로 수변의 어메니티보다는 수변공간을 버려진 상태로 방치하고 있다는 점이다. 그리고 세 번째는 디자인이 고려되지 않은 수변공간 기반시설 사업이 진행되고 있다는 점을 꼽을 수 있다.

3) 환경저해의 문제점

항만과 배후도시는 상호 선순환 및 악순환 효과를 동시에 가지면서 성장해 오고 있다. 항만과 도시가 어느 수준까지 성장하면서 선

순환 효과보다 악순환 효과가 더욱 부각된다. 항만의 물류기능은 배후도시 거주민들에게 소음, 대기 오염, 교통 체증, 바다로의 접근성 방해 등 많은 문제를 발생시킨다. 반면 도시의 성장은 항만물류의 원활한 처리 방해, 항만공간의 확장 방해, 각종 민원 등으로 상호 충돌을 야기하게 된다.

특히 항만과 도시정책 당국이 분리되어 있는 국가들의 경우 항만계획과 도시계획이 별도로 수립되다 보니 상호 특성을 전혀 고려하지 않은 계획으로 많은 문제를 야기한다. 우리나라 부산과 인천의 경우 항만구역 인접 지역에 도시계획 당국에서 아파트 허가를 내주어 지속적인 민원 야기 소지를 발생시키고, 항만의 확장을 방해한 사례가 빈번했다. 항만의 경우 배후도시 지역의 특성을 고려하지 않고 양곡, 석탄 등 오염 발생이 가능한 부두시설을 건설하여 배후도시의 환경을 저하시키는 경우도 빈번했다. 이러한 이유로 인해 항만의 도시공간 내 이전 압력이 높아지게 되고 결국 도시 바깥 공간에 대규모 신항만 건설을 하게 되는 형태가 지속되고 있는 것이다.

〈그림 9-2〉 항만과 도시공간의 환경저해

자료 : 이범현, 「도시적 맥락을 활용한 항만정책의 발전전략과 과제」, 국토부와 국토연구원 항만-도시 연찬회 발표자료, 2012. 7, p.17.

(1) 인천항의 환경오염 문제

인천항은 갑문 내의 내항과 갑문 밖의 외항으로 구성되며, 외항은 위치와 기능에 따라 남항, 북항, 연안부두 및 석탄부두로 구분되어 있다. 남항과 북항은 유류, 액체가스, 석탄, 모래 등을 취급하며, 연안부두는 중국을 오가는 국제여객선터미널과 서해 도서를 잇는 여객선 접안시설 및 어선기지로 활용되고 있다.

내항은 8개의 수출입 화물부두를 운영하고 있으며, 내항의 주요 현안은 공해성 화물처리로 인한 환경문제와 도시기능의 저해, 화물 혼재 처리로 인한 항만운영이 저하되고, 배후 도심 통과로 인해 교통체증이 증가, 갑문통과로 체선·체화 현상이 주요 문제점으로 지적되고 있다.

북항은 유류, 원목 등 배후의 산업단지에서 필요한 원자재들을 들여오는 산업항으로 선석을 증대하는 개발이 완료되었는데, 향후 내항에서 처리되고 있는 원목, 고철, 사료용 부원료 등 산업 원자재 화물을 취급하는 항으로 공해성 화물의 대부분을 북항으로 이전하게 됨에 따라 도시 대기 환경문제가 심각해 질 것으로 예상된다.

남항은 중소형 선박의 이용시설로서 남항 연안화물선과 바지선 등 등 중소형 화물이 접안하여 화물처리를 하고 있으며, 현재 7선석의 컨테이너 부두, 13선석의 모래 부두 및 1선석의 잡화 부두로 구성되어 있다.

특히 환경문제로 심각한 석탄 부두는 하역 및 운송 과정에서 발생하는 분진으로 인하여 지속적인 민원이 제기되고 있는 항으로서 높이 17m, 길이 약 1km에 달하는 석탄분진 차단 방진망 설치 및 살수를 하고 있지만 석탄은 살수된 물기를 오래 머금지 않고 증발시키므로 2중 3중 방진망 설치를 골자로 분진 차단시설 정비 계획을 수립하여 정비중이나 쉽사리 민원이 줄어들지 않고 있는 실정이다.

인천항 대기오염의 주요인은 정박 중인 선박의 엔진 가동과 사료 부원료, 석탄 등 분진 발생 화물의 취급 과정(하역, 보관, 운반 등)

에서 발생하는 것으로 알려져 있다. 선박의 경우 매년 인천항에 대략 2만 척이 입항하며 대형선박 증가로 5천 톤 이상 대형 선박 1척이 하루에 소비하는 경유의 양은 5톤가량으로 대형버스 70대에 해당한다. 현재 선박은 황함유량이 4%인데 반해, 내륙지방 사용 연료의 황함유량은 0.2%이고, 자동차의 경우 0.003%로 고농도 황함유 선박에 대한 대책 마련이 시급함을 알 수 있다.

또한 인천항에서는 고철 하역 시 발생되는 분진 비산 억제를 위해 방진망 및 집전 시설, 살수차, 세륜 시설 등을 설치하여 운영은 하고 있지만, 하역 시 발생하는 비산 먼지 문제를 완전히 해결하지 못하고 있는 실정이다. 사료부원료의 경우도 소규모 수입에 따른 부원료 혼합 방지를 위한 부분적 야적이 불가피하여, 일부 창고의 여유 공간을 적극적으로 활용하지 못하는 등 야적량이 증가되는 악순환이 반복되고 있는 실정이다.

(2) 부산항의 교통체증 및 도로 파손 문제

부산항 신항의 경우 거가대교 개통과 경제자유구역 및 국제산업물류도시 개발 등으로 인한 유발 교통량 증가로 일반차량 통행률이 80%를 차지함으로써 교통체증으로 인한 신항 물동량 처리에 문제가 발생하고 있다. 특히 주요 교차로에서의 교통체증으로 인해 교통흐름이 방해 받고 있는데, '창원~생곡동' 지방도가 개통(2013.12)되면 세산삼거리의 교통체증이 심화될 것으로 예상된다. 또한 '거가대교 접속부~녹산산단 현대삼호중공업' 간 약 1.5km에 약 250m 간격으로 6개 교차로가 위치하여 교통 소통에 지장을 초래하게 되는 등 교통 체계에 따른 문제를 발생시키고 있다. 한편 도로 특성상 컨테이너 차량 등 중량 화물 차량 비율이 평일의 경우 일반도로 8.9%보다 평균 3배(12.0~33.0%)까지 높고, 주말의 경우에도 3.0%~11.0% 까지 중량 화물 차량 비율이 높아 전반적으로 통행량에 비해 교통지체가 증가하고 있는 실정이다.

또한 무거운 소재의 트레일러가 차량 하중에 더해져 도로 파손에도 영향을 미치고 있으며, 부산북항과 부산항 신항 간 컨테이너 차량의 셔틀 수송으로 인한 도시 내 도로 파손은 심각한 수준에 도달하고 있다.

3. 항만과 배후도시의 상생가능성과 성공사례

1) 항만과 도시의 상생 가능성

이러한 항만과 도시의 성장 과정에서 두 공간의 충돌이 빈번하게 발생하지만 유럽 지역과 아시아 지역에 새로운 형태의 항만도시 성장 형태가 존재한다. 독일과 영국, 그리고 일본의 주요 도시에서는 항만과 도시가 공생하면서 지속적인 성장을 추구하고 있다.

독일 함부르크항이 있는 하펜시티의 경우 항만과 도시가 연계되어 있으며, 물류산업을 국가 중요 산업으로 육성하면서 해당 물류산업과 연계된 금융, 보험, 업무, 상업 기능들을 공간·기능적으로 연결한 클러스터로 도시 개발을 주도하고 있다. 또한 일본 요코하마시의 경우에도 대도시 내에 항만이 존재하고 항만을 생활공간으로 받아들여 항만과 주거공간, 항만과 상업공간, 항만과 위락공간을 도시계획 관점에서 잘 혼합하여 도시민들의 생활 활력소로 활용하고 있다.

결론적으로 항만과 도시를 분리만 시킬 것이 아니라 계획 단계부터 두 공간의 특성을 철저하게 분석하고 연계하여 상호 시너지가 가능한 통합적 공간으로 발전시킬 수 있는 가능성이 존재하고 있다. 특히 우리나라와 같이 국토가 작은 도시의 경우 지속가능한 개발을 위해서는 기존 항만공간의 고도화와 배후도시와의 연계를 통한 발전방향 설정이 국토 및 도시개발 부분에서 상당히 중요하다. 이를 위해서는 우리나라 여건에 맞는 항만과 도시의 통합적 개발 전략 마련이 필요하다.

2) 독일 하펜시티 사례

독일 함부르크항은 유럽에서 두 번째로 컨테이너 물동량을 많이 처리하는 중요한 항만이다. 1800년대부터 산업항 역할에서 1980년 이후부터 상업항 역할을 수행하고 있으며, 항만과 물류산업이 도시 경제의 10% 이상을 차지하고 있는 항만도시라고 할 수 있다.

함부르크시 당국은 이러한 항만의 중요성과 도시기능의 중요성을 동시에 고려하여 과거 항만 지역인 하펜시티에 대규모 워터프론트 개발을 통해 도심의 부족한 도시 기능 용지를 확보하고, 항만과의 연계성 강화를 통해 항만비즈니스의 활성화도 동시에 도모하고 있다.

함부르크항이 있는 하펜시티 지역은 공원 및 공공 공간 계획을 수립함에 있어서 오픈스페이스는 도시의 정체성을 부여하기 위해서 다양한 공간 유형으로 조성하고, 공공공간은 강변과 항구 지역으로 쉽게 접근할 수 있도록 조성하였는데 수변을 중심으로 양쪽에 몰, 테라스, 카페, 상가 등이 구성되도록 하였다.

함부르크시와 함부르크 항만 당국은 항만과 도시 상생의 중요성

<그림 9-3> 독일 함부르크(하펜시티) 지역

종전의 상업용 건물과 수로   신축된 주거문화 시설과 레저용 보트
자료 : 조남건, 「미래지향적 통합 인프라 개발 방향」, 2012. 12, p.37.

을 인지함과 동시에 항만과 도시 기능이 상존할 때 발생하는 문제 해결을 위해 많은 노력을 기울이고 있다. 먼저 항만과 도시 기능이 공존하기 위해 발생 가능한 충돌의 여지를 5년마다 제정하는 항만개발기본계획에 포함시켜 항만과 도시 기능의 상충을 방지하고자 노력을 하고 있다. 예를 들면 하펜도시 친수공간에 거주하는 주민과 항만에 기항하는 선박 간의 충돌 방지를 위해 법상에 소음제한시간(22:00~06:00, 55~63데시벨 이하) 설정, 대기오염 방지를 위한 선박의 육상전기 이용 명령 등이 있다. 반대로 항만의 물류 연계 기능을 강화하기 위해 도심을 통과하는 물류 시설을 여러 개 축으로 설정하여 축을 따라 항만, 물류 시설, 항만비즈니스 시설 등이 입지할 수 있도록 도시계획적인 배려를 하고 있다. 또한 하펜시티에 정박하는 크루즈선의 여행객과 도시와의 접촉을 강화하기 위해 항만과 도시의 연결 축에 다양한 집객 기능을 추가하여 항만 기능의 강화와 지역경제 활성화를 동시에 확보하고자 공동 노력을 기울이고 있다. 함부르크시와 항만 당국이 이러한 노력을 하는 것은 항만의 역사성 그리고 경제적 기여도가 도시에 미치는 영향이 너무 크고, 항만을 도시민이 동시에 이용할 수 있는 즐거운 공간으로 만들고자 하는 도시민의 요구도 높기 때문이다.

따라서 함부르크시는 하펜시티와 같은 도시 중심의 공간 개발에 항만을 배려하고, 상호 상충 가능한 요소를 배제하는 노력을 항만계획과 도시계획에 동시에 수행하고 있다. 또한 함부르크의 항만 확대 사업에 있어서도 항만 기능을 중심으로 도시 기능을 배려하는 다양한 조치를 통해 상생방안을 강구하고 있다.[3]

3) 영국 런던 도크랜드 사례

영국 런던 도크랜드는 2,200ha 규모의 면적에 초기 대규모 교통인프라를 투자하여 레저와 주거지 개발(Wapping), 생태공원, 쇼핑지구(Surry Docks), 금융센터와 업무상업(Canary Wharf), 국제공항과 컨벤션센터(Royal Docks) 등을 개발한 항만 도시재생의 성공적인 롤모델(role model) 지역이라 정평이 나있다. 영국 런던의 도크랜드 지역은 쇠퇴 지역에 대한 문제 해결식 처방이 아니라 도시 전체의 전략적인(strategic) 계획하에서 공공과 민간의 파트너십(partnership)을 전제로 경제·사회·환경적 상태를 지속적으로 개선하는 통합적(integrated) 접근 방식을 취하고 있다. 이는 1980년대의 산업구조로 인한 경기 침체와 도심 쇠퇴에 대응하는 접근 방식과는 다른 통합적 접근과 지속가능성을 강조하면서 기존의 문제해결식 처방의 한계를 극복하고자 하였다.

이처럼 영국의 항만도시 재생 정책의 전개 과정 또한 시대흐름과 정권 성향에 따라 달리 나타나게 되는데, 즉 1980년대는 중앙정부 주도로 민간투자 유치에 주력하면서 부동산 개발을 추진해 나가면서 대형 프로젝트 위주로 물리적 재생 중심의 문제 해결식 처방책을

---

3) OECD, 『The competitiveness of Global Port-Cities : The Case of Hamburg』, 2012.

내 놓았다. 반면에 1990년대는 1980년대와 달리 광역도시권과 지방정부 주도로 다양한 보조금의 통합 지원과 지역사회 이해관계자들의 참여와 협력을 중시하면서 경제·사회·물리적 환경의 지속적인 재생을 주창하게 된 것이다.

〈그림 9-4〉 영국 도크랜드 개발

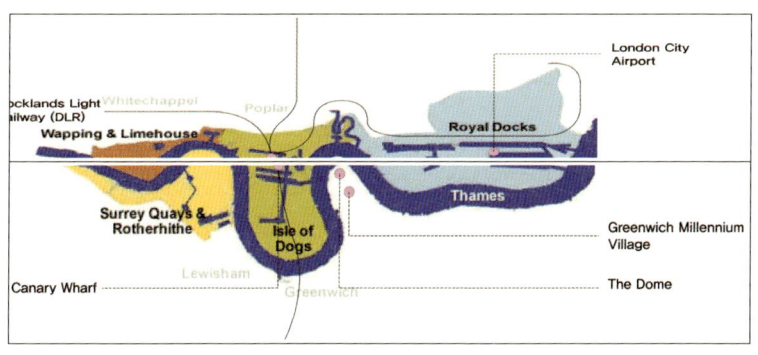

자료 : 양재섭, 「영국·일본의 도시재생정책 추진동향과 과제」, 국토연구원 발표자료, 2013. 3. p.26.

영국 항만도시 재생 정책의 대표적인 예로서 런던 도크랜드 개발은 인구, 사업체, 고용, 신규주택, 공공투자 면에서 상당한 성과를 거둔 것으로 평가되고 있다. 즉, 인구는 도크랜드 개발 전(1981년) 39,400명에서 개발 후(1998년) 83,000명으로 2배 이상, 사업체수 또한 1,021개 업체에서 2,690개 업체로 2배 이상 증가하였다. 또한 고용자 수가 27,200명에서 85,000명으로 3배가량 증가하였으며, 신규주택 24,042호 공급과 공공투자가 18억 6천 파운드 투입되었다. 이러한 성과는 4개의 추진기구와 지역밀착형 코디네이터 역할을 한 도시재생회사 그리고 4개의 지원 제도 덕분에 가능한 것으로 풀이된다. 좀 더 구체적으로 살펴보자면, 먼저 추진기구는 민간 활력을 통한 쇠퇴 지역의 경제 재생을 위해 도시개발공사(UDC)를 설립(1981~1998)하였을 뿐 아니라 광역 차원의 지역재생 추진기구(1999~2012)로서 지역개발사업 추진의 구심체 역할을 하는 지역개발청(Regional Development Agencies)을 설립하였다. 또한 중앙정부 차원의 항만도시 재생 추진기구(1994~2008)인 잉글리시 파트너십(English Partnership)과 지방정부 차원의 도시재생 추진기구인(1999년)인 도시재생회사(Urban Regeneration Companies)를 설립하여 전략적 도시재생계획(10년~15년) 수립 및 프로젝트별 계획을 입안하였다.

〈그림 9-5〉 영국 런던 도크랜드 개발 전후

개발 전(1981년)　　　　　　　　개발 후(1988년)
자료 : 양재섭, 전게서, 2013. 3, p.28.

한편, 지원 제도 역시 도크랜드 개발의 성공적인 성과로 볼 수 있다. 먼저 내부 시가지와 전통산업 쇠퇴 지역에 기업 유치를 위해 도입(1981년)한 엔터프라이즈존(EZ)은 공공의 기반시설 투자로 지주와 개발업자에게 수익을 제공하였다. 또한 지자체가 기획한 도시개발 프로젝트의 사업성을 보조하고 민간투자를 유치한 도시개발보조금(Urban Development Grant) 이외에 쇠퇴 지역 재생을 위한 포괄적 지원제도인 시티챌린지(City Challenge)가 있었는데, 특히 시티챌린지는 경쟁 방식을 도입하고 있었다. 즉, 지자체가 중앙정부에 제안서류를 제출한 뒤 심사를 거쳐 선정이 되도록 하고 있으며, 지자체와 민간 그리고 NPO 등 파트너십 구성을 의무화하여, 지역재생 정책에서 공공의 재정지원 방식을 전환한 계기가 되었음을 주지할 필요가 있다.

세 번째 지원제도로서 통합재생예산(SBR, 1994~2002년)은 항만도시재생 관련 5개 부처의 20여개 보조금을 통합 운영하여 물리적 환경개선뿐만 아니라 교육, 고용, 경제 활성화, 커뮤니티 안전 등에 대해 지원하는 포괄보조금의 성격을 갖고 있었다. 2003년 이후 통합재생예산(SBR) 외에 각 부처별 보조금을 재통합(SB)하였다.

네 번째 지원제도로서 커뮤니티 뉴딜기금과 근린지구 재생기금이 있는데, 커뮤니티 뉴딜기금(New Deal for Communities, 1998~2011)은 빈곤문제 해결을 위한 NDCs 사업 지원제도이며, 근린지구 재생기금(Neighborhood Renewal Fund, 2011)은 낙후된 커뮤니티의 빈곤, 범죄, 의료, 교육문제를 개선하기 위한 지원제도를 말한다.

이처럼 영국의 항만도시 재생 추진체계는 아래 〈그림 9-6〉과 같이 중앙정부 차원의 지원제도와 잉글리시 파트너십(EP)과 지역개발청(RDA) 그리고 도시재생회사(URC)로 이루어진 추진기구와 민간, 지역 주민, 그리고 지방자치체가 상호 피드백 하는 형태를 가지면서 추진되고 있음을 주지할 필요가 있다.

〈그림 9-6〉 영국 런던 도크랜드의 항만도시재생 추진체계

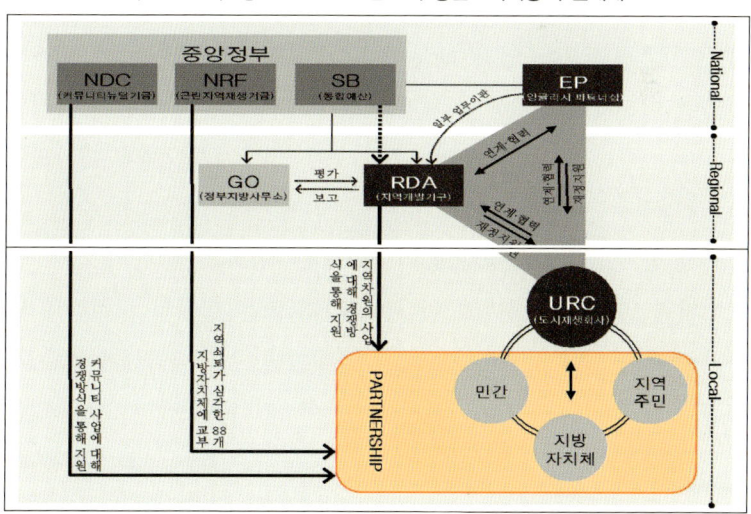

자료 : 양재섭, 전게서, 2013. 3, p.43.

4) 일본 요코하마 미나토미라이 21 사례

일본 요코하마시 중심부 해안에 위치한 미나토미라이 21은 도시 중심 지역의 쇠퇴 및 공동화로 재개발 필요성이 대두되어 1983년 재개발에 착수하였다. 미나토미라이 21은 요코하마 주변 지역의 매립계획, 토지구획 정비와 항만시설 개발 등을 모두 지자체가 담당하게 한 요코하마의 부도심 계획으로서, 항만 주변에 조선소를 철거하고 주변에 산재한 물류업체를 모두 요코하마 국제유통센터로 이전함으로써 항만과 도시를 연계시킨 아시아의 성공적인 항만도시 재생 정책사례로 볼 수 있다.

미나토미라이 21 재생 사업의 기본 방향은 국제문화도시, 물과 녹지의 환경도시, 정보도시로 신도심을 창출하는 것이며, 주요 사업 내용은 186만㎡(약 56만 3천 평)의 총 부지 면적에 업무 상업시설, 미술관, 국제회의장 등 공익 문화시설과 도심주택 등으로 개발하였다.

요코하마가 항만과 도시 기능 모두에 균형 있는 정책을 시행할 수 있었던 배경에는 일본의 항만 관리가 우리나라와 다르게 지방자치단체에 위임되어 있기 때문이다. 즉, 일본은 항만법이 제정된 1950년 이전에는 국유·영 체제로 운영되었으나, 항만법이 제정된 이후에는 항만의 개발, 관리, 운영 모두 지방자치단체에 이관되었고, 중앙정부는 항만 개발과 유지·관리에 대한 기본정책 수립, 지자체의 장기개발계획 평가 등의 역할만 수행하고 있다.

이처럼 일본 요코하마의 미나토미라이 21은 항만과 도시간의 일관된 정책 집행이 가져온 성공적인 사례이며, 우리나라에게 많은 시사점을 제공한다 하겠다. 무엇보다도 이 '미니토미라이 21' 사업은 그 명칭이 1981년 시민의 공모로 선정되었다고 하며, 그 실행은 제3섹터 방식으로 형성된 '(주)요코하마 미나토미라이 21'가 담당하였다. 사업지역 내 토지 권리자와 제3섹터 법인, 그리고 우수한 도시 공간 창출을 위한 미나토미라이 21 간 도시 기본협정이 체결되었다. 그 결과 요코하마는 다른 인근 도시들보다 뛰어난 경관과 쾌적성을 누리게 되었다.

〈그림 9-7〉 일본 요코하마 미나토미라이 21 전경

자료 : 김철흥, 「항만재개발 정책의 현황과 발전과제」, 국토부와 국토연구원과의 항만-도시 연찬회 발표자료, 2012. 7, p.13.

4. 항만과 도시의 상생방안

1) 도시적 맥락주의[4]에 입각한 통합개발

항만과 배후도시의 통합 개발은 맥락주의에 입각하여 추진되어야 한다. 항만과 배후도시의 통합적 개발은 항만이 가지고 있는 특성, 성장 과정, 개발 내용 그리고 도시가 가지고 있는 특성, 성장 과정, 개발 내용 등을 제대로 이해한 맥락을 구축하고 추진되어야 한다. 한 예로 항만도시 재생에 대한 접근 방법은 지향지 중심의 항만환경 변화에 대한 추가적인 검토 사항과 함께 해당 도시가 가지는 특성과 개발과 같은 맥락에서의 접근이 필요하다.

이러한 맥락주의적 통합 과정은 단순히 개발 결과물에 목적을 두는 것이 아니라 해당 항만과 배후도시를 제대로 이해하고 같은 맥락적인 요소를 도출한 후 항만도시 재생을 해야 한다는 뜻이다. 결과물 위주의 접근 방법은 빠른 개발과 성과를 위해서는 적절한 접근 방법이지만 장기적 관점에서 해당 공간의 지속가능한 개발과 지역성·연계성을 위해서는 적절한 방법이 아니고 큰 실기를 범할 수 있다.[5] 특히 우리나라 항만도시들의 경우 항만의 규모와 특성, 도시의 규모와 특성에 따라 다양한 형태의 항만과 도시의 통합개발이 예상된다. 부산과 같은 대형 항만기능과 대도시가 입지한 형태의 통합

---

4) 맥락주의(contextualism)는 보편적이고 표준화된 국제주의 아래 지역의 조건과 역사적 맥락을 무시하는 모더니즘을 비판하면서 탄생한 포스트모더니즘의 한 개념으로 몰역사, 몰상황적 접근 방식을 비판하고 지역적, 역사적 맥락(context)과 자연환경적 특성을 강조하는 개념임. 이러한 배경에서 지방성(locality)의 강조는 포스트모더니즘의 중요한 특징으로 부상하는데, 이는 지방의 전통적 건축양식이나 도시설계 방식을 인용한 도시계획 기법을 통해 구체화되고 있음(Ellin, N., 『Postmodern Urbanism』, Cambridge: Blackwell Publishers, 1996).
5) 이성우, 「맥락주의(contextualism)에 입각한 부산항 항만재개발 사업이 추진되어야」, 『해양수산동향』 Vol.120, 2007. 2.

개발과 군산, 목포, 여수와 같은 중소 항만도시의 개발 형태는 엄연히 다르므로 해당 항만도시의 맥락을 충분히 파악하고 추진해야 한다. 항만은 항만대로, 도시는 도시대로 각기 활로 전략을 수립하고 항만과 도시의 일체적 시스템을 구축하여야 한다.

(1) 도시활로 전략 대안

항만 지역의 공간 보전과 경관 형성 그리고 도시재생을 공간구조 개선을 통해 도시 활성화 전략으로 활용해야 한다. 공간 보전을 위해서는 수변공간 보전과 개발의 조화를 유도하고, 경관 형성을 위해서는 구조물과 경관 계획이 통합된 디자인을 유도토록 한다. 그리고 항만과 연계한 도시재생은 친수 요소를 도입한 활기찬 도시공간을 조성하고, 항만을 고려한 도시 공간구조는 접근성 확보와 공간구조의 개선 전략을 수립하여야 할 것이다.

〈그림 9-8〉 도시와 항만의 일체적 시스템 구축

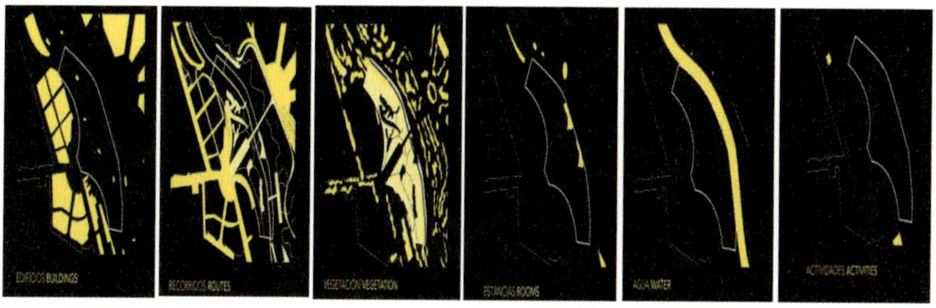

자료 : 이범현, 전게서, 2012.7. p.46.

도시재생과 연계된 사업 추진을 위해서는 인접한 도시공간의 쇠퇴 특성과 재생 유형의 특성에 따라 적용가능한 개별사업법을 적용하면 된다. 다시 말해서 도시재생과 연계된 사업을 도시재생촉진법 및 도정법 적용형 또는 도시개발법 적용형이나 항만법 복합적용형 등으로 유형별로 사업을 추진하면 된다.

도시와 항만의 일체적 제도 정비를 위해서는 적용가능한 관련 사업을 마련하기 위한 초기 단계의 항만공간 기본 구상과 시행 단계의 기본 계획이 기존 계획과 연계될 수 있는 시스템을 구축해야 한다. 좀 더 자세하게 살펴보면 우선 초기 단계의 항만공간 재생 기본구상에서는 비전과 전략 및 가이드라인을 제시하고, 유형별로 수변도시 계획모델 제시와 다양한 실천 전략 제시와 시범사업 등을 지원해야 한다. 그리고 시행단계인 항만공간 재생 기본계획에서는 지자체와 지역 주민 참여에 의한 도시토지이용계획과 경관디자인계획을 수립하여야 한다. 여기서는 지역별로 특화된 도시 발전 전략과 항만도시 구축 계획을 마련하고, 워터프론트 등 항만공간 계획과 SOC 시설 등 효율적인 재편 계획 시스템을 구축하여야 한다.

아울러 도시적 맥락을 활용한 항만정책의 향후 과제로서는 다음과 같이 3가지로 정리할 수 있다. 첫째, 도시재생 전략으로 항만계

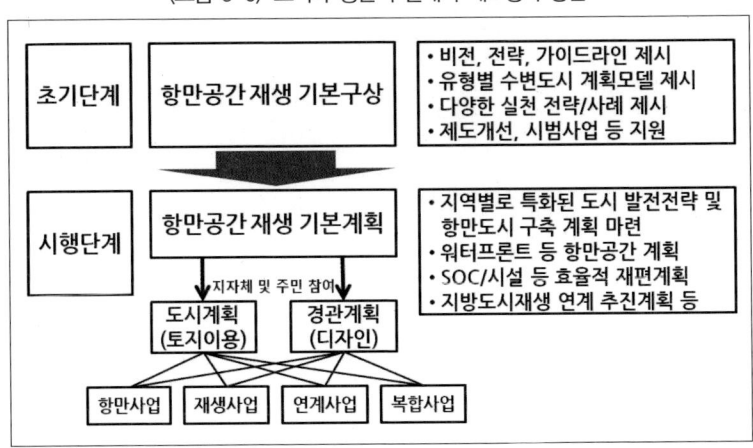

〈그림 9-9〉 도시와 항만의 일체적 제도정비 방안

자료: 이범현, 전게서, 2012. 7, p.48.

획을 구체화할 필요가 있다. 이를 위해서는 인접 도시공간과의 연계성 확보와 도심재생 활성화 전략을 연계하여야 할 것이다. 둘째, 도시계획 및 설계요소를 고려한 항만 계획 시범 테스트베드를 운영할 필요가 있다. 이를 위해 지자체 및 주민 참여 시범사업의 선정과 테스트베드 사업의 진행 방법 마련이 되어야 할 것이다. 끝으로는 항만계획의 제도를 정비하고 세부적인 가이드라인을 마련하는 등 제도개선 방안을 마련하여야 할 것이다.

(2) 항만활로 전략 대안

항만의 물류환경은 컨테이너화의 지속, 공급사슬관리(SCM) 도입, 정보집약적 서비스, 선박의 대형화, 항만 내외부 경쟁의 심화 등으로 크게 변화하고 있다. 항만도시는 경제환경과 생태환경 측면에서 많은 변화를 겪고 있는데 우선 항만도시의 경제적 환경 변화를 살펴볼 때 항만도시는 물동량의 증가와 지식기반서비스의 중요성이 더해 감에 따라 항만노동이 감소되고, 배후지 항만 관련 산업의 구조조정 필요성 증대와 해운에 대한 의존도 등이 감소되고 있다. 한편 항만도시의 생태환경 변화를 살펴볼 때, 환경보존 및 친수활동 선호도가 증대되고, 도시 미관에 대한 중요성이 증대되고 있다. 또한 연안 접근성 확보 필요성 증대와 항만 운영으로 인한 환경오염을 최소화하기 위해 항만 확충 및 입지상의 제약 등이 가해지고 있다. 따라서 우리나라 항만과 도시의 상생발전을 위해서는 항만의 지역경제에 대한 선도 기능 강화와 주민 삶의 질 향상을 위한 지속가능 발전을 항만 활성화 전략 대안으로 제시할 수 있다. 먼저 항만의 지역경제에 대한 리더십 강화를 위한 전략으로는 부가가치물류의 개발, 부가적 비즈니스의 확충, 환적 및 통관 업무 강화, 항만 클러스터 구축 등이 전략적 대안이 될 수 있다. 그리고 주민 삶의 질 향상을 고려한 항만의 지속가능 발전을 위한 전략으로는 저탄소 항만 운영, 연안환경 개선 및 수변활동 보장, 그리고 경우에 따라서는 항만의 도시 외곽 재배치 등이 전략적 대안이 될 수 있겠다.

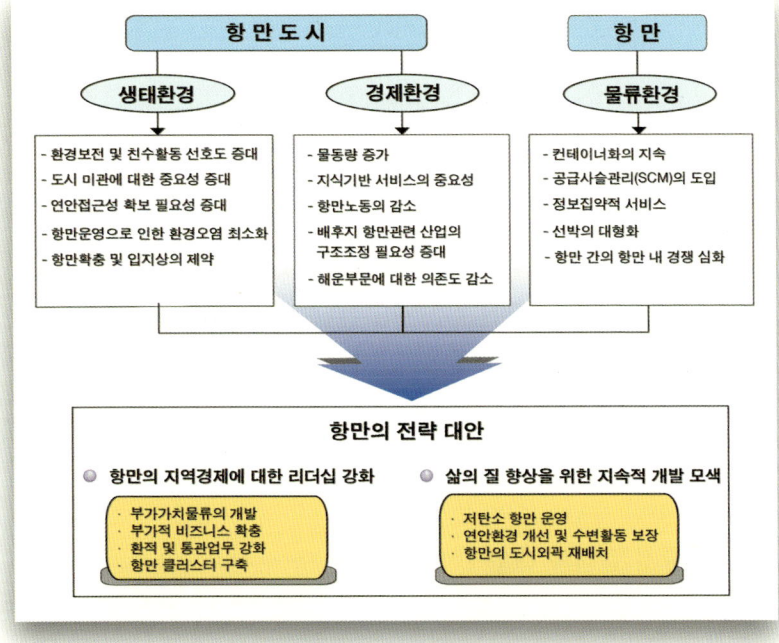

〈그림 9-10〉 항만과 도시의 상생발전을 위한 항만활로 전략대안

자료: 임영태, 「항만과 도시의 상생발전을 위한 항만활로 전략대안」, 국토정책브리프, 2009. 12, p.6.

2) 항만클러스터를 통한 통합개발

항만과 배후도시의 연계 가능한 기능을 도출하여 상호 교집합 기능을 집적화시키는 형태로 통합 개발이 필요하다. 우선 항만배후단지를 중심으로 항만클러스터화를 이루어야 한다. 항만클러스터는 항만환경 변화에 따라 항만물류 분야의 경쟁력 강화를 위해 기능적, 공간적 집적이 가능한 항만배후단지를 중심으로 규모의 경제 실현, 비용 절감, 정보기능 강화, 교육 및 교류기능 강화 등을 위해 더욱 확대되고 있다. 싱가포르의 경우 아시아 및 글로벌 물류 중심으로 컨테이너 물동량 처리의 상위권을 차지하고 있다. 싱가포르는 물류산업을 국가의 중추산업으로 적극 지원하고 있으며, 항만 내 혹은 항만배후에 (환적)화물을 처리할 수 있는 다양한 물류 시설을 확보하여 효율성을 극대화하고 있다. 항만과 이격된 주롱(Jurong) 산업단지 내에도 대규모의 물류센터를 확보하고 있으며, 이곳에서는 수출입, 환적 화물에 대한 다양한 물류서비스를 제공하고 있다. 물류센터와 산업단지가 공존하고 있어 산업연관효과가 상당히 높으며, 주변 국가들에 필요한 부자재에 대한 적기, 적량 공급이 가능하여 세계 물류중심으로서의 지위를 꾸준하게 유지하고 있는 것이다.

또한 항만의 관광, 위락기능(여객부두, 크루즈부두, 마리나부두 등)과 연계 가능한 도시의 상업, 업무 기능을 동시에 결합할 수 있는 항만관광클러스터 형태의 개발도 함께 활성화시킬 필요가 있다. 현재 추진되고 있는 도심 내 역세권 개발과 유사하게 항만관광클러스터 형태의 개발을 항도권(港都圈) 개발 형태로 프로그램화하여 부산, 인천, 광양, 평택, 포항, 군산, 여수 등 국내 주요 항만도시에 적용할 필요가 있다. 이처럼 항만, 항만배후단지(물류단지), 산업단지, 도심(상업/업무기능)이 긴밀하게 연계되어 항만클러스터의 기능을 더욱 극대화시키고 있다.

항만클러스터가 보다 확대될 경우 항만, 항만배후단지 등 항만과 직접 연결된 기능과 물류단지, 산업단지, 배후도시의 상호 기능적 유사성과 함께 결합할 가능성이 높다. 이러한 점을 고려하여 물류기능과 제조기능, 그리고 도시기능이 연계 가능하도록 항만과 배후도시를 결합한 포트비즈니스밸리(Port Biz Valley)로의 통합개발도 가능할 것이고 나아가서는 포트비즈니스밸리와 포트비즈니스밸리 간을 벨트화 하는 항만도시 네트워크 구축도 가능할 것이다.

〈그림 9-11〉 항만과 배후지역의 단지기능을 연계한 포트비즈밸리 구상도

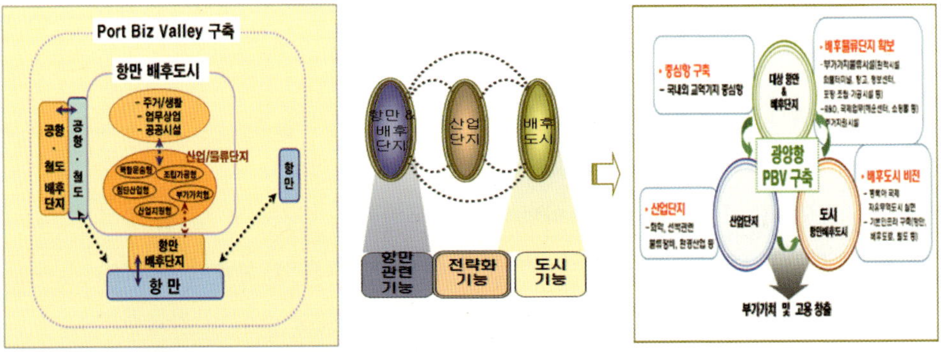

자료: 임영태, 「글로벌 통합물류체계 연결을 위한 Port Biz Valley 구축 방안 연구」, 2009. 12.

3) 복합적 · 생산적인 통합개발

항만은 과거와 달리 다양한 기능을 가지고 성장하고 있으며, 그 기능이 더욱 강화되고 있다. 최근 제2종 항만배후단지 지정 등을 통해 다양한 도시기능을 항만배후단지에 포함시키고자 제도적 개선을 추진하였다. 항만이 복합기능을 수행해 가는 것은 글로벌 주요 지역의 일반적인 현상으로 우리나라 항만도 배후도시와 복합적 연결을 통해 통합 개발이 필요하다. 제2종 항만배후단지의 기능을 좀 더 도시기능과 연계하여 항만과 도시의 완충 공간이자 연결 공간으로 활용하고 해당 공간에 다양한 물류, 유통, 교통, 업무, 상업, 관광, 위

락 기능 등을 도입하여 항만과 도시의 특성을 동시에 가질 수 있는 공간으로 개발할 필요가 있다.

우리나라의 항만도시는 제조업과 서비스업이 집중된 국가 국부창출의 보고인 지역이므로 생산성에 대한 충분한 고려가 필요하다. 최근 항만배후단지를 중심으로 부가가치, 고용 및 물동량 창출이라는 3가지 목표를 두고 적극적인 기업 유치 및 기업 활동을 독려하고 있다. 항만과 배후도시의 기능을 합쳤을 경우 이러한 생산성의 극대화를 충분히 고려하고 추진되어야 한다. 항만이 가지고 있는 서비스적 특성과 배후의 산업단지가 가지고 있는 제조적 특성을 단순히 합친다고 해서 생산성이 올라가는 것이 아니다. 따라서 항만의 서비스적 특성과 배후의 제조적 특성이 합쳐서 시너지 효과를 가져 올 수 있도록 업종별, 지역별, 산업별 특성에 대한 분석을 통한 고생산성 항만도시 토지이용계획 지침과 기업유치 전략 등을 만들어야 할 것이다.

5. 항만도시의 앞으로 나아갈 방향

최근 항만의 운영이 항만을 중심으로 한 공급사슬관리(Global Supply Chain)인 만큼 향후 항만의 성장은 항만배후단지의 역할에 초점이 맞춰져 있다.(Robinson, 2002) 따라서 현재 8대 무역항에만 존재하는 항만배후단지의 개발을 확대하고 기 개발단지도 조기 개발을 추진해 나가야 할 것이다. 다시 말해서 부산항 신항, 광양항, 평택·당진항, 인천항에 존재하고 있는 항만배후단지를 조속히 개발하고 특히 부산항 신항과 인천항 항만배후단지의 개발 규모를 확대해야 할 것이다. 그리고 항만배후단지 운영이 활성화·선진화 된다면 항만의 성장을 촉진할 뿐만 아니라 공간의 효율적인 활용으로 항만과 도시 기능의 충돌을 완화하여 두 기능이 상생하고 연계될 수 있다고 판단된다.

이미 개발된 항만배후단지 내에는 항만과 배후도시 기능을 복합적으로 수용할 수 있도록 지역 특성별로 토지이용계획을 수립하고 아울러 기업유치 전략을 동시에 마련하여야 한다. 그리하여 항만과 도시의 특성을 고려한 다양한 형태의 항만배후단지가 만들어질 수 있도록 제도적, 재정적 지원이 반드시 필요할 것이다. 예를 들어 부산항 신항의 경우 물류, 제조, 관광 기능 등이 동시에 도입이 가능한 종합형으로 개발하고, 인천항의 경우는 물류와 관광 기능 등이 도입될 수 있는 복합형 등 지역의 특성과 항만의 특성을 동시에 고려한 다양화가 필요할 것이다. 주요 항만을 중심으로 항만배후단지에 여객기능, 물류기능 등과 연계한 유통, 상업, 공연·전시기능을 도입하여 항만을 도시민들이 접근하기 용이한 공간으로 만들어 나가야 한다. 이를 위해 항만공간 내 다양한 상업·업무 시설과 함께 집객 기능이 가능한 면세점, 공연공간, 전시공간 등의 새로운 개념 도입도 적극 고려해야 할 것이다.

그리고 항만도시가 상생발전하기 위해서는 항만과 도시의 개발 및 관리·운영주체 간 협력체계 구축과 법제도 개선 방안이 뒤따라야 하며, 다음 몇 가지 사항을 중점적으로 추진해 나가야 할 것이다.

첫째, 친수공간 확보와 개발을 적극 장려해야 한다. 둘째, 친수공간이 조성되면 친수공간으로의 안전하고 쾌적한 접근 통로를 확보해야 한다. 셋째, 항만과 배후도시 사이에 녹색벨트(Green Belt)를 확보할 수 있는 근거 규정을 마련해야 한다. 넷째, 물류교통과 생활교통을 분리시킬 수 있는 정책을 마련해야 한다. 아울러 새로운 형태의 항만도시를 건설해 나가기 위해서는 "(가칭) 항만과 도시연계 발전협의체"를 신설하여 항만과 도시 관련 각종 계획 수립과 공동개발사업 실시 등 다양한 연계 협력을 도모해야 하며, 협의체 구성 시에는 중앙과 지방의 항만전문가 및 도시계획 전문가가 특정 분야에 편중되지 않도록 동수로 구성하고, 시민과 NPO 등의 참여도 함께 유도해야 할 것이다.

　마지막으로 우리나라의 경우 현행 항만 개발 및 관리가 중앙정부가 담당하고 있어 지자체와의 부조화는 계속하여 발생하고 있고, 도시 여건을 고려하지 않은 항만 정책의 추진은 계속해서 도시 내 부작용을 발생시키고 있지만 이에 대한 해결 창구가 중앙정부, 지자체 등 어느 곳에도 존재하지 않고 있어 문제가 심각하다. 따라서 유럽과 아시아의 항만도시 성공사례에서 살펴본 바와 같이 항만과 도시의 일관된 정책 집행을 유도하는 것이 매우 중요하다.

10

제10장
항만도시의 미래

PORT & CITY

10
항만도시의 미래

김춘선 · 김성귀 · 이성우

1. 항만도시의 성장과 변화

본서에서는 항만도시의 역사와 성장, 우리나라 항만도시의 공간 성장에 대한 검토와 함께 산업, 해양관광, 재개발 및 재생, 항만배후단지 및 재난방재 등을 살펴봄으로써 항만도시에 대한 수직적, 수평적인 접근을 실시하였다. 지금까지의 논의 내용을 요약하면 다음과 같다.

지구상의 항만도시는 상업혁명, 산업혁명, 교통혁명 그리고 정보통신혁명으로 이어지는 세계경제 환경 변화의 격랑 속에 항만의 배후지와 지향지를 연결하는 기술적, 기능적, 문화적 공간으로 지금까지 성장과 쇠락을 반복해 왔다. 항만의 성장과 기능 변화는 해당 공간과 기능을 수용하고 있는 항만도시의 성장, 쇠락 그리고 변화를 동시에 야기시켜 왔다. 항만도시의 핵인 항만의 성장으로 배후도시와 성장, 충돌, 분리 등의 과정을 거치면서 항만도시의 흥망성쇠가 같이 진행되고 온 것이다. 항만도시의 성장은 시대별, 지역별, 경제별 항만의 역할에 따라 성장과 변화를 거듭해 오면서 우리들의 경제, 사회, 문화, 기술, 환경적인 측면에서 많은 영향을 미치고 있다.

항만도시는 과거에 그랬던 것처럼 산업, 문화, 관광, 재해, 생태 등 주요 기능적, 환경적 요인과 함께 미래에도 연계, 협력 그리고 경쟁을 통해 성장과 변화를 거듭해 나갈 것이다. 지역별로 시대별로 다르게 성장해 온 항만도시의 변화에 대해 우리 인류가 어떻게 대응하고 발전시켜 나가는가가 관련 당사자들의 큰 과제일 것이다. 이제 최근 대두되고 있는 무역전쟁, 자원전쟁과 연계된 북극항로 상용화, 파나마 운하 확대 등 새로운 해양루트의 변화가 지구상에 있는 많은 항만도시들에게 어떠한 영향을 미칠지가 또 하나의 큰 변수가 될 것으로 보인다. 이러한 측면에서 항만도시는 세계, 국가 그리고 지역적 차원에서 특별히 개발되고 관리되어야 하는 지속가능한 개발의 중요한 대상이다.

우리나라 항만도시는 다른 나라의 경우에 비해 단기간에 성장을 하였다. 이러한 성장을 통해 국가경제에 큰 기여도 하였고 동아시아 나아가 글로벌 시장에서 그 위치를 자리매김한 항만도시도 존재한다. 반면 이러한 성장에도 불구하고 우리나라 항만도시들은 다양한 문제들을 가지고 있다. 이중 가장 큰 문제점은 중앙정부에서 주관하고 있는 항만계획과 지방정부에서 주관하는 도시계획의 연결성 문제이다. 두 번째는 우리나라 항만도시의 지향지(foreland)와 배후지(hinterland) 연결성 부족이다. 세 번째는 글로벌 항만기능의 다양화에 대비하여 항만배후단지 내 화물 창출이 가능한 글로벌 기업들의 부족이다. 마지막으로 글로벌 환경변화에 대응한 항만도시의 발전 전략이 미흡하다.

따라서 이러한 문제점들을 극복해 나가는 것이 우리나라 항만도시의 지속가능한 성장을 위해 필요한 숙제일 것이다. 우리나라 항만도시의 발전은 결국 우리나라가 글로벌 선진국으로 도약하는 지름길이다. 세계 경제를 주도하는 글로벌 항만도시가 우리나라에서도 여러 곳에 생겨서 국가 경제를 이끌고 대상 지역의 도시민들에게 최적의 생활환경을 제공할 수 있도록 우리들 모두의 관심이 필요하다.

세계 도시들은 선박을 통해 다른 산업 도시 및 전 세계 시장에 보다 쉽게 접근할 수 있는 기회를 잡았고, 이 기회를 통해 발달된 항만산업은 항만도시의 번영을 가져왔다. 우리나라의 대표적 항만도시인 부산과 인천의 경우 지역 내 총생산은 꾸준히 증가하여 왔는데 이러한 경제성장의 상당 부분은 항만산업에 기반을 두고 있음을 확인할 수 있다. 항만산업이 항만도시의 부(富)를 창출하는 데 얼마나 큰 역할을 담당해 왔는지를 보여 주는 대표적인 사례이다. 그러나 교통의 발달과 항만시설의 확충으로 기존 항만도시의 경제적 독점력은 점점 약화되고 있으며 급속한 글로벌화의 진전과 산업간 경쟁의 각축, 지속가능한 성장의 패러다임 등장으로 전통 항만산업은 새로운 도전에 맞닥뜨리고 있다.

이제 배후도시와의 연계를 통한 글로벌 기업의 유치와 신산업 발굴은 항만도시가 당연히 담당해야만 하는 역할이며, 그 중요성은 날로 증대되고 있다. 이미 해외에서는 민간 기업을 중심으로 해양바이오, 해양관광업, 해양자원 등을 항만산업의 새로운 분야로 포함하고자 하는 노력이 일고 있다. 아울러 이러한 경향은 우리나라 항만정책의 추진 상에도 서서히 나타나고 있다. 이와 같은 항만산업에 대한 폭넓은 포용과 수용은 새로운 시대에 발맞춘 항만산업의 도전과 또 다른 기회를 의미하며, 동시에 우리가 지향해야할 미래 항만산업의 방향성을 시사한다.

항만과 항만도시가 구분되기 시작하면서부터 항만의 기능이 단순한 화물처리 공간이 아닌 하역, 보관, 유통, 전시, 판매, 가공 등의 서비스가 동시에 이루어지는 종합물류서비스 공간으로 확대되었고, 이에 따라 항만배후단지의 개념이 등장하기 시작하였다. 항만배후단지는 수출입 물류를 지원하는 최전방에 위치하고 있으며 이에 따라 개발도상국뿐 아니라 선진국에서도 외국인 투자유치를 위한 경제특구로 지정되어 한 나라의 경제발전을 이끄는 원동력으로 작용하고 있다.

이러한 항만배후단지의 중요성을 인지하고 우리나라에서도 2000년대 중후반부터 항만배후단지를 조성·운영하고 있다. 그리고 대부분 자유무역지역으로 지정하여 관세 면제 혜택과 함께 저렴한 임대료 등의 인센티브를 부여하고 있다. 여타의 인프라 시설과 달리 항만은 다른 나라와 경쟁한다는 특징이 있으며, 지리적인 입지 이외에 항만의 경쟁력을 좌우하는 중요한 요소는 항만배후단지의 활성화 여부이다. 이에 따라 항만도시의 중심이 항만에서 항만배후단지로 점차 이동하고 있으며, 항만배후단지는 사람과 화물이 모여 활동하는 부가가치 공간으로 성장해갈 것이다. 항만배후단지는 공간적으로는 도시계획의 측면이 강하나 기능적으로는 항만과 밀접하게 연계되어 있는 특수 공간이므로, 한 쪽의 관점에서만 계획, 개발, 관리, 운영되어서는 안 되고 양자의 관점에서 이루어져야 한다.

항만도시에는 교역과 관련한 산업기능만 존재하는 것이 아니라, 역사적인 발전단계를 거치면서 남겨진 문화유산과 수려한 자연자원을 바탕으로 관광기능도 동시에 존재한다. 항만도시의 초기 단계에서는 화물처리가 중심이 되는 경우가 대부분이나, 산업화가 일정 부분 진전되면 산업구조가 3차 서비스 산업 위주로 전환이 되며 이 때 해양레저, 해양관광문화 등의 비중이 높아지면서 크루즈, 요트 등의 활동이 많아지고 친수공간이 늘어나면서 해양축제 등의 활동도 늘어나게 된다. 이와 함께 각종 교류와 전시회, 국제회의 등이 증가하게 되면서 항만도시의 신성장 동력 중 하나로 관광자원이 부각되게 되며 부가가치와 일자리 창출에 커다란 성과를 나타내게 된다.

이탈리아 나폴리항, 호주 시드니항, 홍콩 등이 관광자원을 잘 활용한 항만도시의 대표적인 사례라 할 수 있다. 이들 관광 미항들은 도시 경관이 수려하고 랜드마크가 되는 건축물들이나 역사문화자원을 보유하는 경우가 많다. 이러한 아름다운 경관을 주축으로 연안 크루즈, 국제 크루즈의 주 루트로서 해상 관광업이 발달되어 있고 인근에 마리나 등 해양레저 기반 시설이 완비되어 있으며 집객력이 높은 해수욕장, 국제적인 교류와 이벤트 유치 등 인적 교류의 역할을 잘 수행함으로써 소득 증대와 일자리 창출을 잘 하고 있는 것으로 나타났다. 최근에는 문화적 스토리텔링이 관광의 중요한 요소로 떠오르고 있어 도시 전체의 이미지를 스토리텔링으로 강화시킬 수 있도록 할 필요가 있다. 이를 통해 항만도시는 기존의 물류 및 산업 기능뿐 아니라 새로운 인적흐름과 교류가 이루어지는 미래지향적인 관광문화도시로 재탄생할 수 있게 될 것이다.

항만은 항만도시의 부를 창출하는 근원지였으나 성장 과정에서 환경훼손과 오염을 남겼으며, 오늘날에는 도시 외곽에 새로운 항만을 개발하고 기존 항만은 재개발하여 도시에 의미 있는 친수공간으로 만들고자 하는 움직임이 이루어지고 있다. 항만재개발은 도시재생의 가장 효과적인 수단이라 할 수 있으며, 성공적인 항만재개발은 항만의 브랜드 가치를 상승시키며 도시의 환경을 개선하고 도시경제를 활성화하며 시민들의 집단 자아상을 높일 수 있다. 항만재개발은 지금까지 경쟁관계에 있던 항만산업과 관광산업을 통합하고 공존하게 하는 역할을 한다. 결국 항만재개발은 도시와 항만의 진정한 통합, 그리고 수역과 육역에서 깨끗한 자연환경의 회복에 그 성패가 달려있으며 항만재개발에 의해 조성된 특색 있는 워터프론트는 항만도시의 경쟁력 향상에 결정적인 역할을 할 것이다. 이러한 항만의 모습은 항만재개발에 달려있으며 따라서 항만재개발은 경제적 이익이나 사적인 목적을 달성하기 위한 단기적인 사업이 아니라 도시와 환경을 위한 장기적인 것이어야 한다. 그래야 항만은 지속가능한 도시공간으로 변화되며 이곳에서 도시의 비전과 정체성이 형상화되고 탈산업화된 문화공간이 조성되며 도시재생이 성취된다.

항만의 산업기능과 관광기능이 잘 어우러진 항만도시의 발전을 위해서는 안정성 확보가 필수적이다. 우리나라는 매년 태풍 등 각종 기상 악화로 인한 연안 침수, 항만시설물의 피해 및 유실 그리고 해안 침식에 따른 연안 및 항만재해가 빈번히 발생되고 있으나 지금까지는 피해를 입은 후에 복구 위주의 대안만을 가지고 있었고 국가적 차원의 초동대처만을 급급하게 해왔다고 볼 수 있다. 지금까지의 재해규모가 비교적 작았다고 보면 앞으로의 재해는 환경 변화의 영향으로 더욱 크고 강해질 것이라는 의견이 지배적이다.

반도국 특성상 우리나라는 기후변화에 따른 해수면 및 해양 외력의 변화에 취약하고, 주요 도시 및 산업단지 등이 연안에 인접하여 그 피해가 클 것으로 예상된다. 해수면 상승 외에도 이상기후에 따른 태풍 강도의 증가가 예상됨에 따라 연안 구조물의 피해 및 월파에 의한 침수 가능성이 매우 높다. 또한 미국 허리케인 카트리나 피해양상과 동일본(東日本) 지진해일에 따른 피해 범위를 보면 그 피해규모가 막대하여 현재 계획 중인 방재시설물 스케일로는 충분한 대응책이 될 수 없음을 명확하게 알 수 있다. 따라서 거시적이고 장기적인 관점에서의 기후변화에 따른 방재 시설의 기준 강화(피해저감 기술) 및 연안 침식과 관련한 대응 및 적응 기술 개발이 필요하다. 자연재해와 인재 등의 재난방재를 위해 방재도시계획을 수립하여 연안역과 항만, 항만배후도시를 하나로 묶는 대규모 스케일의 종합적인 방재대책이 수립되어야만 현재 연안지역에 집중적으로 발생하고 있는 각종 재해에 대비할 수 있다.

지금까지의 논의를 통해 우리는 항만의 산업적 기능과 관광기능이 어우러진 조화로운 발전이 항만도시의 미래라는 결론에 이르렀다. 따라서 항만과 항만도시의 미래계획은 협력과 상생의 차원에서 수립되어야 한다. 그러나 현재 우리의 실정은 항만과 도시를 개별 관점에서 보고 계획을 수립하여 개발하고 있어 항만도시가 기형적으로 성장하고 있으며, 이로 인해 관리운영상의 문제뿐 아니라 환경오염 등의 문제를 야기하고 있다. 항만이 가지고 있는 특성, 성장 과정, 개발 내용 그리고 도시가 가지고 있는 특성, 성장 과정, 개발 내용 등을 제대로 이해한 맥락에 따라 항만과 항만도시의 통합개발이 이루어져야 한다. 항만과 도시의 개발 및 관리·운영 주체 간 협력체계 구축과 법제도의 개선이 뒤따라야 하며, 일괄적인 기능 위주의 개발이 아니라 역사와 현재의 문화를 반영한, 개별적인 항만과 항만도시의 개성을 드러내는 방향으로 계획이 수립되어야 한다.

2. 항만도시의 미래상

우리는 본문에서 미래 세상의 중심이 될 항만도시의 여러 가지 현상들을 관련된 다양한 주제들과 접목시켜 과거와 현재를 중심으로 논의하였다. 항만도시는 인류가 누리고 있는 사회, 문화, 정치, 경제, 환경 등의 요소들이 어떻게 바뀌어 가는가에 따라서 만들어져 갈 것이다. 현재 인류가 영위하는 삶의 모습이 미래에 어떤 모습이 되는가에 따라서 항만도시의 미래 모습도 그에 맞추어서 변할 것이고 성장하기도 하고 때로는 쇠락하기도 하는 과정을 거쳐나갈 것이다. 일반적인 항만도시의 미래는 글로벌화, 무역촉진, 지구온난화 등 현재 우리가 경험하고 있는 여러 가지 현상들과 직접적인 상관관계를 가질 것이다.

인류의 미래는 예측 불가능하고 복잡다기하기 때문에 여러 가지 시나리오에 의해 그 가능성을 추측할 수 있을 것이다. 과거의 변화를 토대로 현재의 영향요소를 대입해서 미래가 이렇게 될 것이라고 추정하는 것이다. 항만도시의 미래도 이러한 구조에 의해 여러 가지 시나리오로 전망될 수 있을 것이다. 우선 항만도시의 중심이 되는 항만과 물류시장의 변화에 따라 미래 항만도시가 어떻게 변해갈 것인가를 예견해 볼 수 있을 것이다.

항만도시를 둘러싼 세계의 환경은 현지에 살고 있는 도시민들의 삶의 방식뿐만 아니라 국가 간의 무역패턴 변화, 우리를 둘러싸고 있는 지구환경의 변화, 정치적 이데올로기의 변화, 자원 확보 및 경쟁 등 자원고갈에 따른 생활방식 변화 등 다양한 형태의 변화를 야기할 것이다. 이러한 변화 속에 항만도시의 중심에 있는 항만도 그와 같은 변화의 영향을 받고 영향을 주면서 성장을 할 것으로 보인다. 일부 학자들은 미래 항만은 배후도시 그리고 해당 국가들을 경제, 사회, 문화, 환경적으로 리드해 나가는 중심으로 성장할 것이라 전망하면서 ULTRA 항만[1]이라는 개념을 언급하고 있다. ULTRA 항만은 U(ubiquitous)-port, L(leisure)-port, T(telecommunication)-port, R(recycling)-port, A(amenity)-port의 기능을 통합한 형태를 말한다.

ULTRA 항만을 좀 더 자세히 말하면 U-port는 항만과 배후도시가 유비쿼터스 시스템으로 운영관리되어 고효율의 자동하역 시스템, 지능형 터미널 운영시스템 등 최첨단의 항만기술 및 관리운영시

---

1) Kim, U.S., Lee, S.W. & Yang, C.H., 「Risk analysis of super sized container ship based on trend of cargo growth」, Proceeding of International Conference for the Asian Journal of Shipping and Logistics, 2008. 10. 22.

스템이 적용된 U기반 스마트 항만을 지칭하는 것이다. U-port내 유비쿼터스 기술은 모든 산업, 모든 공간에 적용하고자 많은 노력이 진행되고 있어 미래 항만, 항만배후단지 그리고 배후도시까지 공간 별로 해당 시스템에 의해 운영되고 관리되며, 주체 간 상호 연계되는 시대가 올 것으로 보인다.

L-port란 본문에서 다룬 생활, 관광, 여가 등을 담은 친수공간과 여객부두 등을 지칭하는 개념으로 여객부두처럼 현재의 소극적인 개발과 이용이 아니라 마리나, 크루즈 등을 포함한 레저·여가 항만 개념이다. 사람들의 소득수준이 증가하고 여가와 휴식 등 삶의 질에 대한 욕구가 강해지면서 항만의 기능 중 일부가 이러한 형태로 변화해 갈 것이다. 과거 항만의 주체가 화물이었다면 L-port에서는 사람이 주체가 되는 공간인 것이다. L-port를 중심으로 도시 내 지하철, 철도, 터미널에서 진행되고 있는 역세권 개발처럼 항세권(港勢權) 개발과 같은 신개념의 도시공간이 창출될 수 있을 것이다. 사람들이 이용하는 항만을 중심으로 이용자의 편의를 제공하고 여가, 위락, 상업기능까지 접목시키는 대규모의 항세권 개발이 가능할 것으로 보인다. 미래에는 항만이 화물만을 위한 공간이 아니라 사람과 화물이 공존하는 공간으로 물류, 상류 모두의 중심이 될 가능성이 높다고 할 수 있다.

T-port란 개념은 항만을 화물과 사람이 이동하는 공간에서 더 나아가 정보통신 기능과 비즈니스 기능까지 접목되어 항만이 미래의 중심업무공간으로 발전시켜 나간다는 개념이다. 사실 이러한 개념은 이미 싱가포르, 홍콩, 뉴욕 등 글로벌 주요 항만도시의 항만과 연결되어 있는 비즈니스 타운들이 이미 그러한 역할을 하고 있는 상황이다. 그러나 이 개념은 이러한 비즈니스 타운이 항만과 공간적으로 오버랩이 되면서 하나의 공간으로 융합되어 공간적으로 기능적

으로 일체되고 더욱 집적되는 개념을 지칭한다.

R-port란 환경적 측면에서 내륙 지역의 오염원을 차단하는 역할, 주변 연안의 생태계를 보존하는 역할 그리고 배후도시에서 발생하는 오염물들을 보관, 정화 그리고 재활용까지 가능하게 하는 리사이클링 인큐베이터 역할을 포함하는 항만이다. 이미 유럽의 주요 국가들과 일본 등에서는 항만 주변의 환경적 가치에 대한 철저한 관리뿐만 아니라 항만 조성 시 필요한 시설물들을 활용하여 생활폐기물, 건설폐기물 등을 적절히 처리하고 활용하고 있다. 미래에는 이러한 활용이 보다 본격화될 것으로 보이며 오염 차단 기능, 오염 정화 기능, 기존 환경 보전 기능 그리고 친환경 재활용 에너지 생산 등 항만을 중심으로 다양한 형태의 리사이클링 기능이 활성화될 것으로 보인다.

A-port는 노후항만 정비, 리모델링 그리고 재개발을 통해 항만의 경관, 미적 요소 등을 강화하여 도시공간에서 랜드마크적 기능 및 공원 기능을 동시에 수행할 수 있도록 하자는 개념이다. 이미 유럽, 미국, 일본 등의 주요 항만에서는 신항만 개발이나 구항만 재개발에서 이러한 개념을 도입하여 배후 도시민들의 선호하는 공간으로 만들고 있다. 북미의 일부 항만들은 가든항만(Garden port)이라는 개념도 도입하여 항만을 도시의 정원과 같이 만들기도 하고 일본의 시미즈항은 배후의 후지산 설경과 컨테이너 크레인의 색깔을 일치시켜 여러 마리의 학(鶴)이 후지산에 앉아 있는 듯한 경관을 창출해 놓기도 했다. 이제 항만을 기피의 공간으로 인식하는 것이 아니라 항만도시의 중요한 정원으로 인정하고 가꾸는 형태로 사람들의 인식이 바뀌어 가고 미래에는 그러한 생각의 변화가 더욱 강할 것으로 보인다.

항만도시의 미래는 항만의 변화와 같은 맥락에서 발전해 갈 것으로 보인다. 지구온난화, 글로벌화, 무역 증가, 자원 고갈, 식량전쟁,

자연재해 빈번, 신흥국의 부상, 중국의 자원 독식, 아시아의 부상, 파나마 운하 확장, 북극항로 상용화, 북핵 문제, 해킹 문제 등 너무나 많은 요인들과 문제들이 서로 상호작용을 하면서 항만도시의 미래 모습을 만들어 나갈 것으로 보인다.

　최근 DHL에서 발간한 미래물류보고서[2])에 따르면 미래 세상의 모습을 다섯 가지 시나리오로 구분하였다. 그리고 그 시나리오별 변화에 따라 물류산업이 어떻게 바뀌어 갈 것인가를 전망하였다. 이 미래의 변화 시나리오가 향후 항만도시의 미래상과 같이 맞물려 갈 것으로 보인다. DHL의 시나리오 방향을 기초로 향후 세계 항만도시의 미래상을 다음과 같이 전망해 볼 수 있을 것이다.

　첫 번째 시나리오는 "물질주의가 세계를 주도하고 잦은 자연재해에 직면할 경우"로 물질주의가 대두되고 자유무역 강화, 자연재해 심화, 아시아의 부상, 소득 증대, 소비 증가, 도시혼잡 심화, 환경오염 심화 등이 주요한 현상으로 나타날 것으로 예견했다. 결국 현재의 패턴이 유지되고 세계 무역의 증진으로 항만도시는 그 중심에서 성장을 지속해 가면서 개별 국가들의 경제중심지로 성장해 나갈 것이다. 반면, 이러한 경제성장의 이면에 대두되는 인구과밀, 환경오염, 자연재해 등으로 인해 항만도시는 동시에 심각한 문제에도 직면할 것으로 보인다. 또한 항만도시의 성장을 기존의 북미, 유럽 및 동아시아의 항만도시들이 주도했다면 이 시대에서는 아시아 전체 항만도시와 중남미, 아프리카 등의 항만도시들이 신흥 중심지역으로 부상할 것으로 보인다. 전 세계 경제의 중심지가 항만도시가 되고 그 항만도시의 중심은 아시아 그리고 신흥국으로 점차 이전해 나갈 가능성이 높아 보인다.

---

2) DHL, 『2050 미래 물류보고서』, 2012(Deutsche Post DHL, Delivering Tomorrow, 2012, 대한상공회의소 역).

두 번째 시나리오는 "거대도시가 녹색 성장의 중심이 될 때"로 거대도시가 등장하고 도시를 중심으로 유비쿼터스에 기반한 자동화, 기술, 슈퍼그리드, 로보틱스, 녹색성장, 가상현실, 협력 등의 기술이나 현상을 중심으로 미래의 모습이 바뀔 것으로 보인다. 소수의 거대 항만도시들이 중심 지역으로 부상하고 첨단기술과 접목되어 지속가능한 개발이 되고 도시가 하나의 국가 개념까지 성장할 수도 있으며, 도시물류의 중요성이 부상할 것으로 보인다. 몇 개의 글로벌 허브를 중심으로 세계가 연결되고 효율성, 상호 연관성이 중요시되며 녹색성장과 같은 개념하에 소모적 소비보다는 물품 대여, 재활용 등의 친환경적으로 지속가능한 성장이 예상되는 미래상이다. 본 시나리오는 기술적인 발전과 함께 미래의 정치, 사회, 문화의 의존도가 국가가 아니라 점차 살고 있는 공간인 도시 중심으로 전환된다고 가정했을 때 가능한 것으로 보인다.

세 번째 시나리오는 "개인주의가 팽배하고 3D 인쇄가 제조업과 가정을 지배할 때"로 엄청난 기술혁신으로 모든 제품들이 3D 프린터로 생산되고 전달될 수 있는 시스템이 구축되어 탈물질화, 분산화, 맞춤화, 독특한 생활양식이 가능한 반면 디지털 해적, 해킹, 인터넷 보안 문제 등 창의성에 기반을 둔 고도의 문제들이 대두되는 시대인 것이다. 개인주의가 팽배하고 사람 간 대면(face-to-face)이 아닌 가상공간에서 상호 의사 전달, 물건 전송 등으로 인해 항만도시와 같은 무역, 물류가 흘러가는 공간에 굳이 머물지 않고 자기가 선호하는 특별한 공간에 모두가 분산되어 사는 형태가 예상된다. 이러한 변화는 항만도시의 집중이나 성장에 부정적인 요인이 될 것이고 여가, 레저가 가능하고 환경적으로 우수한 항만도시가 생존해서 제한적인 성장을 하는 경우일 것이다.

네 번째 시나리오는 "세계화가 역전되고 보호주의 장벽이 늘어날 때"로 지금처럼 글로벌화에 기반을 둔 무역이 촉진되고 사람들 간의 교류가 증진되는 것이 아니라 국가주의에 근거하여 상품, 사람들 간의 이동을 제한하는 형태의 미래 변화이다. 대부분의 자원이나 상품은 국가주의에 입각하여 자체 생산 후 활용되고 안보가 정치의 중요 원리가 되면서 경제 위축 등으로 인한 불황이 찾아오고 사회의 고령화, 물류시스템의 후퇴, 국가 간의 빈번한 분쟁 등 1970년대로 회귀한 듯한 형태의 미래상이다. 이러한 사회에서 항만도시는 국가 내 기간산업의 중심지로 역할을 할 것이고 국가 내의 자원분배나 생산품 전달을 위한 공간으로 위축된 항만도시의 기능을 수행할 것으로 예상된다.

다섯 번째 시나리오는 "잦은 자연재난으로 패러다임이 효율성 극대화에서 취약성 완화와 회복력 제고로 변화할 때"로 지구온난화로 인해 지구상에 많은 재해가 발생하는 상황을 전제한 미래의 모습이다. 기후 변화, 자연재해 빈번으로 공급 장애가 자주 발생하고 국가, 지역, 도시의 취약성이 심해지면서 에너지 안보, 공급 안보 등에 관심이 고조될 것으로 보인다. 세계 국가들은 재난 극복을 위해 상호 협력을 할 것으로 예상되며, 항만도시는 이러한 협력의 연결고리에서 중요한 역할을 할 것으로 보인다. 그러나 이러한 항만도시의 역할을 자연재해 리스크로 증대로 인해 위축된 글로벌 경제를 감안할 경우 시나리오 1에서 이야기 했던 항만도시의 역할보다는 다소 작은 형태라고 말할 수 있다.

미래의 항만도시는 기 언급한 것처럼 글로벌 환경변화에 따라 여러 가지 모습으로 나타날 수 있을 것이다. 물론 위의 다섯 가지 시나리오에 포함되지 않는 다른 시나리오가 현실화 될 수도 있을 것이다. 이렇듯 다양한 변화가 예상되고 있으나 항만도시의 본연의 기능은 그대로 유지될 것이고 그 시대마다 중요한 역할을 수행할 것으로 보인다.

〈그림 10-1〉 2050년 미래 시나리오

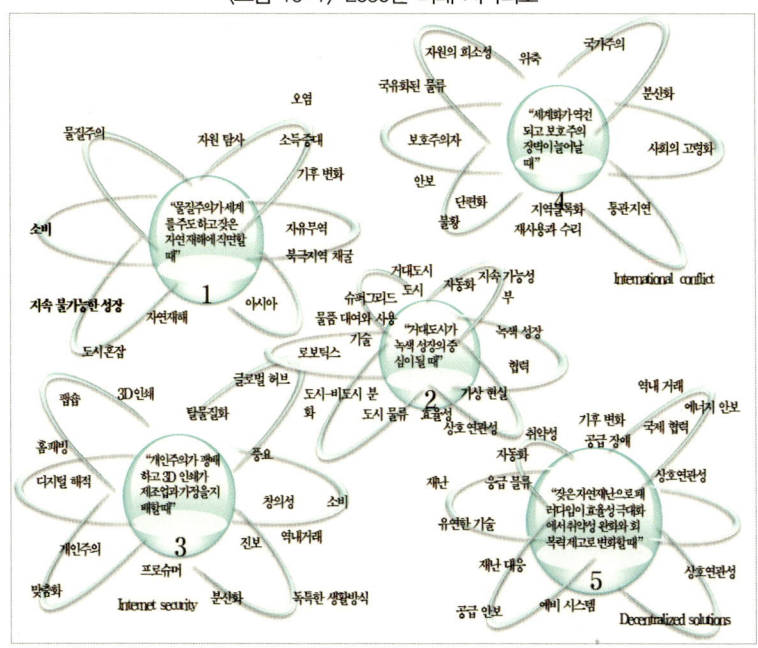

자료: DHL, 『Delivering Tomorrow』, 2012, pp.4~5.

글로벌로 대변되는 지향지와 지역으로 대표되는 배후지를 연결하는 거점으로 항만도시는 양측의 수요와 공급에 따라 그 모습을 달리하면서 지속적으로 존재할 것이다. 외부적으로는 주변 항만도시, 글로벌 항만도시와 경쟁, 협력 관계를 유지해 갈 것이고 내부적으로는 도시기능, 항만기능 그리고 그 외 다른 기능들과 상충, 융합 및 협력을 통해 그 모습을 만들어 갈 것이다.

항만도시의 미래는 결국 그 속에 살아가는 인간들의 역할에 따라 달라질 것이다. 따라서 항만도시를 살고 싶은 공간, 국부 창출 공간, 문화 창출 공간, 안전한 공간 등이 될 수 있도록 모든 사람들의 관심과 역할이 필요하겠다.

참고문헌

[제1장]

〈국내 문헌〉

강영문, 「싱가포르의 물류산업의 발전전략에 관한 연구」, 『관세학회지』 제10권 제3호, 2009, pp.331~354.
김민제·김경배, 「노후항만 재생을 통한 문화도시 거점 만들기 전략 연구-해외사례 고찰과 국내 10개 항에 대한 항만재개발 계획을 중심으로」, 한국도시설계학회 2011년 추계학술대회 발표논문, 2011, pp.497~508.
에드워드 글레이저, 『도시의 승리』, 이진원 옮김, 해냄, 2011.
오동훈, 「문화공간 조성을 활용한 선진 도시재생 성공사례 비교 연구」, 한국도시행정학회, 『도시행정학보』 제23집 제1호, 2010. 3, pp.175~197.

〈국외 문헌〉

Lee, S. W, Song, D. W. & Ducruet, C, 「A Tale of Asia's global hub port cities: The Spatial Evolution of Hong Kong and Singapore」, 『Geoforum』 Vol.39, NO.1, 2008. 1, pp.372~385.

〈인터넷 자료〉

녹색성장위원회(www.greengrowth.go.kr)
United Nations, Department of Economic and Social Affairs, Population Division, Population Estimates and Projections Section, World Urbanization Prospects, 2011(http://esa.un.org/unup/Maps/maps_urban_2011.htm).

[제2장]

〈국내 문헌〉

국토해양부, 「항만배후단지 수요면적 재산정 용역」, 한국해양수산개발원, 2010, p.10.
김춘선, 『항만성장에 따른 인천시 항만물류산업 입지 및 도시공간구조 변화에 관한 연구』, 가천대 박사학위논문, 2012, p.20.
손정목, 「우리나라 해안도시형성과 발전과정」, 최상철 외, 『한국도시개발론』, 일지사, 1981, p.353.
이성우, 『Interaction between Ports and Cities in Asia』, 서울시립대학교 박사학위논문, 2005, p.15.
이성우, 「Global-Local interaction within hub port cities」, 『해운물류연구』 제53권, 한국해운물류학회, 2007, pp.147~148.

〈국외 문헌〉

Airriess, C., 「The Spatial spread of container transport in a developing regional economy」, 『Transportation reviews A』 Vol.23, No.6, North Sumatra, Indonesia, 1989, pp.453~461.

Airriess, C., 「Regional production, information-communication technology, and the developmental state: the rise of Singapore as a global container hub」, 『Geoforum』 Vol.32, 2001, pp.235~254.

Charier, J., 「The Benelux seaport system」, 『Tijdschrift voor Economische en Sociale Geografie』 Vol.87, 1996, pp.310~321.

Dezert, B. and Verlaque, C., 「L'Espace industriel」, 1978, Masson, Paris.

Ducruet, C., 「A Geographical model of the European port city-tools for international comparison」, Ph.D Thesis, Le Havre Univ., 2001, p.31.

Fleming, D. K., 「West-coast container port competition」, 『Maritime Policy and Management』 Vol. 16, No.2, 1989, pp.93~107.

Gleave, M. B., 「Port activities and the spatial structure of cities: the case of Freetown, Sierra Leone」, 『Journal of Transport Geography』 Vol.5, No.4, 1997, pp.257~275.

Hayuth, Y, 「Containerization and the Load Center Concept」, 『Economic Geography』 Vol.57, No.2, 1981, pp.160~176.

Hilling, D., 「The evolution of a port system-the case of Ghana」, 『Geography』 Vol.62, No.2, 1977, p.100.

Hoare, A.G., 「British ports and their export hinterland: a rapidly changing geography」, 『Geografiska Annaler』 Vol.68 B, No.4, 1986, pp.29~40.

Hoyle, B. S., 『Seaports and Development: The Experience of Kenya and Tanzania』, Gordon and Breach Science Publishers, 1983.

Hoyle, B.S, 『Development dynamics at the port-city interface』, in Hoyle et al (eds.), 『Revitilising the waterfront』, John Wiley & Sons, 1988, pp.3~19.

Hoyle, B. S. and Charier, J., 「Inter-port competition in developing countries: an East African case study」, 『Journal of Transport Geography』 Vol.3, No.2, 1995, p.87~103.

Hoyle, B. S. and Pinder, D. A. (eds), 『Cityport Industrialization and Regional Development-Spatial Analysis and Planning Strategies』, Pergamon Press, Oxford, 1981.

Lee, S. W & Ducruet, C., 「Spatial Glocalization in Asia-Pacific Hub Port Cities: A Comparison of Hong Kong and Singapore」, 『Urban Geography』 Vol.30, No.2, 2009, p.166.

Lee, S. W & Oh, Y. S., 「Promotion strategy of foreign firms for China bonded special zone」, ICASL 2011, Taiwan.

Notteboom, T. E., 「Concentration and load centre development in the European container port system」, 『Journal of Transport Geography』 Vol.5, No.2, 1997, pp.99~115.

Notteboom, T. and Rodrigue, J., 「Port Regionalization: Towards a New Phase in Port Development」, 『Maritime Policy and Management』 Vol.32, No.3, 2005, pp.297~313.

Rimmer, P. J., 「The changing status of New Zealand seaports, 1853-1960」, 『Annals Association of American Geographers』 Vol.51, No.1, 1967, pp. 88~100.

Song, D. W., 「Port co-opetition in concept and practice」, 『Maritime Policy & Management』 Vol.30, Issue 1, 2003, pp.29~44.

Starr, J. T., 「The mid-Atlantic load center: Baltimore or Hampton Roads?」, 『Maritime Policy and Management』 Vol.21, No.3, 1994, pp.219~227.

Taaffe, E. J., Morrill, R. L. and Gould, P.R., 「Transport expansion in underdeveloped countries: a comparative analysis」, 『Geographical Review』 Vol.53, 1963, pp.503~529.

Wang, J. J. and Slack, B., 「The evolution of a regional container port system: the Pearl River Delta」, 『Journal of Transport Geography』 Vol.8, 2000, pp. 263~275.

Wang, J. J., 「A container load center with a developing hinterland: A Case study of Hong Kong」, 『Journal of Transport Geography』 Vol.6, No.3, 1998, pp. 187~201.

〈인터넷 자료〉

『해운통계요람』

Hongkong Marine Department, http://www.mardep.gov.hk, CI-online

[제3장]

〈국내 문헌〉

김성곤, 「항만과 해양공간의 성장모형에 관한 연구」, 『건축』 대한건축학회지 22권 103호, 1981.
김의원, 『한국국토개발사 연구』, 대학도서, 1983, p.548.
김형국, 『우리나라 해안도시의 성장전망과 개발방향』
내무부, 『한국도시년감』, 1969, 1981.
부산항건설사무소, 『부산항 개발 건설지』, 1982, p.1.
부산시, 『부산시지』, 1982, p.941.
손정목, 「우리나라 해안도시형성과 발전과정」, 최상철 외, 『한국도시개발론』, 일지사, 1981, p.353.
정양희, 『항만도시의 CBD공간구조와 수변공간의 변용에 관한 연구』, 홍익대학교 박사학위논문, 1995, pp.66~67.
최상철 외, 『한국도시개발론』, 일지사, 1981, p.371.

〈인터넷 자료〉
국가법령정보센터 홈페이지(www.law.go.kr)
국가통계포털 KOSIS(총조사인구 각년도 각시군별 자료)
해양수산부 홈페이지(www.mof.go.kr)
해운항만물류정보시스템 SP-IDC

[제4장]

〈국내 문헌〉
경남발전연구원, 『경남지역 항만물류산업 활성화 방안연구』, 2012. 10.
김민제·김경배, 「노후항만 재생을 통한 문화도시 거점 만들기 전략 연구-해외사례 고찰과 국내 10개 항에 대한 항만재개발 계획을 중심으로」, 한국도시설계학회 2011년 추계학술대회 발표논문, 2011. pp.500~501.
김학소·김의준·성숙경, 『항만투자의 경제적 효과에 관한 연구』, 한국해양수산개발원, 2000. 12.
김혁진, 「동북아 중심항만으로서 한국항만의 역할과 발전방안」, 단국대학교 경영대학원 석사학위논문, 2010.
류형근·김봉수·이홍걸·양원·이철영, 「부산 항만물류산업의 실태에 관한 연구-매출액 관점」, 『한국항해항만학회지』 제8권 제5호, 2004, pp.405~411.
박수진, 장원홍, 「우리나라 해양관광산업 육성을 위한 정책 개선방향에 관한 고찰」, 『해양환경안전학회지』 제18권 제2호, 2012. 4. 30, pp.131~138.
박헌수, 임영태, 「항만배후단지 개발의 지역경제 파급효과」, 항만배후단지 개발방향 모색을 위한 심포지움, 2006.
부산발전연구원, 『부산지역 항만물류산업 육성방안 연구』, 2004.
에드워드 글레이저, 『도시의 승리』, 이진원 옮김. 해냄, 2011.
우양호, 「항만이 해항도시의 경제성장에 미치는 효과」, 『지방정부연구』 제13권 제3호, 한국지방정부학회, 2009. 가을. p.354.
정봉민, 「항만과 지역경제」, 월간 『해양수산』 통권 제288호, 한국해양수산개발원, 2008. 9, pp.1~4.
한국해양수산개발원, 『항만산업의 경제적 파급효과에 관한 연구』, 2002.

〈국외 문헌〉
Branch, Alan E., 『Elements of Port Operation and Management』, Chapman and Hall, 1986, p.2.
Evans, S. R and Hutchins, M, 「The development of strategic transport assets in Greater Manchester and Merseyside: does local governance matter?」, 『Urban Stydies』 Vol.36, 2002, pp.795~809.

〈인터넷 자료〉
두산백과(http://terms.naver.com)
법제처 홈페이지(www.moleg.go.kr)
한국철강협회 홈페이지(www.kosa.or.kr)
Lloyd's List(www.lloydslist.com)

[제5장]

〈국내 문헌〉
국토해양부, 「제2차 항만배후단지개발 종합계획 및 항만배후단지 지정 고시」, 2012.
국토해양부 공고 제2010-700호.
국토해양부, 「항만배후단지 수요면적 재산정 용역」, 2010. 3.
김범중, 「외국의 자유항제도와 우리나라 자유항 설치가능성 검토」, 『해양수산』, 1990.
김형태, 『광양항 컨테이너부두 조기 활성화 방안』, 해운산업연구원, 1996.
이성우, 고현정, 김찬호, 김근섭, 『국제분업화에 따른 항만배후단지 기업유치 방안 연구』, 한국해양수산개발원, 2007. 12, p.2.
이성우, 「국내 제조시설의 항만 중심화 현상」, 『해양물류연구』 제6권, 한국해양수산개발원, 2010. 4, p.63.
이성우, 「우리나라 항만배후단지의 개발 방향과 전략」, 한국해양수산개발원, 월간 『해양수산』, 2002. 8, p.36.
이성우, 「중국 세관특수구제도 특성 분석」, 한국해양수산개발원, 『해양물류연구』 제5권, 2010. 1, p.45.
한국해양수산개발원, 『항만배후단지 개발 종합계획』, 2002, p.19.
해양수산부, 제1차 항만배후단지 개발 종합계획, 2006.

〈국외 문헌〉
Bolten, F. E., 『Managing time and space in the modern warehousing』, 1997, Amacom, p.19.
Lee, S. W, Kim, C. H, Jung, H. W., 「A Study on Port Performance Related to Port Back-Up Area in the ESCAP Region」, UNESCAP & KMI., 2005, p.16.
Lee, S. W, Song, D. W, Ducruet, C., 「A tale of Asia's world ports: The spatial evolution in global hub port cities」, 2008, 『Geoforum』, Internet version: www.sciencedirect.com
UNESCAP, 『Commercial Development of Regional Ports as Logistics Centres』, 2003, pp.26~27.
Wisner, J. D., Leong, G. K, & Tan, K. C., 『Principles of Supply Chain Management: A Balanced Approach』, South-Western, Thomson Corporation, 2005, pp.363~396.
시오미 에이지, 사이토 미노루, 『현대물류시스템론』, 1998.
중국강서재경대, 『我国保税物流园区的发展及对策』, 2008.

〈인터넷 자료〉
중화인민공화국중앙인민정부(www.gov.cn), 보세항구별 홈페이지
중국통상망(www.gotohui.com)
로테르담항 홈페이지(www.portofrotterdam.com)

[제6장]

〈국내 문헌〉
국토개발연구원,『도시 스마트성장 평가방식을 활용한 친수공간 계획체제의 합리적 구
　　　　축 및 관리 방안 연구』, 2011.
국토해양부,『무인도서의 지속가능한 개발 방안 연구』, 2012. 2.
김성귀,「세계4대 미항 여수 만들기 시민대토론회 프로시딩」, 여수시청 대회의실, 2012. 3. 30.
김성귀,『해양관광론』, 현학사, 2007. 4(초판) 및 2012. 2(3판)
부산 중구청,「송도해수욕장 중간보고(요약)」, 2005. 9.
이경모,『크루즈 관광산업의 이해』, 대왕사, 2004.
조선일보 2008. 11. 10, 2010. 1. 18, 2013. 2. 8.
한국해양수산개발원(KMI),『2010 부산 해양 전망대회 자료집』, 2010. 1.
해양수산부,『주5일 근무제 대책자료』, 2002.
홍장원 등,『해양문화콘텐츠 활용방안 연구』, KMI기본과제, 2010. 12. 31.

〈인터넷 자료〉
국립해양박물관 홈페이지(http://www.nmm.go.kr/)
위키백과 부산광역시의 축제목(http://ko.wikipedia.org/wiki/%EB%B6%80%EC%82%B0_
　　　　%EC%B6%95%EC%A0%9C_%EB%AA%A9%EB%A1%9D)
네이버 백과사전 제27회 올림픽경기대회 [第二十七回―競技大會]
　　　　(http://terms.naver.com/entry.nhn?cid=200000000&docId=1204522&mobile&cate
　　　　goryId=200000371)
부산국제여객터미널 홈페이지(http://www.busanpa.com/Service.do?id=bptguide_it_01)

[제7장]

〈국내 문헌〉
김성귀,『해양관광론』, 현학사, 2007.
국토개발연구원,『도시 스마트성장 평가방식을 활용한 친수공간 계획체제의 합리적 구
　　　　축 및 관리 방안 연구』, 2011.
국토해양부,『항만재개발 기본계획 수정계획』, 2012. 4.

나카무라 요시오 저, 강영조 역, 『풍경의 쾌락』, 효형출판사, 2007.
이한석, 「현대도시에서 물의 역할과 새로운 활용방안」, auri M, winter 2010, Vol.2, pp.23~30.
PMG지식연구소, 『시사상식사전』, 박문각, 2012.

〈국외 문헌〉
Breen, A, Rigby, D., 『The New Waterfront』, McGraw-Hill, 1996.
Breen, A, Rigby, D., 『Waterfronts: Cities Reclaim Their Edge』, The Waterfront Press, 1997.
Bruttomesso, R., 『Complexity on the urban waterfront, Richard Marshall(ed.), Waterfronts in Post-Industrial Cities』, Spon Press, 2001.
Good, J. W., .Goodwin, R. F., 『Waterfront Revitalization for Small Cities』, Oregon State University, 1992.
Rafferty, L, and Holst, L., 『An Introduction to Urban Waterfront Development, Remaking the Urban Waterfront』, Urban Land Institute, 2004.
Wylson, A, 『Aquatecture: Architecture and Water』, Architecture Press Ltd: London, 1986.
橫內憲久, 『ウォーターフロント 開發と手法』, 鹿島出版, 1990.
名古屋港灣管理組合, 『名古屋港景觀基本計劃』, 1998.
淸水港管理局, 『淸水港港灣色彩計劃策定調査報告書』, 1992.

〈인터넷 자료〉
국토해양부 홈페이지(www.mltm.go.kr)
부산항만공사 홈페이지(www.busanpa.com)
전북도민일보 홈페이지(www.domin.co.kr)

[제8장]

〈국내 문헌〉
국토해양부, 『기후변화에 따른 항만구역 내 재해취약지구 정비계획』, 2011.
국토해양부, 『기후변화에 따른 항만구역 내 재해취약지구 정비계획수립 용역 보고서』, 2011. 5.
국토해양부, 『유류 오염사고 백서』, 2010.
국토해양부, 「해일피해예측 정밀격자 수치모델 구축 및 설계해면 추산연구」, 2010.
문채, 『우리나라 방재도시계획의 운영실태에 관한 연구』.
문채, 『일본사례에 기인한 우리나라 방재도시 계획의 운영방안에 관한 연구』.
환경부/국립환경과학원, 환경보건포털.
IPCC, 『제4차 평가보고서(기후변화에 관한 정부간 패널』, 2007.

〈인터넷 자료〉
위키피디아(www.wikipedia.org)
조선일보 홈페이지(www.chosun.com)

[제9장]

〈국내 문헌〉
국토해양부, 『항만재개발 기본계획 수정계획』, 2012. 4.
김철흥, 「항만재개발 정책의 현황과 발전과제」, 국토부와 국토연구원과의 항만-도시 연찬회 발표자료, 2012. 7.
김춘선, 『항만성장에 따른 인천시 항만물류산업 입지 및 도시공간구조 변화에 관한 연구』, 가천대 박사학위논문, 2012, p.1.
노홍승, 『항만클러스터 및 관련 항만물류과정에 대한 일반적 시스템 모형수립에 관한 연구』, 박사학위논문, 2006.
양재섭, 『영국·일본의 도시재생정책 추진동향과 과제』, 2013. 3.
이범현, 『도시적 맥락을 활용한 항만정책의 발전전략과 과제』, 2012. 7.
이성우, 「Interaction between ports and cities in Asia」, 서울시립대 박사학위논문, 2005, pp.1~3.
이성우, 「맥락주의(contextualism)에 입각한 부산항 항만재개발 사업이 추진되어야」, 『해양수산동향』 Vol.120, 2007. 2.
임영태, 「글로벌 통합물류체계 연결을 위한 port biz valley 구축방안 연구」, 2009. 12.
조남건 외, 『미래지향적 통합 인프라 개발방향』, 2012. 12.
통계청, 『통계연보』, 2007.

〈국외 문헌〉
Lee, S. W., Song, D. W. and Ducruet, C., 「A tale of Asia's world ports: The spatial evolution in global hub port cities」, 2008, 『Geoforum』 Vol.39, Issue1, pp.372~385.
OECD, 『The Competitiveness of Global port-cities : The case of Hamburg』, 2012.
Robinson, R., 「Ports as elements in value-driven chain systems: the new paradigm」, 『Maritime Polish & Management』 Vol.29, No.3, 2002, pp.241~255.

〈인터넷 자료〉
부산항만공사 홈페이지(www.busanpa.com)
경향신문 홈페이지(www.khan.co.kr)

[제10장]

〈국내 문헌〉

DHL, 『2050 미래 물류보고서』, 대한상공회의소, 2012, pp.4~5.

〈국외 문헌〉

Kim, U. S., LEE, S. W. & Yang, C. H., 「Risk analysis of super sized container ship based on trend of cargo growth」, Proceeding of International Conference for the Asian Journal of Shipping and Logistics, 2008. 10. 22.

찾아보기

1종 항만배후단지　138, 139
8대 항만배후단지　159
A-port　318
Airriess　62, 63
Anyport 모형　51
Charlier　51, 60, 62
Dezert　35
Ducruet　44, 45
EAP　272
EAP, Emergency Action Plan　272
Flab gate　270
Fleming　59
FTA　65, 123, 279
GATT　130
GIWW　253, 254
Glevea　63
Hayuth　49, 51, 59, 60
Hoare　59
Hoyle　51, 56, 62
IMF 구제금융　155
IPCC　246
JIT 서비스　136
JTWC　248
Juhel Marc　133
Keppel Distripark　149
Kidami Yhosiro　133
L-port　317
Lee & Ducruet　44
Lift gate　270
MRGO　253, 254
Notteboom　51, 52, 60
POL　262
port distri park　132
port industrial park　132
port logistics park　132
port's back-up are　132
PSA항　43, 148
PTP항　43
R-port　318
Rimmer　59
Robinson　303
Rodrigue　51, 52
Sector gate　270
Slack　63
T-port　317
Taaffe　35, 61
U-port　316
ULTRA 항만　316
UN ISDR　257
VAL　140
Verlaque　35
Wang　51, 63
WTO　22, 130

(ㄱ)

가고파　183
가든(garden) port　318
가스 프리　262
개항장　77
개항취체규칙(開港取締規則)　77
게센누마　258
경인고속도로　91
고베지진　82
공급사슬관리　299, 303
공급사슬관리(SCM)　136

관세자유지역　155
괴테　31
교통혁명　42, 47
구조적 방안　265
구조적 방어　270, 275
국가관리 무역항　69
국가태풍센터　247
국립해양박물관　180
국제분업　143, 145
국제크루즈　173, 184, 187
규모의 경제　37, 40, 42, 43, 57, 58, 60, 61, 99, 301
근린 지구 재생기금　293
글로벌 공급체인 관리　134
글로벌화　40, 47, 315
기계산업　110
기후변화　24, 244, 245, 314
김형국　80

(ㄴ)

나가사키　76
나폴리항　184
남아시아 지진해일　255
내부물류통합　134
녹색벨트(Green Belt)　304
뉴올리언스　251, 252, 253
능허대　75, 88

(ㄷ)

단위적재시스템　48
달링하버　187
대서양　31
도시개발보조금　292
도시문제 해결형　227
도시물류　320
도시재생　202
도시재생회사　292, 293

도크랜드　290, 291, 292
돌아오라 소렌토로　183
동래부　81
동일본 지진해일　258, 314
동해안 지진해일　259
두라3호 폭발 사고　262
등대박물관　180

(ㄹ)

로얄캐리비안　172
로테르담　117, 118, 146
루사　248, 271
리골렛 패스　252
리우 카니발　190
리우데자네이루항　190
리펄스베이　194

(ㅁ)

마리나　167, 175, 226, 301
마스블라켓(Maasvlakte) 물류단지　146
매미　248, 271
맥락주의　296
맨리 비치　187
멕시코 만 연안수로　253
면적 방어　268
목제부두(jetty)　216
목포의 눈물　183
몰디브　256
무역항　69
무정한 마음　185
문화관광　208
물류정책기본법　104
물류혁명　38
물망초　185
물적유통(Physical Distribution)　134
미국합동태풍경보센터　248
미나토미라이21　294, 295

미래물류보고서　319
미스터고　253, 254
미시시피 강 출구운하　253
미야기현　258
밀림현상　244

(ㅂ)

바다 축제　181
바다낚시터　177
방글라데시 홍수　255
방재도시계획　274
배송센터　131
배후지　34, 37, 39, 95, 129, 310
배후지역　55
백운포　176
보세구　150, 153
보세물류원구　150, 152
보세항구　150
보틀렉(Botlek) 물류단지　146
본다이 비치　187
부산 동삼항　173
부산 북항 재개발 사업　87
부산영화제　181
부산포　81
부산항 신항 개발　87
북극해 시대　31
북항재개발　234
북해　31
불꽃 축제　181
브랜다　248
비관세구역　153
비구조적 방안　272, 273
비구조적 방어　275
빅토리아 피크　192, 194

(ㅅ)

사발효과　253

사오마이　271
사이클론　249
산 엘모 성　184
산업연관표　119
산업운하　253
산업적 항만도시　78
산업혁명　19, 32, 219, 245
산업화 시대　32, 42
산타루치아　185
상업적 항만도시　78
상업혁명　19, 32, 99
상하이　160
상하이항　43
생산유발효과　120
생태관광(eco-tourism)　208
석호　252
선적 방어　265
세계 3대 크루즈 선사　172
세계화　42
소렌토 해변　185
소크라테스　19
손정목　76, 79
송도 해수욕장의 복원　170
수마트라 섬　255
수변공간　283, 297
수영만 마리나　176
수익공간　87
수출 중심 항만　78
수출가공구　150
스키폴공항　118
스타크루즈　172
스탠리 마트　194
스토리텔링　183, 197, 313
시드니-호바트 요트레이스　187
시드니항　187
시장성 도입형　227
시티챌린지(City Challenge)　292
신(新) 항만산업　112
싱가포르　21, 116, 148

쓰나미 244, 257

(ㅇ)

아라미르 프로젝트 265
아오모리현 258
아웃소싱 40
아키타현 258
야마가타현 258
양산항 54, 160
어메니티 226, 283
어촌민속관 180
에게해 31
에도막부 75
엔터프라이즈존(EZ) 292
엠하벤(Eemhaven) 물류단지 146
여기태 80
연안크루즈 175, 184, 187
연안항 69
예성항 75
엔티엔항 43
오 솔레미오 185
오일펜스 261
온실가스 245
와이까오챠오 보세구 151
왜관 81
외부물류 통합 134
요코하마 76
요코하마시 287
요트 167
울산항 기름유출 사고 263
워터프론트 202, 203, 205, 231
원산 76
원유부이 263
월류 265, 268
월류수 268
월파 268, 269, 271
위험반원 249
유엔 재해경감 국제전략사무국 257

유증기 262
유처리제 261
유회수기 261
유흡착제 261
을왕리 왕산 176
이바라키현 258
이성우 80, 86
이와테현 258
이태휘 80
인천 76
인천경제자유구역 91
인천국제공항 92
인천신항 91, 120
인터모달리티 95
일제강점기 77, 84
임원항 259
임해공업지역 지원 항만 78
잉글리시 파트너십 293

(ㅈ)

자갈치 축제 181
자갈치시장 182
자유무역지역 54, 144, 155, 159, 312
자유무역항 150, 153
재항시간(turnaround time) 49
전통 항만산업 109
정양희 76
제2종 항만배후단지 280, 302
조계제도 77
조선산업 111
조운(漕運) 75
종합보세구 150
지구온난화 24, 236, 244, 245, 246, 247, 315
지바현 258
지방관리 무역항 69
지방분권화 79
지선교통(feeder traffic) 49

지속가능한 삶   210
지역개발청(RDA)   293
지역화   51
지중해   31
지진해일   244, 256, 259, 260
지향지   37, 39, 95, 129, 310
진앙   256

(ㅊ)

철강산업   110
초량   81
친수공간   87, 194, 201, 203, 208, 223,
　　　　226, 228, 279, 289, 304
친수위락 공간   227
친수항만   223
친수호안   269
칭다오항   43

(ㅋ)

카니발   172
카스텔 누오보   184
카트리나   251, 253, 314
카프리섬   184
커뮤니티 뉴딜기금   293
컨테이너 전용 터미널   131
컨테이너화   48
케펠 물류센터   150
케펠 컨테이너터미널   149
코르바도르 언덕   190
코피티션   37
크루즈   167, 172
크루즈부두   301

(ㅌ)

탈레스   31
탈산업사회   213

탈산업화 시대   32, 42
탕산 지진   255
태평양 시대   31
통합재생예산   292
특별경제구역   150, 154
특별재해지역   249

(ㅍ)

팡 데 아수카르   190
포디즘   40
포스트포디즘   40
포인츠오브라이트 인스티튜드   262
포트비즈니스밸리   302
폭풍해일   244, 247
폰차트레인 호수   252, 253
푸동지구   160
푸켓   256
플라톤   19
플랩형 게이트   271
피더망   133
피더체계(feeder system)   49

(ㅎ)

하코다테   76
하펜도시   289
하펜시티   287, 288, 290
한국해양수산개발원   137
한일합방   77
함부르크항   287, 288
항도권(港都圈)   301, 336
항만간접관련산업   107
항만간접의존산업   107
항만공사   281
항만과 도시연계 발전협의체   305
항만관광클러스터   301
항만관련산업   106
항만도시   20, 34

항만배후단지　34, 95, 96, 120, 122,
　　　123, 129, 132, 139, 142, 155, 300,
　　　304, 312
항만배후지　132, 133
항만배후지역　51
항만법　155
항만의존산업　106
항만재개발　202, 203, 206, 211, 220,
　　　221, 238, 313
항만직접관련산업　107
항만직접의존산업　107
항만클러스터　301
해구성 지진　256
해수면 상승　314
해양과학관　180
해양관광·레저 산업　113
해양문학　183
해양박물관　178, 179
해양수산부　137
해양축제　181
해양플랜트 및 기자재 산업　112
해일 대응방안　264
해일파고계　260
허리케인　249, 251
허베이 스피리트 호　261, 264
홍콩　21, 43, 192
홍해　31
화물집적기지(load center)　49
화석연료　245
환적항　146
환황해권　93

저자 소개

김춘선(k541211@naver.com)
- 인천항만공사 사장

한국해양정책학회 부회장, 국토해양부 물류항만실장, 2012여수엑스포 사무차장, 해양수산부 해양정책국장, 인천지방해양수산청장, 어업자원국장, 『항만성장에 따른 인천시 항만물류산업 입지 및 도시공간구조 변화에 관한 연구』, 가천대학교 대학원 도시계획학과 박사학위논문, 2012. 8.

김성귀(sgkim@kmi.re.kr)
- 한국해양수산개발원 원장

『해양관광론』, 현학사, 2007, 「The impact of institutional arrangement on ocean governance: International trends and the case of Korea」, 『Ocean and Coastal Management』, Aug. 2012, 「The evolution of coastal wetland policy in developed countries and Korea」, 『Ocean and Coastal Management』, 53, Sept., 2010, 제2차 국가해양수산발전계획(Ocean Korea 21, 2011~2020) 총괄 책임자, 2009, 외 다수

이재완(leeunescap@hanmail.net)
- 주)세광종합기술단 대표이사/회장

한국해양기업협회 회장, 국제엔지니어링컨설팅연맹(FIDIC) 집행위원, 울산항만공사 항만위원장, 한국해양과학기술원 이사, 『항만개발계획』, 박영사, 2009.

이성우(waterfront@kmi.re.kr)
- 한국해양수산개발원 국제물류연구실장

한국해운물류학회 상임이사, 한국항만경제학회 편집위원, 국가물류정책위원, 평택도시계획위원, International Association Maritime Economist 회원, 「A tale of Asia's world ports: The spatial evolution in global hub port cities」, 2008, 『Spatial Glocalization in Asia-Pacific Hub Port Cities : A Comparison of Hong Kong and Singapore』, 2009. 외 다수

박승기(sgpark1965@hanmail.net)
- 인천지방해양항만청장
  해양수산부 부산항건설사무소장, 해양수산부 인천항건설사무소장,
  해양수산부 항만정책과장 역임

이한석(hansk@hhu.ac.kr)
- 한국해양대학교 해양공간건축학과 교수
  한국항해항만학회 논문편집위원 및 워터프론트학술연구회 회장,
  (사)한국해양디자인협회 부회장, 『세계 해양도시의 친수공간』, 해양
  산업발전협의회, 2007. 12.

임영태(ytlim@krihs.re.kr)
- 국토연구원 국토인프라연구본부 연구위원
  한국로지스틱학회 상임이사, 한국교통정책경제학회 감사, 『항만과
  배후도시의 통합적 개발방안』, 2012. 12, 『한·중 항만지역간 협력
  과제 도출연구』, 2012. 12.

류재영(jyryu@krihs.re.kr)
- 국토연구원 국토인프라연구본부 선임연구위원
  한국로지스틱스학회 편집위원장, 부회장, 대한교통학회 고문, 항만
  친수공간포럼 이사, 「제1차 전국무역항 배후단지기본계획수립연구」,
  2006, 「제4차 국토종합계획 재수정계획」, 2011, 「전환기의 SOC정책
  방향연구」, 2012.